国家出版基金项目
NATIONAL PUBLICATION FOUNDATION

ARJ21新支线飞机技术系列

主编 郭博智 陈 勇

支线飞机电磁环境效应设计与验证

Electromagnetic Environment Effects Design and Verification of Regional Aircraft

赵春玲 史剑锋 陈 洁 等 编著

上海交通大学出版社
SHANGHAI JIAO TONG UNIVERSITY PRESS

大飞机读者俱乐部

内容提要

  本书从民用飞机电磁环境效应相关适航要求入手,结合 ARJ21-700 飞机的研制经验,介绍了民用飞机电磁环境效应防护的背景、意义以及国内外研究现状,重点介绍了电磁环境效应设计与验证的基本概念、标准和规范,提出了民用飞机电磁兼容性、闪电间接效应、高强度辐射场和沉积静电等相关概念、基本理论和工程设计方法和验证方法,飞机电磁环境效应计算机建模与仿真计算方法,同时结合飞机设计对电磁环境效应防护的通用方法进行了说明。

  本书以民用飞机电磁环境效应防护为研究对象,具有一定的理论价值和工程应用价值,可供飞机等相关专业领域设计人员参考,也可用于大中专院校电磁兼容性专业和飞机设计相关专业学生参考。

图书在版编目(CIP)数据

支线飞机电磁环境效应设计与验证/赵春玲等编著. —上海:上海交通大学
出版社,2017
大飞机出版工程
ISBN 978 - 7 - 313 - 18555 - 6

Ⅰ.①支… Ⅱ.①赵…②史…③陈 Ⅲ.①飞机-电磁环境-设计 Ⅳ.①V22

中国版本图书馆 CIP 数据核字(2017)第 307702 号

支线飞机电磁环境效应设计与验证

编　　著：赵春玲　史剑锋　陈　洁　等
出版发行：上海交通大学出版社　　　　　　　地　　址：上海市番禺路 951 号
邮政编码：200030　　　　　　　　　　　　　　电　　话：021 - 64071208
出 版 人：谈　毅
印　　制：上海万卷印刷有限公司　　　　　　经　　销：全国新华书店
开　　本：710mm×1000mm　1/16　　　　　　印　　张：20.5
字　　数：388 千字
版　　次：2017 年 12 月第 1 版　　　　　　　印　　次：2017 年 12 月第 1 次印刷
书　　号：ISBN 978 - 7 - 313 - 18555 - 6/V
定　　价：175.00 元

大飞机出版工程

丛书编委会

总主编

顾诵芬（中国航空工业集团公司科技委原副主任、中国科学院和中国工程院院士）

副总主编

贺东风（中国商用飞机有限责任公司董事长）

林忠钦（上海交通大学校长、中国工程院院士）

编委会（按姓氏笔画排序）

王礼恒（中国航天科技集团公司科技委主任、中国工程院院士）

王宗光（上海交通大学原党委书记、教授）

刘　洪（上海交通大学航空航天学院副院长、教授）

任　和（中国商飞上海飞机客户服务公司副总工程师、教授）

李　明（中国航空工业集团沈阳飞机设计研究所科技委委员、中国工程院院士）

吴光辉（中国商用飞机有限责任公司副总经理、总设计师、中国工程院院士）

汪　海（上海市航空材料与结构检测中心主任、研究员）

张卫红（西北工业大学副校长、教授）

张新国（中国航空工业集团副总经理、研究员）

陈　勇（中国商用飞机有限责任公司工程总师、ARJ21飞机总设计师、研究员）

陈迎春（中国商用飞机有限责任公司 CR929 飞机总设计师、研究员）

陈宗基（北京航空航天大学自动化科学与电气工程学院教授）

陈懋章（北京航空航天大学能源与动力工程学院教授、中国工程院院士）

金德琨（中国航空工业集团公司原科技委委员、研究员）

赵越让（中国商用飞机有限责任公司总经理、研究员）

姜丽萍（中国商用飞机有限责任公司制造总师、研究员）

曹春晓（中国航空工业集团北京航空材料研究院研究员、中国工程院院士）

敬忠良（上海交通大学航空航天学院常务副院长、教授）

傅　山（上海交通大学电子信息与电气工程学院研究员）

总 序

国务院在 2007 年 2 月底批准了大型飞机研制重大科技专项正式立项,得到全国上下各方面的关注。"大型飞机"工程项目作为创新型国家的标志工程重新燃起我们国家和人民共同承载着"航空报国梦"的巨大热情。对于所有从事航空事业的工作者,这是历史赋予的使命和挑战。

1903 年 12 月 17 日,美国莱特兄弟制作的世界第一架有动力、可操纵、比重大于空气的载人飞行器试飞成功,标志着人类飞行的梦想变成了现实。飞机作为 20 世纪最重大的科技成果之一,是人类科技创新能力与工业化生产形式相结合的产物,也是现代科学技术的集大成者。军事和民生对飞机的需求促进了飞机迅速而不间断的发展和应用,体现了当代科学技术的最新成果;而航空领域的持续探索和不断创新,为诸多学科的发展和相关技术的突破提供了强劲动力。航空工业已经成为知识密集、技术密集、高附加值、低消耗的产业。

从大型飞机工程项目开始论证到确定为《国家中长期科学和技术发展规划纲要》的十六个重大专项之一,直至立项通过,不仅使全国上下重视我国自主航空事业,而且使我们的人民、政府理解了我国航空事业半个多世纪发展的艰辛和成绩。大型飞机重大专项正式立项和启动使我们的民用航空进入新纪元。经过 50 多年的风雨历程,当今中国的航空工业已经步入了科学、理性的发展轨道。大型客机项目产业链长、辐射面宽、对国家综合实力带动性强,在国民经济发展和科学技术进步中发挥着重要作用,我国的航空工业迎来了新的发展机遇。

大型飞机的研制承载着中国几代航空人的梦想,在 2016 年造出与波音公司

B737 和空客公司 A320 改进型一样先进的"国产大飞机"已经成为每个航空人心中奋斗的目标。然而,大型飞机覆盖了机械、电子、材料、冶金、仪器仪表、化工等几乎所有工业门类,集成数学、空气动力学、材料学、人机工程学、自动控制学等多种学科,是一个复杂的科技创新系统。为了迎接新形势下理论、技术和工程等方面的严峻挑战,迫切需要引入、借鉴国外的优秀出版物和数据资料,总结、巩固我们的经验和成果,编著一套以"大飞机"为主题的丛书,借以推动服务"大飞机"作为推动服务整个航空科学的切入点,同时对于促进我国航空事业的发展和加快航空紧缺人才的培养,具有十分重要的现实意义和深远的历史意义。

2008 年 5 月,中国商用飞机有限公司成立之初,上海交通大学出版社就开始酝酿"大飞机出版工程",这是一项非常适合"大飞机"研制工作时宜的事业。新中国第一位飞机设计宗师——徐舜寿同志在领导我们研制中国第一架喷气式歼击教练机——歼教 1 时,亲自撰写了《飞机性能及算法》,及时编译了第一部《英汉航空工程名词字典》,翻译出版了《飞机构造学》《飞机强度学》,从理论上保证了我们的飞机研制工作。我本人作为航空事业发展 50 多年的见证人,欣然接受上海交通大学出版社的邀请担任该丛书的主编,希望为我国的"大飞机"研制发展出一份力。出版社同时也邀请了王礼恒院士、金德琨研究员、吴光辉总设计师、陈迎春副总设计师等航空领域专家撰写专著、精选书目,承担翻译、审校等工作,以确保这套"大飞机"丛书具有高品质和重大的社会价值,为我国的大飞机研制以及学科发展提供参考和智力支持。

编著这套丛书,一是总结整理 50 多年来航空科学技术的重要成果及宝贵经验;二是优化航空专业技术教材体系,为飞机设计技术人员的培养提供一套系统、全面的教科书,满足人才培养对教材的迫切需求;三是为大飞机研制提供有力的技术保障;四是将许多专家、教授、学者广博的学识见解和丰富的实践经验总结继承下来,旨在从系统性、完整性和实用性角度出发,把丰富的实践经验进一步理论化、科学化,形成具有我国特色的"大飞机"理论与实践相结合的知识体系。

"大飞机出版工程"丛书主要涵盖了总体气动、航空发动机、结构强度、航电、制造等专业方向,知识领域覆盖我国国产大飞机的关键技术。图书类别分为译著、专著、教材、工具书等几个模块;其内容既包括领域内专家们最先进的理论方法和技术成果,也包括来自飞机设计第一线的理论和实践成果。如:2009 年出版的荷兰原福克飞机公司总师撰写的 *Aerodynamic Design of Transport Aircraft*(《运输类飞机的空气动力设计》);由美国堪萨斯大学 2008 年出版的 *Aircraft Propulsion*(《飞机推进》)等国外最新科技的结晶;国内《民用飞机总体设计》等总体阐述之作和《涡量动力学》《民用飞机气动设计》等专业细分的著作;也有《民机设计 1000 问》《英汉航空缩略语词典》等工具类图书。

　　该套图书得到国家出版基金资助,体现了国家对"大型飞机"项目以及"大飞机出版工程"这套丛书的高度重视。这套丛书承担着记载与弘扬科技成就、积累和传播科技知识的使命,凝结了国内外航空领域专业人士的智慧和成果,具有较强的系统性、完整性、实用性和技术前瞻性,既可作为实际工作指导用书,亦可作为相关专业人员的学习参考用书。期望这套丛书能够有益于航空领域里人才的培养,有益于航空工业的发展,有益于大飞机的成功研制。同时,希望能为大飞机工程吸引更多的读者来关心航空、支持航空和热爱航空,并投身于中国航空事业做出一点贡献。

2009 年 12 月 15 日

序

民用飞机产业是大国的战略性产业。民用客机作为一款高附加值的商品,是拉动国家经济发展的重要力量,是体现大国经济和科技实力的重要名片,在产业和科技上具有强大的带动作用。

自新中国成立以来,中国民机产业先后成功地研制了 Y-7 系列涡桨支线客机和 Y-12 系列涡桨小型客机等民用飞机。在民用喷气客机领域,曾经在 20 世纪 70 年代自行研制了运-10 飞机,国际合作论证了 MPC-75、AE-100 等民用客机,合作生产了 MD-80 和 MD-90 飞机。民机制造业转包生产国外民机部件,但始终没有成功研制一款投入商业运营的民用喷气客机。

支线航空发展迫在眉睫。2002 年 2 月,国务院决定专攻支线飞机,按照市场机制发展民机,并于 11 月 17 日启动 ARJ21 新支线飞机项目,意为"面向 21 世纪的先进涡扇支线飞机(Advanced Regional Jet for the 21st Century)"。从此,中国民机产业走上了市场机制下的自主创新之路。

ARJ21 作为我国民机历史上第一款按照国际通用适航标准全新研制的民用客机,承担着中国民机产业先行者和探路人的角色。跨越十五年的研制、取证和交付运营过程,经历的每一个研制阶段,解决的每一个设计、试验和试飞技术问题,都是一次全新的探索。经过十五年的摸索实践,ARJ21 按照民用飞机的市场定位打通了全新研制、适航取证、批量生产和客户服务的全业务流程,突破并积累了喷气客机全寿命的研发技术、适航技术和客户服务技术,建立了中国民机产业技术体系和产业链,为后续大型客机的研制打下了坚实的基础。

习近平总书记考察中国商飞公司时要求改变"造不如买、买不如租"的逻辑，坚持民机制造事业"不以难易论进退"，在 ARJ21 取证后要求"继续弘扬航空报国精神，总结经验、迎难而上"。马凯副总理 2014 年 12 月 30 日考察 ARJ21 飞机时，指出，"要把 ARJ21 新支线飞机项目研制和审定经验作为一笔宝贵财富认真总结推广"。工信部副部长苏波指出："要认真总结经验教训，做好积累，形成规范和手册，指导 C919 和后续大型民用飞机的发展。"

编著这套书，一是经验总结，总结整理 2002 年以来 ARJ21 飞机研制历程中设计、取证和交付各阶段开创性的重要成果及宝贵经验；二是技术传承，将民机研发技术专家、教授、学者广博的学识见解和丰富的实践经验总结继承下来，把丰富的实践经验进一步理论化、科学化，形成具有我国特色的民机理论与实践相结合的知识体系，为飞机设计技术人员提供参考和学习的材料；三是指导保障，为大飞机研制提供有力的技术保障。

丛书主要包括了项目研制历程、研制技术体系、研制关键技术、市场研究技术、适航技术、运行支持系统、关键系统研制和取证技术、试飞取证技术等分册的内容。本丛书结合了 ARJ21 的研制和发展，探讨了支线飞机市场技术要求、政府监管和适航条例、飞机总体、结构和系统关键技术、客户服务体系、研发工具和流程等方面的内容。由于民用飞机适航和运营要求是统一的标准，在技术上具有高度的相似性和相关性，因此 ARJ21 在飞机研发技术、适航验证和运营符合性等方面取得的经验，可以直接应用于后续的民用飞机研制。

ARJ21 新支线飞机的研制过程是对中国民机产业发展道路成功的探索，不仅开发出一个型号，而且成功地锤炼了研制队伍。参与本套丛书撰写的专家均是 ARJ21 研制团队的核心人员，在 ARJ21 新支线飞机的研制过程中积累了丰富且宝贵的实践经验和科研成果。丛书的撰写是对研制成果和实践经验的一次阶段性的梳理和提炼。

ARJ21 交付运营后，在飞机的持续适航、可靠性、使用维护和经济性等方面，继续经受着市场和客户的双重考验，并且与国际主流民用飞机开始同台竞技，因此需要针对运营中间发现的问题进行持续改进，最终把 ARJ21 飞机打造成为一款航空公司愿意用、飞行员愿意飞、旅客愿意坐的精品。

ARJ21是"中国大飞机事业万里长征的第一步",通过ARJ21的探索和积累,中国的民机产业会进入一条快车道,在不远的将来,中国民机将成为彰显中国实力的新名片。ARJ21将继续肩负着的三大历史使命前行,一是作为中国民机产业的探路者,为中国民机产业探索全寿命、全业务和全产业的经验;二是建立和完善民机适航体系,包括初始适航、批产及证后管理、持续适航和运营支持体系等,通过中美适航当局审查,建立中美在FAR/CCAR-25部大型客机的适航双边,最终取得FAA适航证;三是打造一款具有国际竞争力的喷气支线客机,填补国内空白、实现技术成功、市场成功、商业成功。

这套丛书获得2017年度国家出版基金的支持,表明了国家对"ARJ21新支线飞机"的高度重视。这套书作为上海交通大学出版社"大飞机出版工程"的一部分,希望该套图书的出版能够达到预期的编著目标。在此,我代表编委会衷心感谢直接或间接参与本系列图书撰写和审校工作的专家和学者,衷心感谢为此套丛书默默耕耘三年之久的上海交通大学出版社"大飞机出版工程"项目组,希望本系列图书能为我国在研型号和后续型号的研制提供智力支持和文献参考!

ARJ21总设计师
2017年9月

支线飞机电磁环境效应设计与验证

编委会

主 编

赵春玲　史剑锋　陈 洁

副 主 编

严林芳　唐建华　张克志

参编人员

李 钧　李春芳　梁小亮　熊 威

王永根　陈治礼　王浙波　代继刚

王乐意　谢羽晶　夏泽楠　郭丰玮

宁 敏　黄阳镇　胡岳云

前　　言

由于电子技术日新月异的发展,飞机上以往由机械装置完成的功能越来越多地由电子/电气设备完成,这些设备对于电磁环境较原有机械装置更为敏感,因此电磁环境效应对飞机安全性的影响越来越大。飞机电磁环境效应影响,不仅包括飞机机载电子/电气设备之间的电磁兼容性,还包括来自飞机运行环境中的各种外部电磁环境影响,例如闪电击中飞机后产生的短暂大电流和高电磁场耦合的影响;地面无线电收发设备、机场附近雷达以及航路无线电收发设备所发出电磁波的影响;飞机飞行中机体与空气摩擦等导致静电效应的影响等,这些都对民用飞机电磁环境效应的设计和验证提出了更高的要求。电磁环境效应是民用飞机设计中需要重点考虑的内容之一,对于民用飞机设计和适航取证具有重要意义。ARJ21-700 飞机进行电磁环境效应防护设计和验证时,国内首次严格按照国际标准,从飞机层面系统、全面地开展电磁防护设计需求建立、确认及验证工作,通过飞机研制的推进形成了一整套经过实践检验的民机电磁防护设计与验证体系,为 ARJ21-700 飞机项目的顺利取证奠定了基础。

多年以来,由于国内对民用飞机电磁环境效应设计与验证工程实践的欠缺,使得还没有比较系统的、完整的介绍民用飞机电磁环境效应防护设计、仿真分析、试验验证和适航方法相关的著作,仅有一些零碎的翻译文献和研究论文,更没有相关的大型复杂项目的工程实践总结。因此 ARJ21-700 飞机的研制过程中有关电磁兼容性设计和验证工作,是国内民用飞机电磁环境效应专业领域的首次系统性研究、探索和工程实践。2014 年 12 月 30 日,中国民用航空局(CAAC)在北京向中国商飞公司颁发 ARJ21-700 飞机型号合格证,标志着我国首款按照国际适航标准建造、具有完全知识产权、自主研制的喷气式支线客机通过中国民航局适航审定,标志着 ARJ21-700 飞机完成了设计、试制、试验、试飞和适航取证的全过程。与此同时,中国商用飞机有限责任公司上海飞机设计研究院电磁环境效应团队也同步完成了 ARJ21-700 飞机电磁环境效应的设计、验证和适航取证工作。为了对 ARJ21 型号项目的研制过程和经验进行总结，为后续国内民用/军用飞机、航天、舰船等复杂工程项目研制中有关电磁环境效应设计和验证等提供借鉴，团队结合 ARJ21-700 飞机研制过程中有关电磁环境效应的实际工作编著本书，以求为飞机等相关领域设计人员及大中专院校的相关专业学生提供本专业领域的参考。

本书共分为 9 章，涵盖了飞机整个研制过程中的电磁环境效应相关工作。这些内容可以在"设计需求、需求分解、需求验证、飞机电磁环境效应审定基础、符合性方法和验证"上提供给读者有益的参考意见。对飞机主制造商（OEM）而言，本书可以为飞机研制过程中电磁环境效应设计和验证工作提供参考。

本书第 1 章由史剑锋、陈洁共同编写；第 2 章由李钧编写；第 3 章由梁小亮、陈治礼、代继刚共同编写；第 4 章由李春芳、王浙波、李钧共同编写；第 5 章由陈洁、王永根、王乐意、夏泽楠共同编写；第 6 章由梁小亮、熊威共同编写；第 7 章由史剑锋编写；第 8 章由熊威、谢羽晶、郭丰玮共同编写；第 9 章由史剑锋编写；王永根编写本书的术语和定义；陈洁编写本书的缩略语；宁敏、黄阳镇、胡岳云编制了本书部分图表。赵春玲总师、唐建华总师设计本书的总体思路和架构；严林芳部长、张克志部长详细审阅了书稿并给出了许多有益的修改建议。史剑锋、陈洁负责本书的统稿工作。

本书在编写过程中得到了中国商用飞机有限责任公司多位领导的关怀和指导，在此感谢赵越让、郭博智、谢灿军、陈勇、李玲、王飞、叶群峰等多位领导的大力支持。

感谢原 ARJ21-700 飞机电子/电气审查组组长成伟、孙安宏，在过去的近 10 年里，无数次与编者探讨电磁环境效应设计与验证相关的问题，明确适航审查要点，对本书的编制有着深远的影响。

感谢美国 Lightning Technologies, Inc.（LTI）公司资深专家 J. Anderson Plumer、Edward J. Rupke，英国 ERA Technology 公司资深专家 Philip Edward Willis、Michael Stewart Aire 在 ARJ21-700 飞机闪电和高强度辐射场防护（HIRF）设计与验证工作上的技术指导。

感谢美国 Electro Magnetic Applications, inc.（EMA）公司资深专家 Rod Perala 在 ARJ21-700 飞机电磁仿真计算工作上提供的技术支持。

感谢上海交通大学出版社钱方针博士为本书的出版给予的帮助。

　　由于本书编写时间比较仓促,加之编者水平所限,存在的错漏或不当之处,望广大读者批评指正。

编著者

2017 年 8 月

术　　语

[1]实际瞬态电平　(actual transient level，ATL)

因外部环境导致设备接口电路上出现的瞬态电压或电流电平,这个电平值只能小于或等于设备瞬态控制电平。

The level of transient voltage or current that appears at the equipment interface circuits because of the external environment. This level may be less than or equal to the transient control level，but should not be greater.

[FAA AC-20-136A，Appendix 2]

[2]电弧　(arcing)

不同电位的表面之间的放电,能够产生高达 1 000 MHz 的宽频带噪声。

An electrical discharge between surfaces at different potentials. The discharge can produce broadband noise extending through 1 000 MHz.

[SAE ARP 5672，section 2.5.1]

[3]附着点　(attachment point)

闪电与飞机的接触点。

A point where the lightning flash contacts the aircraft.

[FAA AC-20-136A，Appendix 2]

[4]搭接　(bonding)

在两个金属物体之间建立一条低阻抗电流通路。

It refers to the process by which a low impedance path for the flow of an electric current is established between two metallic objects.

[MIL-HDBK-419A，section 7.1]

[5]机壳地　(case ground)

经过设备安装表面的电流回路。

The current return path through equipment mounting surface.

[MIL-HDBK-419A　Military Handbook-Grounding, Bonding, and Shielding for Electronic Equipments and Facilities]

[6]机架地　（chassis ground）

搭接线从设备壳体通过连接器到结构。

A bond wire connection from an equipment case through the electrical connector to structure.

[MIL-HDBK-419A　Military Handbook-Grounding, Bonding, and Shielding for Electronic Equipments and Facilities]

[7]传导发射　（conducted emission，CE）

沿金属导体传播的电磁发射。

The electromagnetic energy transmitted through the metal conductor.

[GJB 72A-2002,2.4.3]

[8]传导干扰　（conducted interference，CI）

沿着导体传输的不希望有的电磁能量,通常用电压或电流来定义。

An undesired electromagnetic energy transmitted through the metal conductor, which usually defined by voltage or electric current.

[GJB 72A-2002,2.2.14]

[9]连续波形　（continuous wave，CW）

未经幅度、频率和相位调制的,仅包含基频的射频信号。

RF signal consisting of only the fundamental frequency with no modulation in amplitude, frequency, or phase.

[FAA AC-20-158, section 5.0]

[10]电晕　（corona）

因飞机与周围大气之间存在电位差而引起的辉光放电。例如当飞机上曲率半径较小的区域(如翼梢、垂直/水平安定面和刀型天线)的电势增大到高于空气的电离电位时,就会发生电晕放电。

A luminous discharge that occurs as a result of an electrical potential difference between the aircraft and the surrounding atmosphere. This occurs when the aircraft potential increases above the ionizing threshold of aircraft areas with small radius of curvature such as the wing tips, vertical and horizontal stabilizers and blade antennas.

[SAE ARP 5672, section 2.5.1]

[11]耦合　（coupling）

通过射频源的辐射将电磁能量感应进入系统的过程。

Process whereby electromagnetic energy is induced in a system by radiation produced by a RF source.

[FAA AC-20-158, section 5.0]

[12]串扰　（crosstalk）

通过与其他传输线路的电场或磁场的耦合，在自身传输线路中引入一种不希望有的信号。

In desired transmission circuit where an undesired signal coupled from other transmission circuit in the form of electric field or magnetic field.

［GJB 72A-2002,2.4.17］

[13]指定接地　（designated ground）

需要在工程图样上明确注明的最大阻值和其他要求的电气接地。

An electrical ground of such importance that the maximum allowable resistance and other requirements are specified in engineering drawing.

［MIL-HDBK-419A　Military Handbook-Grounding，Bonding，and Shielding for Electronic Equipments and Facilities］

[14]直接驱动试验　（direct drive test）

将信号源与待测组件直接进行电气连接的电磁干扰(EMI)试验。

EMI test that involves electrically connecting a signal source directly to the unit being tested.

［FAA AC-20-158，section 5.0］

[15]直接效应　（direct effects）

（闪电对）飞机结构或电子/电气系统的物理损坏。闪电在系统硬件或部件上的直接附着会导致损伤。直接效应损害的例子包括飞机蒙皮和结构的撕裂、弯曲、燃烧、熔蚀或爆炸，以及电子/电气系统的损坏。

Physical damage to the aircraft or electrical and electronic systems. Direct attachment of lightning to the system's hardware or components causes the damage. Examples of direct effects include tearing，bending，burning，vaporization，or blasting of aircraft surfaces and structures，and damage to electrical and electronic systems.

［FAA AC-20-136A，Appendix 2］

[16]双接地　（dual ground）

使用两个附件作为到结构电流回路的连接技术。

Connection technique which provides two attachments of a current return to structure.

［MIL-HDBK-419A　Military Handbook-Grounding，Bonding，and Shielding for Electronic Equipments and Facilities］

[17]电气接地　（electrical ground）

从设备到结构之间的导电回路。

An electrically conductive return path from equipment to structure.

[MIL-HDBK-419A　Military Handbook-Grounding，Bonding，and Shielding for Electronic Equipments and Facilities]

[18]电磁环境　（electromagnetic environment，EME）

在适当的频率范围内,设备、子系统或系统在执行任务时所遭遇到的电磁能量在功率和时间上的分布。电磁环境通常以场强或功率密度的形式来表示。

The power and time distribution，in appropriate frequency ranges，of the electromagnetic levels which may be encountered by an equipment，subsystem or system when performing its assigned mission. The EME is normally expressed in terms of field strength or power density.

[SAE ARP 4242，section 2. 4. 2]

[19]电磁兼容性　（electromagnetic compatibility，EMC）

当电气/电子设备、子系统或系统在规定的操作环境中运行时不会因电磁干扰而遭受或引起性能降低的特性。

Ability of electronic/electrical equipments，subsystems，and systems to operate in their intended operational environments without suffering or causing unacceptable degradation due to EMI.

[SAE ARP 4242，section 2. 4. 3]

[20]电磁干扰　（electromagnetic interference，EMI）

由人为或自然界辐射或传导引起的电子设备任何无意和非期望的响应、性能降级或故障的电气或电磁现象。

Any electrical or electromagnetic phenomenon，manmade or natural，either radiated or conducted，that results in unintentional and undesirable responses from，or performance degradation or malfunction of，electronic equipment.

[MIL-HDBK-419A Military Handbook-Grounding，Bonding，and Shielding for Electronic Equipments and Facilities]

[21]电磁敏感性　（electromagnetic susceptibility，EMS）

设备、器件或系统因电磁干扰可能导致工作性能降低的特性。

The characteristic of the equipments、apparatus or system which the capability will be reduce because of the electromagnetic Interference.

[GJB 72A-2002，2. 1. 27]

[22]设备瞬变设计电平　（equipment transient design level，ETDL）

设备能够耐受的瞬态峰值电平。

The peak amplitude of transients to which the equipment is qualified.

[SAE ARP 5416，section 2. 2. 1]

[23]外部高强度辐射场（HIRF）环境　（external HIRF environment）

飞机外部的电磁射频场。

Electromagnetic RF fields at the exterior of an aircraft.

[FAA AC-20-158，section 5. 0]

[24]辐射干扰　（radiated interference，RI）

通过传送媒介从干扰源耦合到敏感设备的非期望信号。

An undesired signal coupled from a source to a receptor electromagnetically through a propagating media.

[GJB 72A-2002，2. 2. 13]

[25]接地　（grounding）

导体与参考点（设备外壳、飞行器结构、飞行器接地面或大地）的电连接方法。

The process of electrically connecting a conductive medium to a reference point (equipment enclosure, vehicle structure, vehicle ground plane, or earth).

[MIL-HDBK-419A　Military Handbook-Grounding, Bonding, and Shielding for Electronic Equipments and Facilities]

[26]高强度辐射场　（high-intensity radiated fields，HIRF）

由于大功率射频能量发射到自由空间产生的电磁环境。

Electromagnetic environment that exists from the transmission of high power RF energy into free space.

[FAA AC-20-158，section 5. 0]

[27]混合接地　（hybrid ground）

电尺寸在 0. 03～0. 15 波长之间的电路,接地方法的选择基于电路敏感性和电磁环境。混合接地方法是在单点接地的基础上,在电路和接地面之间串联电容。该接地方法在低频时具有单点接地的特性,在高频时具有多点接地的特性。电容的选择应该避免与负载或线路电感产生谐振。

For circuit dimensions between 0. 03 and 0. 15 of the wavelength, the grounding scheme should be selected based on the circuit sensitivity and electromagnetic environment. A hybrid ground system is a single-point ground system with added capacitors between the circuitry and the local ground plane. This system acts as a single-point ground system at low frequencies and a multipoint ground system at high frequencies. Capacitance should be chosen to avoid resonances with load or line inductances.

[MIL-STD-1542B Electromagnetic Compatibility and Grounding Requirements for Space system Facilities]

[28]间接效应 （indirect effects）

闪电在飞机电子/电气电路中的电瞬态感应。

Electrical transients induced by lightning in aircraft electrical or electronic circuits.

［FAA AC-20-136A，Appendix 2］

[29]隔离 （isolation）

通过对设备、系统或器件各区域的物理和电气布局，以防止区域内或区域间非受控的电气接触。

Physical and electrical arrangement of the parts of an equipment，system，or facility to prevent uncontrolled electrical contact within or between the parts.

［MIL-HDBK-419A Military Handbook-Grounding，Bonding，and Shielding for Electronic Equipments and Facilities］

[30]内部高强度辐射场（HIRF）环境 （internal HIRF environment）

机身内部设备安装位置处或各舱室内的射频环境。内部射频环境以内部射频场强或线束电流表示。

The RF environment inside an airframe，equipment enclosure，or cavity. The internal RF environment is described in terms of the internal RF field strength or wire bundle current.

［FAA AC-20-158，section 5.0］

[31]闪电 （lightning flash）

雷电的统称。可能发生于云层内部、云层之间或者云地之间，由一次或多次回击以及中间电流或持续电流构成。

The total lightning event. It may occur in a cloud，among clouds，or between a cloud and the ground. It can consist of one or more return strokes，plus intermediate or continuing currents.

［FAA AC-20-136A，Appendix 2］

[32]闪击 （lightning strike）

闪电附着到飞机上。

Attachment of the lightning flash to the aircraft.

［FAA AC-20-136A，Appendix 2］

[33]闪击区 （lightning strike zones）

易受闪电附着、驻留及电流传导的飞机表面区域与结构。

Aircraft surface areas and structures that are susceptible to lightning attachment，dwell time，and current conduction.

［FAA AC-20-136A，Appendix 2］

［34］多脉冲　（multiple burst）

由持续时间短、低幅值的电流脉冲组成的间隔随机的窄脉冲序列，每一个脉冲都具有电流急剧变化（即 di/dt 较大）的特性。

A randomly spaced series of bursts of short duration，low amplitude current pulses，with each pulse characterized by rapidly changing currents（that is，high di/dt）.

［FAA AC-20-136A，Appendix 2］

［35］多击　（multiple stroke）

在一次闪电过程中出现的两次以上的闪电回击。

Two or more lightning return strokes during a single lightning flash.

［FAA AC-20-136A，Appendix 2］

［36］多点接地　（multiple-point ground）

多点接地使用在高频和数字电路中，将电路连接到最近的可用低电阻接地面上，通常是机架或者飞机结构。接地面的感应系数较小从而接地面电阻较低。电路和接地面间的连接应尽量地短以使它们间的阻抗最小。多点接地常用于电尺寸大于 0.15 个最小信号波长的电路。

The multipoint ground system is used at high frequencies and in digital circuitry. In this system，the circuits are connected to the nearest available low impedance ground plane，usually the chassis or airplane structure. The low ground impedance is due to the lower inductance of the ground plane. The connections between the circuits and ground plane should be kept as short as possible to minimize their impedance. Multipoint ground systems are normally applicable for circuit dimensions greater than 0.15 of the signal smallest wavelength.

［MIL-STD-1542B Electromagnetic Compatibility and Grounding Requirements for Space system Facilities］

［37］沉积静电　（precipitation static，P-static）

沉积电荷在飞机表面的充电过程。飞机机体摩擦通常能够导致沉积静电出现，当沉积静电积累达到一定程度时就会产生静电放电。由静电放电引起的电磁干扰将会影响导航及通信设备的正常运行。发动机排气（飞机处于低高度状态）和外部电场（如相反电极性的云团间）也能够引起沉积静电。

P-Static is the process of charging the aircraft with precipitation particles. It results in static electrification of the airframe by frictional charging of the precipitation particles. During triboelectric charging，the potential of an aircraft increases until a threshold is reached where electrical discharges occur. These electrical discharges generate electromagnetic noise that may interfere with both navigation and communications. Other sources that can create discharge conditions include, engine exhaust non-neutrality (at low altitudes), and exogenous electric fields (between oppositely charged cloud regions).

[SAE ARP 5672, section 2.5.1]

[38]辐射发射　(radiated emission，RE)

以电磁场形式通过空间传播的有用或无用的电磁能量。

The useless or useful electromagnetic energy transmitted in space in the form of electromagnetic field.

[GJB 72A-2002，2.4.2]

[39]射频　(radio frequency，RF)

在电磁频谱中介于音频和红外线之间,用于无线电发射的频率。目前应用的频率范围约为 9 kHz～3 000 GHz。

The frequency band between the audio frequency and infrared frequency used to radio transmission. The general practical limits of RF transmissions are roughly 9 kilohertz (kHz) to 3000 gigahertz (GHz).

[GJB 72A-2002，2.1.4]

[40]屏蔽　(shielding)

能隔离电磁环境,显著减小设备的电磁场对另一设备或电路影响的一种装置或措施,如屏蔽室、屏蔽笼、金属覆层。

A housing, screen or cover that reduces the coupling of electric and/or magnetic fields from one region to another.

[GJB 72A-2002，2.5.5]

[41]屏蔽效能　(shielding effectiveness)

由屏蔽物加入引起的空间某点电磁场强度相对加入前场强的减少量或衰减量。

A measure of the reduction or attenuation in the electromagnetic field strength at a point in space caused by the insertion of a shield between the source and that point.

[MIL-HDBK-419A Military Handbook-Grounding, Bonding, and Shielding for Electronic Equipments and Facilities]

[42]屏蔽地　(shielding ground)

将屏蔽机壳、设备导线内、外屏蔽层接地,以抑制外来干扰,也可减少设备产生的干扰,避免影响其他设备。

Shield chassis, inner and outer shielding of wires of equipment are grounded, to avoid interference and reduce influencing other equipments.

[MIL-HDBK-419A　Military Handbook-Grounding, Bonding, and Shielding for Electronic Equipments and Facilities〕

〔43〕信号地　（signal ground）

为保证信号具有稳定的基准电位而设置的接地。

Setting a ground to ensure that signal has a stable reference potential.

〔MIL-HDBK-419A　Military Handbook-Grounding，Bonding，and Shielding for Electronic Equipments and Facilities〕

〔44〕单点接地　（single-point ground）

单点接地是屏蔽接地的一种电路实现方式，每一个系统或子系统只有一个理论上完全相同的物理接地点。

Single point grounding is a method of circuit and shield grounding in which each circuit of the system or subsystem has only one physical connection to a ground reference subsystem，ideally at the same point for a given system or subsystem.

〔MIL-STD-1542B，section 3.6〕

〔45〕流光　（streamering）

作为电晕状态过渡阶段的交叉状电离路径。当电荷密度增大，直到电场达到电离电位阈值时发生电晕和流光，形成宽频带的辐射噪声。

The branch-like ionized paths that occur as a transition phase after a corona regime. The charge density increases until the electric field reaches the ionization threshold point producing coronas and streamers which generates broadband radio noise.

〔SAE ARP 5672，section 2.5.1〕

〔46〕扫掠通道　（swept channel）

闪电行进路径。由于飞机的运动，闪电在扫过飞机时发生的一系列附着。

The path lightning travels. Because of the aircraft's motion, the lightning flash causes successive attachments as it sweeps across the aircraft.

〔FAA AC-20-136A，Appendix 2〕

〔47〕瞬态控制电平　（transient control level，TCL）

因外部环境导致在设备接口电路上出现的最大可允许瞬态电平。

The maximum allowable level of transients that appear at the equipment interface circuits because of the defined external environment.

〔FAA AC-20-136A，Appendix 2〕

目　　录

1　绪论　1

1.1　引言　1

1.2　民用飞机电磁环境效应防护的发展历程　2

1.2.1　电磁环境效应标准规范　3

1.2.2　电磁环境效应防护措施　3

1.2.3　飞机电磁环境效应预测　4

1.2.4　电磁环境效应测试　5

参考文献　5

2　需求、条款和流程概述　7

2.1　飞机电磁环境概述　7

2.1.1　电磁兼容性和电磁干扰　7

2.1.2　闪电直接和间接效应　8

2.1.3　高强度辐射场　8

2.1.4　沉积静电　8

2.1.5　静电放电　9

2.2　适航规章和条款简介　9

2.2.1　闪电防护—25.581条款　10

2.2.2　电搭接和防静电保护—25.899条款　10

2.2.3　系统闪电防护—25.1316条款　11

2.2.4　高强辐射场防护—25.1317条款和SC SE001专用条件　11

2.2.5　电气设备及安装—25.1353(a)条款　11

2.2.6　电子设备—25.1431(c)(d)条款　12

2.3　基本研制方法和流程　13

2.3.1　电磁环境效应防护设计与验证流程　13

　　　2.3.2　电磁环境效应控制管理　14

　　　2.3.3　飞机研制各阶段的电磁环境效应工作　16

　　　2.3.4　质量控制和问题解决　17

　　　2.3.5　电磁环境效应技术会议　18

　2.4　小结　18

　参考文献　18

3　电磁兼容性　20

　3.1　概述　20

　3.2　适航要求　20

　　　3.2.1　相关条款　21

　　　3.2.2　安全性分析　23

　　　3.2.3　合格证明文件　23

　　　3.2.4　地面试验　23

　　　3.2.5　飞行试验　23

　3.3　符合性流程　23

　　　3.3.1　符合性说明　24

　　　3.3.2　符合性流程　24

　3.4　电磁兼容性预测分析　30

　3.5　飞机的电磁兼容性设计　31

　　　3.5.1　天线布局　31

　　　3.5.2　分时应用　31

　　　3.5.3　线束分类及敷设要求　31

　　　3.5.4　线束的屏蔽与接地　32

　　　3.5.5　电搭接　32

　　　3.5.6　机载设备　32

　　　3.5.7　非金属结构防护设计　32

　3.6　电磁兼容性验证　32

　　　3.6.1　设备电磁兼容性试验　33

　　　3.6.2　飞机电磁兼容性试验　40

　　　3.6.3　天线测试　52

　　　3.6.4　便携式电子设备(PED)电磁兼容性测试　57

　3.7　ARJ21-700飞机电磁兼容性设计与验证概述及典型案例　60

　3.8　小结　66

　参考文献　67

4　闪电防护 68

4.1　概述 68

4.2　适航要求 70

4.2.1　闪电间接效应防护适航要求 70

4.2.2　闪电直接效应防护适航要求 71

4.3　符合性流程 72

4.3.1　闪电间接效应符合性验证流程 72

4.3.2　A 级系统闪电间接效应符合性验证 79

4.3.3　B 和 C 级系统的闪电间接效应符合性验证 82

4.3.4　闪电直接效应防护验证流程 84

4.4　闪电分区 84

4.4.1　闪电分区预测分析 84

4.4.2　闪电分区缩比模型试验 85

4.5　闪电内部环境预估 89

4.6　闪电防护设计 92

4.6.1　线缆敷设 93

4.6.2　结构闪电防护 95

4.6.3　机身结构电磁屏蔽 96

4.6.4　燃油系统闪电防护 98

4.6.5　电气系统闪电防护 103

4.6.6　电子/电气设备闪电防护 103

4.6.7　复合材料结构闪电防护 104

4.6.8　闪电抑制器 105

4.7　闪电间接效应防护验证 105

4.7.1　设备级/系统级闪电试验 105

4.7.2　全机级闪电试验 117

4.8　外部安装设备闪电直接效应试验 129

4.8.1　试验类别 130

4.8.2　试验方法 130

4.9　闪电防护维修和保证计划 134

4.10　ARJ21-700 飞机闪电防护设计与验证概述及典型案例 135

4.11　小结 136

参考文献 136

5　高强度辐射场防护 138

　5.1　概述 138

　5.2　适航要求 139

　5.3　HIRF 符合性验证要求及流程 145

　　5.3.1　HIRF 符合性验证要求 145

　　5.3.2　HIRF 符合性验证流程 148

　5.4　HIRF 环境预测分析 157

　5.5　HIRF 防护设计 158

　　5.5.1　基本理论 158

　　5.5.2　HIRF 防护设计概述 159

　5.6　HIRF 试验验证 162

　　5.6.1　HIRF 设备级/系统级试验验证 163

　　5.6.2　飞机级 HIRF 试验情况说明 170

　5.7　HIRF 防护维修和保证计划 177

　5.8　ARJ21-700 飞机高强度辐射场防护设计与验证概述及典型案例 177

　　5.8.1　设备/系统 HIRF 验证试验典型案例 178

　　5.8.2　全机 HIRF 试验验证典型案例 179

　5.9　小结 179

　参考文献 179

6　静电防护 180

　6.1　概述 180

　6.2　适航要求 181

　6.3　适航符合性 182

　6.4　静电防护设计方法 182

　　6.4.1　设备的静电防护 183

　　6.4.2　飞机结构和部件设计 183

　　6.4.3　飞机外部沉积静电防护设计 185

　　6.4.4　飞机静电放电器配置 188

　6.5　静电防护试验验证 190

　　6.5.1　机载设备静电防护试验 190

　　6.5.2　飞机沉积静电地面试验 192

　　6.5.3　飞机沉积静电飞行试验 193

　6.6　ARJ21-700 飞机静电防护设计与验证概述及典型案例 194

　6.7　小结 196

参考文献 196

7 电磁环境效应计算机建模与仿真 197
  7.1 概述 197
  7.2 数学基础 198
    7.2.1 近似法 198
    7.2.2 数值法 198
  7.3 电磁兼容性仿真 210
    7.3.1 基本方程 210
    7.3.2 电磁兼容性预测的分析 213
  7.4 天线仿真 213
    7.4.1 高频天线仿真 214
    7.4.2 天线辐射方向图计算 215
    7.4.3 天线隔离度计算 216
  7.5 闪电防护仿真计算 219
    7.5.1 飞机闪电分区预测分析 219
    7.5.2 闪电间接效应 223
    7.5.3 仿真计算流程 223
    7.5.4 闪电耦合到机身内部的仿真计算 223
    7.5.5 电缆仿真 224
  7.6 HIRF 仿真分析 226
    7.6.1 飞机高强度辐射场(HIRF)环境分析概述 226
    7.6.2 HIRF 环境分析的主要内容 228
  7.7 静电仿真计算 229
    7.7.1 飞机静电放电器计算 230
    7.7.2 ESD 仿真计算 231
    7.7.3 仿真计算模型 232
    7.7.4 理论分析 233
    7.7.5 仿真计算结果的应用 234
  7.8 小结 235
  参考文献 235

8 电磁环境效应防护方法 237
  8.1 概述 237
  8.2 电搭接防护设计方法 237

8.2.1　电搭接的目的　237

8.2.2　电搭接分类　238

8.2.3　电搭接防护策略　238

8.2.4　搭接方法　244

8.3　接地设计　254

8.3.1　接地的作用　254

8.3.2　接地方式　254

8.3.3　接地类型　256

8.3.4　接地方法　261

8.3.5　接地设计要点　264

8.3.6　接地测试　265

8.4　屏蔽防护设计　266

8.4.1　结构屏蔽防护设计　267

8.4.2　电缆、线束屏蔽产品选取要求　270

8.4.3　线束屏蔽端接要求　270

8.5　滤波　274

8.6　隔离　275

8.6.1　电路隔离　275

8.6.2　线束隔离　276

8.7　小结　277

参考文献　278

9　总结和展望　279

9.1　总结　279

9.2　展望　280

附录　非相似金属阳极化序列　281

缩略语　282

索引　286

1 绪 论

1.1 引言

随着电子技术和信息技术的飞速发展,各种电子设备相继出现。这些电子设备有些是单独操作实现某种功能,有些是与其他设备组合构成系统而整体操作。这些日益增多的电子设备,一方面能够帮助用户实现复杂的系统功能和操作,但另一方面也造成了极为严重的电磁污染,即电磁干扰(electro-magnetic interference EMI)。举一个典型的例子,如一些汽车、机车的引擎点火会对电视机造成干扰,以条纹方式出现在电视屏幕上,或对收音机造成干扰而出现背景噪声。除了人为造成的电磁干扰外,自然界也会产生许多干扰,如静电、闪电及来自外太空的电磁能量等。总之,电磁干扰总是存在于我们的日常生活中,会对工业设备的正常安全运行等造成影响,例如雷暴天气飞机起降时,其电子导航系统可能遭到电磁干扰而失效,飞机受到闪电击中可能造成机体损毁和设备失效等,这些均会对飞机及其人员安全造成严重影响。为了解决这些问题,催生出民用航空领域的一个新的专业学科——电磁环境效应(electromagnetic environment effect,E3)。

事实上,几乎每个电子设备工作时都会发出电磁波,但由于这些无意发射的电磁波种类繁多,其产生的原因及其传导方法更是多种多样,既无法可靠预知,也无万能的解决办法,往往导致为了解决电磁干扰问题所花费的时间与精力比电路设计还多,因此,近年来国内外已有许多研究机构在进行电磁兼容性(electro magnetic compatibility,EMC)的研究。电磁兼容性是指设备在可能的电磁干扰环境下仍能正常工作的能力。解决电磁干扰有三种方法:首先是控制干扰源,将产生的干扰降低到最小;其次是对敏感设备进行电磁加固防护;最后是阻断干扰路径,即尽量阻断或是尽可能减少干扰传播路径。

从莱特兄弟研制的“飞行者1号”上天直到第二次世界大战期间,飞机基本是完全的机械设备,因此电磁干扰问题未得到充分的认识和重视。随着无线电通信导航在航空领域应用越来越广泛,特别是现代民用飞机机载电子设备大量使用,并且大多执行关键和重要功能,对飞机安全有重大影响,因此这些电子设备的电磁干扰和电磁防护问题逐渐为业内所认知和重视。一般来说,民用飞机电磁环境防护包括电磁兼容性、闪电防护、高强度辐射场和静电防护四个重要内容。

1.2　民用飞机电磁环境效应防护的发展历程

过去,大多数飞机使用钢索、曲柄和机械操纵系统来操纵飞机。飞机的电磁干扰主要体现在飞机自身无线电设备之间存在的干扰,而且无线电设备相对比较少,发射功率也较小,所以一般不会对机载电气设备产生大的影响。因此,对飞机的电磁防护主要针对具有高灵敏度接收机的无线电设备,避免其他设备对接收机造成干扰。在这一阶段,人们也开始逐步认识到静电对无线电台的干扰以及静电对燃油系统的危害;同时,也开始研究闪电对飞机的影响[1]。

随着晶体管的出现,越来越多的机械设备可以被电子设备取代或实现机电一体化设计。同时,由于电子设备能准确控制复杂功能且具有较高的可靠性,所以电子设备已越来越广泛地应用在飞机关键系统中,例如飞行控制系统、航电系统等。但是,电子设备中的电子电路不仅对自身内部的电流信号有影响,还可能对耦合到线缆束、导线、集成电路引线和电气连接器上的任何输入都有影响,这使得电子设备及飞机所面临的电磁环境变得越来越复杂,针对电子设备和飞机的电磁兼容性设计和防护的概念开始逐步形成。为了解决电磁兼容性问题,相关领域技术得到迅猛发展,并催生了其衍生技术和学科。在此阶段,电磁兼容性设计工作逐步形成体系,对静电、闪电危害的研究开始逐步深入,对机载系统/设备的电磁兼容性和电磁脉冲防护也开始受到关注。欧美等国家都先后制定了各种电磁干扰和电磁兼容性的规范标准,大力发展电磁干扰测试和仿真技术,研究各种干扰的抑制措施,并通过相应的标准体系体现在飞机研制中[2]。

目前在欧美等国家,现代飞机的电磁环境防护设计已经形成了较为完整的设计流程和方法,建立了一系列的标准和规范。电磁环境效应已经成为飞机设计中的一项重要工作,并渗透到飞机研制和运营的全生命周期中。电磁环境效应的概念在电磁兼容性的基础上有了很大的扩展,它是指一个系统在运行全过程中和电磁环境之间的所有作用和冲突。电磁环境效应包括电磁兼容性、电磁干扰、电磁敏感性、电磁脉冲、静电放电以及电磁辐射对人体、易燃气体的危害等,同时也包括射频系统、超宽带装置、高功率射频系统、闪电、沉积静电等影响电磁环境的设备和自然现象。

总之,随着技术发展,电磁干扰、电磁兼容性和电磁环境效应作为学科和技术领域,在飞机的不同发展阶段,其内涵也在不断地扩展。概括来说,飞机电磁环境效应就是频谱规划的管理、防止电磁危害的出现、抑制电磁干扰的发生、解决出现的电磁兼容性问题。电磁环境效应已发展为一门综合性的技术学科,并成为飞机研制中的基础和关键技术[3]。

1.2.1　电磁环境效应标准规范

为了研究和解决飞机上出现的电磁干扰问题,欧美国家的专业机构制定了大量电磁环境效应方面的规范和标准,用来控制机载设备的干扰发射,提高机载设备的抗干扰能力,使设备装机后产生电磁干扰的可能性大大降低。

美国从 20 世纪 40 年代开始,就先后制定了很多电磁环境效应方面的军用标准和规范。随着电子设备在飞机上的使用范围逐步扩大,旧的标准规范不断被修订、增补或淘汰,新的标准规范不断提出。据统计,美国各军种提出的有关电磁环境效应的军标约 130 多种,这些标准规范的格式大体相同,内容也类似,但是有些要求如频率范围、极限值等又各不相同,有重复,也有矛盾,这给设备制造厂商带来了很多不便。为解决该问题,1965 年美国国防部组织专门小组,研究改进标准规范,制定了统一的 MIL-STD-460 系列电磁兼容性标准。美国的电磁环境效应标准工作开展得最早,许多国家都在此基础上制定了各国自己的规范,并在实践中不断总结完善。

在民用航空方面,美国航空无线电技术委员会(RTCA)制定的 RTCA/DO-160 机载电子设备环境试验方法中规定了详细的电磁环境效应测试方法和极限值。该标准适用于民用飞机的机载设备,规定了电子/电气设备的一般要求和干扰特性的测试方法。

1.2.2　电磁环境效应防护措施

屏蔽、滤波、接地等电磁干扰抑制措施是有效的电磁环境效应防护措施[4],在飞机机载设备/系统电磁兼容性防护设计中广泛采用,这些防护措施的原理在许多著作和有关设计标准中均有介绍。但是这些措施往往与系统功能要求、成本、重量等设计存在矛盾,因此,在飞机设计过程中,需要权衡利弊,采取合理、有效的防护措施,既满足飞机电磁环境效应防护要求和功能要求,又充分考虑代价和成本。

在飞机系统设计方面,首先需要控制电子系统的频率,对各设备的频率分配、频谱宽度都要提出适当的要求;其次,设备、天线、电缆的布局要合理,天线的方向和位置都需要从电磁兼容性的角度加以考虑。美国空军系统的设计手册专门规定了飞行器的布线方法,将导线分为电源与控制线、音频敏感线、射频敏感线、干扰线等几类,要求分别捆扎敷设,并间隔一定的距离,可以有效地改善电磁干扰现象。此要求最初在大型飞机如 C-5、B707 等飞机上实施,后来在小型飞机上也按照同一原则将不同特性的导线分开敷设。

电搭接的设计也是系统电磁兼容性防护的重要措施。许多干扰现象的产生原因是搭接电阻设计不符合规范要求。在相关设计规范中,对搭接电阻有具体的设计要求。

某些大功率脉冲发射设备如气象雷达等,通常是机载电子设备的主要干扰源之一。这就要求针对这类设备需要设计相应的抑制信号的输出或输入,即当某一脉冲发射设备工作时,用抑制信号去闭锁其他敏感设备,使其免受干扰。这种方法,实际上是对干扰发射与敏感设备实行分时工作,用分时的方法来满足电磁兼容性的要求。这种做法已为一般飞机所采用,并有统一的规定来定义这些输入输出的抑制信号。如美国航空无线电公司(ARINC)的测距器规范 568 就规定了抑制信号的系统特性。

1.2.3 飞机电磁环境效应预测

飞机设计人员都希望在飞机研制初期就能预测机载系统可能发生的各种电磁干扰现象,并及早采取防护措施,这样可以使设计更合理,降低风险和成本。为此,在 1968 年就有人提出了用计算机程序来预测电磁兼容性的方法。从 20 世纪 70 年代开始,美国空军和工业界进行了深入的研究,结果表明用分析的方法可以有效地减少系统电磁兼容性设计风险。设计人员可以在设计初期通过预测发现问题,采取电磁防护措施,并改进设计方案。随着计算机技术的发展,使用电磁仿真预测软件可以为设计人员制订设计方案提供更多的依据。

在 20 世纪 60 年代末到 70 年代初,美国政府工业和学术机构开展了联合研究,寻求建立一些分析系统电磁兼容性的工具。其中系统内分析计算(IAP)是美国空军资助的研究[5,6],其成果是发展了若干重要的电磁兼容性分析和预测工具,典型的如 IEMCAP 程序。

IEMCAP 程序是一个成功实现全面的、自动化的 EMC 评估方法的例子,EMC自动评估方法包含了最坏情况建模和分析基本原理,可以分析典型的耦合模式和机制,提供了对复杂系统进行自顶向下方式的建模功能。

在过去的 30 年里,在发展和应用计算机辅助分析工具进行电磁环境预测分析和求解方面取得了巨大的技术进步。但不管使用什么程序和计算方法,所应用的工程理论和物理系统根本上都是求解基于积分或者微分形式的麦克斯韦方程组。对于一个给定的问题,选择何种数值建模软件和物理模型都是由若干判据决定的,即:①所求解问题的类型和复杂度;②要求的建模精度或者分析精度对于物理建模技术和软件程序内的限制;③所求解问题的边界条件。

最常用的通用建模和仿真应用的代表性方法包括:时域有限差分法(FDTD)、矩量法(MOM)、有限元法(FEM/A)、高频射线追踪方法类[几何绕射理论/一致性绕射理论(GTD/UTD)、射线追踪法(SBR)、物理光学(PO)、物理绕射理论(PTD)]及上述方法的混合使用。近年来的发展主要集中在复杂线缆束的长线耦合和高频耦合问题上,其中 BLT 方程法、物理光学迭代法(IPO)和功率平衡方法(PWB)等也受到了人们的重视。

虽然电磁环境效应仿真计算具有许多诱人的优点,但是受算法精度、建模近似度和电磁环境效应复杂性的影响,在飞机电磁环境领域,仿真计算与预测分析尚不能取代测试方法,特别是在表明适航符合性时,测试依旧是必要的。但是在研制过程中,仿真分析是非常重要的手段和工具。

1.2.4　电磁环境效应测试

电磁环境效应的测试项目繁多,频率范围很广,无论是试验室试验还是机上试验,都需要采集大量数据并对此进行分析。因此对自动化测试的需求尤为突出。在此需求推动下,电磁环境效应测试的自动化程度在不断提高。从 20 世纪 60 年代开始,从机械扫描到电扫描,直至用计算机程序控制的自动测试和数据自动采集装置,测量频率范围达 10 kHz～40 GHz,各种自动化测试技术得到了不断发展。这些大大地减少了测试的工作量。

为了使飞机上的电子/电气系统能正常工作,需要进行设备级、系统级和飞机级的测试,这些测试包括设备鉴定试验、关键系统级试验和飞机级地面试验及空中模拟试验。

按标准规范要求,机载电子/电气设备必须进行以下四类测试:传导发射测试、辐射发射测试、传导敏感性测试、辐射敏感性测试。辐射发射测试用各类天线作为传感器接收干扰发射电平;传导发射测试则用电流探测器测量,频谱分析仪用来接收干扰发射电平。为了测量设备的敏感性,需要信号源及装置来模拟各种传导和辐射干扰。

实践证明,尽管组成系统的各个设备都满足设备级的电磁环境效应(如闪电、高强度辐射场)要求,但并不能保证它们组成系统后与该系统完全兼容,因此有必要对整个系统进行电磁环境效应试验,确保系统关键功能在遭遇恶劣电磁环境时还能正常运行。

由于飞机上的电磁环境复杂,标准规范定义的各种模拟条件往往不能模拟飞机上的真实情况,因此单个设备的测试只是提高了设备的抗干扰能力,控制其发射电平。增加一些系统级测试的局限性的说明,通过设备级/系统级的测试,不能完全保证飞机整机的电磁兼容性符合规范要求,因此需要通过飞机级整机地面试验或试飞测试对全机的电磁兼容性进行测试和评估。

参 考 文 献

[1]　American National Standards Institute. ANSI C63. 14-2009 American National Standard Dictionary of Electromagnetic Compatibility (EMC) including Electromagnetic Environmental Effects (E3) [S]. New York: Institute of Electrical and Electronic Engineers, Inc. 2009.

[2]　MIL-STD-464C Electromagnetic Environmental Effects Requirements for System [S]. 2010.

[3]　王明皓. 飞机电磁环境效应的特性及控制[J]. 航空科学技术,2013(3): 1 - 6.

[4]　陈穷. 电磁兼容性工程设计手册[M]. 北京: 国防工业出版社,1993.

［5］Spina J. The EMC Concept for Weapon System ［R］. AGARD Lecture Series No. 116 on EMC，AGARD-LS-116，1981.

［6］Drozd A. Application of the Intrasystem EMC Analysis Program（IEMCAP）for Complex System Modeling and Analysis ［C］. Conference Proceeding of the 8th annual Review of Progress in applied Computational Electromagnetics，1992.

2 需求、条款和流程概述

2.1 飞机电磁环境概述

在现代航空技术中,为减轻飞机结构重量、提高经济性和操纵性能,大力发展并大量采用了先进复合材料技术和微计算机、微电子测控技术,这使得飞机对电磁环境更加敏感,飞机所处的电磁环境越来越复杂、越来越恶劣。民用飞机的电磁兼容性设计已经从简单的系统内、系统间 EMC/EMI 防护,发展到更加复杂、全面的全机电磁环境效应(E3)防护。

飞机的电磁环境主要由外部电磁环境和系统内电磁环境组成。外部电磁环境,主要包括:①地面上的高能量干扰源,例如无线电调频(FM)、高频(HF)、甚高频(VHF)和超高频(UHF)广播台或地面雷达;②闪电;③静电。系统内电磁环境,主要包括:①飞机交流电源线的电场和磁场;②计算机和航空电子微处理机的时钟信号和控制信号;③飞机不同功率等级间的电源转换控制;④飞机照明灯、风扇、泵、舵面控制和起落架收放产生的电气转换瞬变;⑤无线电发射机,例如 HF、VHF 等。

外部和内部的电磁环境共同作用对飞机电子/电气系统正常运行带来威胁。电磁环境效应包括:闪电直接效应、闪电间接效应、高强度辐射场,沉积静电、静电放电和机载系统间的电磁兼容性。

2.1.1 电磁兼容性和电磁干扰

电磁兼容性(EMC)是指系统和设备在工作的时候不会影响其他系统的正常工作,同时也不会被其他系统所产生的电磁环境所影响。这些电磁能量来自线缆传导或者射频(RF)辐射。电磁环境包括从直流电源产生的磁场到高速电路和射频设备产生的微波,其频率覆盖范围很宽。如果系统比较敏感,例如内部的射频接收机等,则即使低电平的发射也有可能引起系统干扰。所有的 EMC 问题都可以归纳为一个共同的原理和三个环节,即干扰源、干扰路径和敏感设备。干扰源可以产生干扰信号,例如内部的时钟信号、本振、内部调制产生的谐波;干扰源要求通过某种方式来传播这些能量,如传导、辐射,或者两者的综合,这就是干扰路径。需要注意的是对于干扰能量的传导,线缆不一定需有意地与干扰源有关联,对于任何线缆,只要足够接近导体,例如管路、结构,它就可以作为干扰源能量的传播路径。通常,干扰源可能通过内部线缆耦合到设备,也可以从线缆直接辐射到设备进行干扰,受干扰的设备就是敏感设备。被干扰系统的线缆可以作为一个接收天线,将干扰信号接收并传导进入敏感设备,也可通过该系统自身的天线接收能量(若内部有射频接收机)。或者,辐射能量会穿过设备壳体直接耦合到设备内部的敏感电路中。由于电磁干扰(EMI)本质上是无法避免的,因此需对飞机上产生的可能对系统正常运行有影响的电磁环境进行控制。

2.1.2 闪电直接和间接效应

闪电直接效应是指当闪电直接附着机体时产生的高电压和大电流对飞机结构或设备的物理损坏,包括飞机蒙皮和结构的撕裂、弯曲、燃烧、熔蚀或爆炸,以及对安装在飞机主蒙皮外设备造成的损坏。对于易燃易爆区域,结构上传导的闪电电流可能产生的电弧、电火花造成易燃气体的点燃或爆炸也属于闪电直接效应的范畴。

飞机内部的闪电环境主要由结构电流×电阻(IR)形成的电压导致的扩散耦合和孔径耦合产生,任何一种耦合或者两者相互作用都会产生一个复杂的内部环境。闪电环境对系统的主要威胁是通过感应到系统连接线缆上的电流和电压影响系统的正常工作。闪电间接效应(IEL)可以在相似的系统里或者同一系统不同的通道内同时产生干扰。因此,在分配电缆线束路径和功能性余度预留时必须考虑由此带来的共模效应。

2.1.3 高强度辐射场

飞机外部的高强度辐射场(HIRF)环境穿透飞机,形成内部 HIRF 电磁环境,电子/电气系统直接暴露在该环境中。内部 HIRF 电磁环境受诸多因素影响,如飞机结构上的孔缝、内部结构、结构材料、线缆的二次辐射以及飞机电气谐振。内部电磁环境和主要的耦合机制与干扰信号的频率密切相关。需要注意的是 HIRF 环境可以对相似的系统,或同一系统的不同通道同时产生干扰。在进行线缆敷设和功能冗余设计时,必须要考虑由此带来的共模效应。

2.1.4 沉积静电

飞机在飞行中穿过干的凝结物(如雪和冰的结晶、雨雪和冰雹)时会通过摩擦产生静电。如果电荷沉积,那么电压和电场达到一定的电平时,可能在机身上发生放电现象。下列几种放电的类型可能引起飞机系统的干扰:①飞机尖端出现的电晕;②金属部件不合理搭接引起的打火;③绝缘表面的流光。

沉积静电(P-static)放电通常不会对飞行安全造成威胁,但由于其包含的频率范围较宽,可能会干扰和中断空中交通、空地通信以及机内的导航系统。只要有凝结物与飞机不断地碰撞与摩擦,沉积静电就会存在。当飞机进入晴朗区域时,沉积静电迅速消散,机上电势恢复到与新的环境相适应的水平。静电荷沿着飞机前缘产生,然后沿着导体表面向后缘和尖端移动,并在这些部位积聚或泄放进入大气中。电荷的生成速率以及形成的电流大小是飞机尺寸和速度的函数,同时也与大气的成分有关。在电流路径上的任何开路都会引起 RF 噪声。

2.1.5 静电放电

静电放电(ESD)对大多数电子设备来说都是一个危害。无论厚的还是薄的固态器件、金属氧化物半导体器件或是许多离散的电子部件,例如薄膜电阻、电容、晶体管和双极性集成电路(IC)器件都易受 ESD 影响而发生损坏。由于电子器件越来越小且运行速度越来越快,因此对 ESD 的敏感性也日益增加。

ESD 环境要求每个设备必须被测试以表明该设备的电子器件不受静电通过设备外壳泄放所产生的电磁耦合效应所影响。试验电平为飞行中或使用期间,当在不能正常执行 ESD 操作程序的地方,工作人员进行设备安装、替换或无意中接触到静电敏感设备时,电子设备上出现的典型静电强度。

2.2 适航规章和条款简介

飞机的持续安全飞行和着陆对机载电子/电气系统工作性能的依赖性日益增强,电子/电气系统的电路和板卡的集成化程度越来越高,使用频率范围越来越大,使得机载电子/电气系统对电磁环境更加敏感,电磁环境对飞机的影响不断增大。

为了保证飞机在可预期的电磁环境影响下能持续安全飞行和着陆,美国联邦航空管理局(FAA)和中国民用航空局(CAAC)都有针对性地相继颁布了一系列的适航条款和咨询通告,对民用飞机需要考虑的电磁环境防护需求、验证路径以及验证方法给出了严格的规定,用于规范化设计,从而提高设计的质量。

目前,民用飞机电磁环境效应(E3)适用的 CCAR-25 部条款共 7 项,适用的条款清单[1]详见表 2-1。

表 2-1 E3 适用条款清单

序号	条款	标题
1	25.581	闪电防护
2	25.899	电搭接和防静电保护
3	25.1316	系统闪电防护
4	25.1317	高强辐射场(HIRF)防护
5	25.1353(a)	电气设备及安装
6	25.1431(c)(d)	电子设备
7	SC SE001(专用条件)①	高能电磁辐射场(HIRF)

① ARJ21-700 飞机专用条件。

基于上述适航条款和咨询通告的要求以及相关的工业标准,确定电磁环境效应

(E3)飞机级需求。

2.2.1 闪电防护——25.581条款

FAA于1970年5月8日颁布了FAR-25-23修正案新增25.581条款,要求飞机结构应具有闪电防护的能力。虽然当时业界许多人士认为该条款过于严苛,但FAA仍坚持认为所提议的条款要求在目前科学技术水平所能达到的限度内能够给飞机提供理想的防护。

25.581条款名称虽然是"闪电防护",但从其要求的内容看针对的仅仅是飞机闪电直接效应防护,防护对象不仅包括结构件,还涉及闪电可能直接附着到的系统设备和部件。有关闪电间接效应防护的要求见后续的25.1316条款,燃油闪电防护的要求见25.954条款。

闪电直接效应是由于闪电通道直接附着到飞机和/或闪电电流在飞机和/或设备上的传导产生的物理效应,通常包括飞机蒙皮或结构表面绝缘层穿透、爆破、弯曲变形、熔化、燃烧和气化,以及导线、管路、控制线缆和其他导电部件上直接注入闪电电流产生的电压和电流和对人员可能造成的电击、强闪光导致的眩目/失明等伤害。随着不具有导电性或者具有很低导电性的结构材料越来越广泛地应用于飞机上,飞机结构和部件对闪电直接效应的危害也变得越来越敏感,因此对于25.581的防护设计要求也越来越高。

2002年9月,SAE发布了ARP-5577,给出了适用于25.581条款符合性方法的指南用于指导取证。2006年4月28日,FAA又发布了AC-20-155,给出了局方认可的用于支持闪电防护取证的SAE文件ARP 5412和ARP 5414。

满足该条款要求的可接受的符合性方法包括设计符合性说明、分析和计算、实验室试验和设备鉴定等验证方法。

2.2.2 电搭接和防静电保护——25.899条款

FAA于2007年11月8日颁布了FAR-25-134修正案,新增了25.899条款。虽在此前的25.581、25.954、25.1316条款中已包含了对于飞机及其系统的闪电防护设计的要求以及隐含的电搭接防护设计要求,但静电防护有其自身的特点,无法被上述条款完全覆盖。据此,适航当局增加了25.899条款用于解决静电积聚和泄放对人员、可燃气体、机载电子/电气设备的影响,其中25.899(a)为防护需求,而25.899(b)为防护设计方法。由于静电防护的主要方法是电搭接,所以此条款也称为"电搭接和防静电保护"。

与此同时,FAA颁布了AC-25.899-1用于指导如何表明25.899条款的符合性。2009年12月SAE发布ARP 5672,给出FAA可接受的沉积静电防护设计方法和验证方法,供局方和申请人参考。

满足该条款一般可综合采用设计符合性说明、计算分析、试验室试验、机上检查和合格证明文件等验证方法。

2.2.3　系统闪电防护——25.1316条款

由于先进航空电子技术及复合材料等新技术的迅速发展,现代运输类飞机上越来越广泛地采用先进的电子/电气系统(如集成模块化航电系统、飞控电传操纵系统、全权数字式发动机控制等)和复合材料。通常先进的电子/电气系统易受闪电的间接效应影响,而复合材料的广泛使用又降低了对这些系统的电磁屏蔽。

1990年3月5日,FAA颁布了AC-20-136,给出了用于表明飞机和机载电子/电气系统符合条款要求的推荐方法。

为了确保飞机上执行关键或重要功能的电子/电气系统的工作免受闪电间接效应的不利影响,FAA于1994年5月31日颁布的FAR-25-80修正案中新增了25.1316条款。条款需求仅针对功能安全性等级为A、B、C的系统,对于D、E级设备的防护由申请人自己控制。之后SAE相继颁布了ARP 5415、ARP 5416用于支持25.1316条款的符合性验证。

满足条款要求的可接受的符合性方法包括设计符合性说明、分析和计算、实验室试验、机上地面试验和设备鉴定等验证方法。

2.2.4　高强辐射场防护——25.1317条款和SC SE001专用条件

地面大功率电台等问题虽然早就存在,但在早期的飞机设计中并未考虑HIRF防护方面的要求。直到20世纪70年代起,由于复合材料和关键的飞行电子/电气系统的大量使用,外部HIRF环境变得更加恶劣,频率使用扩展到1 GHz以上,导致系统对外部HIRF环境越来越敏感,原始设备制造商(OEM)在设计中逐渐开始考虑HIRF防护方面的要求。由于当时局方并未将其制定为正式规章,因此在不同机型的型号合格审定过程中采用的是所制定的相应专用条件。

2003年1月,SAE颁布ARP 5583用于支持25.1317条款的符合性验证。2007年7月30日,FAA颁布了AC-20-158,给出了用于表明飞机和机载电子/电气系统符合条款要求的可接受推荐方法。

FAA于2007年12月1日发布的FAR-25-123修正案中增加了25.1317条款,以规章的形式正式提出了HIRF防护设计要求。

条款需求仅针对功能安全性等级为A、B、C的系统,对于D、E级设备的防护由申请人自己控制。

ARJ21-700飞机项目在申请适航审查时,CCAR-25-R3中还未包含25.1317条款的内容,因此采用的是与25.1317(d)条款所提及的专用条件——SC SE001。

满足条款要求的可接受的符合性方法包括设计符合性说明、分析计算、系统安全性评估、试验室试验、机上地面试验和设备鉴定等验证方法。

2.2.5　电气设备及安装——25.1353(a)条款

1965年2月1日,FAR-25-0修正案将CAR PART 4B整体改版为FAR

PART-25,其中的 4b.625 条款转变为 FAR-25.1353 条款,此后对该条款进行了四次修订,其中涉及(a)款的修订为 2004 年 4 月 15 日生效的 25-113 修正案(第三次修订)。此次修订增加了"除非在极小可能的情况下,否则飞机任何可能产生的电气干扰不得对飞机或其系统产生危险的影响"的内容。修订的主要目的是 FAA 为与当时欧洲联合航空规章(JAR)进行协调一致。修订后使得其与 FAR-25.1431 条和 FAR-25.1309 条的表述保持一致。

2004 年 3 月 25 日,FAA 颁布了 AC-25.1353-1 用于指导运输类飞机如何对25.1353 条款表明符合性;2007 年 10 月 22 日又发布了更新后的 A 版。

根据 AC-25.1353-1A,(a)款中涉及的电气干扰源[2]应考虑包括:

(1) 由连接到汇流条上的设备产生的电气噪声所引起的传导和辐射干扰。

(2) 电缆之间或电缆与天线馈线之间的耦合。

(3) 电驱动装置的功能失常。

(4) 电气配电和飞机地系统中的寄生电流和电压,包括闪电电流或静电放电的影响。

(5) 发电系统或其他系统之间的不同频率。

(6) 25.1309 条款的要求。

满足(a)条款要求的可接受的符合性方法包括设计符合性说明、机上地面试验、飞行试验和合格鉴定等验证方法。

对于设备供应商来说主要是通过合格鉴定试验来表明对该条款的符合性,试验项目包括 RTCA/DO-160《Environmental Conditions and Test Procedures for Airborne Equipment》中的"电压尖峰试验""电源线音频传导敏感性试验""感应信号敏感性试验""射频敏感性试验""射频能量发射试验",以验证被安装的设备符合干扰控制和抗干扰能力的要求。

2.2.6 电子设备——25.1431(c)(d)条款

1965 年 2 月 1 日,FAR-25-0 把 CAR PART 4b 整体改版为 FAR PART-25,其中的 4b.650 条款成了 25.1431 条款。

2004 年 4 月 15 日,FAR-25-113 修正案生效,此修正案增加了 25.1431(d)款,修订后的条款明确规定了设计中必须执行的行动,排除了设计时可能忽视的关键安装设计条件,同时达到了与欧洲适航标准协调的目的。

25.1431 条款主要对所有依靠电信号工作的设备或系统,在临界条件下的功能和可靠性、配电要求、电磁环境兼容性以及瞬变安全性等进行了规定。(c)款要求装机后的无线电和电子设备、控制装置以及它们的互联线路必须与机上其他部件或系统构成的电磁环境相互兼容,即机上任一部件或系统(包括无线电和电子部件或系统)的工作不会影响和干扰民用航空规章要求的无线电和电子部件或系统的同时正常工作。(d)款要求已经隐含在现行的 25.1309(e)和 25.1351(b)条款中,要求电子设备必须设计和安装成当其受到电源提供的瞬变或其他原因导致的瞬变时，其主要负载的工作不受影响。

满足(c)(d)条款要求的可接受的符合性方法包括设计符合性说明、机上地面试验、飞行试验和合格鉴定等验证方法。

2.3　基本研制方法和流程

2.3.1　电磁环境效应防护设计与验证流程

由于现代飞机系统高度综合和复杂的特点，局方对由于研制错误而引起或造成的飞机失效状态的可能性极其关注，为解决此类问题就需要有一种能够减少研制错误的方法，例如过程保证和双 V 体系。

电磁环境效应防护贯穿从飞机概念设计到最终退役的整个产品生命周期。在 ARJ 21-700 飞机项目中，为解决民用飞机这种大型复杂系统的电磁防护设计问题，引入了系统工程的概念，基于 SAE ARP 4754 中成熟的流程和方法形成了适合 OEM 自身管理体制特点的电磁环境效应防护设计与验证流程，如图 2-1 所示。

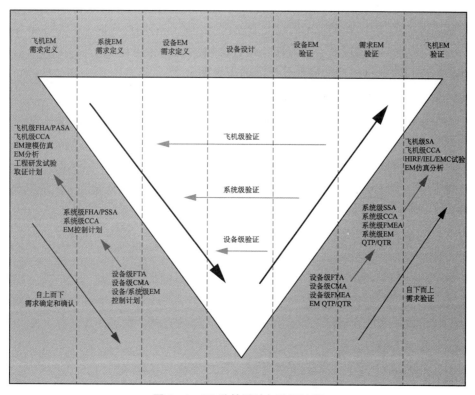

图 2-1　E3 防护设计与验证流程

根据适航需求、客户需求确定飞机总体需求,然后基于飞机的总体设计、结构设计、采用的新技术和新材料可能对 E3 需求的影响因素,确定目标飞机的电磁环境效应防护设计需求,包括结构电磁防护设计需求、电气电路互联系统(EWIS)电磁防护设计需求以及系统/设备电磁防护设计需求。以飞机级 E3 需求为基础,基于结构设计、总体布局、设备和线缆的布置与安装、系统架构、系统功能安全性分析等因素,采取自顶向下的方法对需求进行层层分解,落实在各个设备的 E3 防护设计指标上,并最终形成每个系统/设备的产品规范;落实到结构设计和 EWIS 设计中,成为结构部门、EWIS 部门开展结构和 EWIS 设计中需要参考的一个依据。

需求只是一个个指标,具体实现还需 E3 专业开展相关的研究和编制对应的规范和指导文件,用于指导设计部门开展具体设计工作和指标的实现。

在需求的形成过程中,一个好的需求不仅能够链接和追溯,而且能够确认和验证。需求确认过程是一个贯穿整个飞机研制周期的、持续的、需迭代的、自顶向下的完整性过程,确认方法包括分析、仿真、试验、相似机型经验评估以及工程评审等,其目的是确保 E3 防护设计需求的正确性和完整性。通过 E3 防护设计需求确认,可以在研制初期尽可能早地识别需求的错误和遗漏,以减少后期对设计的更改而带来不必要的成本上升和进度延迟。需求验证可采用的方法与确认过程类似,差别是确认的对象是虚拟的设计,而验证的对象是真实产品。验证采用自底向上的方法逐级进行,每级需求都应有相应的验证对应。通过严格的需求管理做到了设计指标、设计过程、验证过程的有序控制,确保了产品的质量和进度。

2.3.2 电磁环境效应控制管理

在飞机项目初期关注电磁兼容性(EMC)设计是最有效和成本最低的技术方案。通过控制干扰源、耦合路径和敏感设备来达到飞机的电磁兼容性,例如尽可能小地增加体积、重量、电路复杂性、成本以及尽可能小地降低性能。如果 EMC 问题一直被忽视,则到了设计成熟阶段,只能通过损失成本和进度,甚至降低功能来实现电磁兼容性。飞机项目整个生命周期中成本和电磁控制有效性的权衡分析如图 2-2 所示。

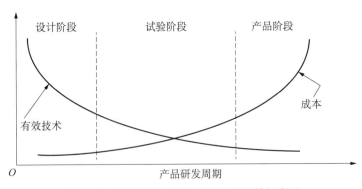

图 2-2 干扰控制方法的成本和有效性权衡图

电磁兼容性设计特点是从根本上会影响结构和电子/电气设计考虑的因素,因此准备采用的控制方法和技术需要在产品研发的整个周期内都予以考虑,尤其是在设计之初。

电磁环境效应控制计划是对供应商产品的电磁防护设计以及验证进行管控的依据和有效方法。民用飞机设计进入关键设计阶段前就应当要求制订 EMC 控制计划,控制计划应该包括以下几个方面。

1) 设备/部件电磁防护设计要求

对于安装在民用飞机上的电子、电气、机电设备和部件,要求依据工业标准 RTCA/DO-160(表 2-2 所列章节)对这些设备/部件进行设备鉴定试验[3-5]。

表 2-2 设备鉴定试验内容

试 验 名 称	RTCA/DO-160G 章节
磁效应	15 节(section 15)
电压尖峰	17 节(section 17)
音频传导敏感性-电源输入	18 节(section 18)
感应信号敏感性	19 节(section 19)
射频敏感性(辐射和传导)	20 节(section 20)
射频能量发射	21 节(section 21)
闪电感应瞬变敏感度	22 节(section 22)
闪电直接效应	23 节(section 23)
静电放电(ESD)	25 节(section 25)

在确定分类时,应当综合考虑设备/部件的功能危害性分析、电源特性、壳体材料、导线敷设及设备安装位置等因素。对于电子/电气系统/设备中含有大感性负载的部件,如泵、马达等,应当满足 MIL-STD-461 中 CE07 电压尖峰发射要求[6]。对于货架产品,需经中国商飞相似性分析和评估后确定是否可以装机,必要时须补充相关的设备鉴定试验。

2) 结构电磁防护设计要求

飞机结构在电磁方面所具备的基本功能包括:

(1) 为电子/电气系统/设备及其电缆的屏蔽等提供稳定的低噪声接地参考平面。

(2) 为机体内部的电子/电气设备和线缆提供一定量级的电磁衰减。

(3) 提供安全的失效路径,保障机上人员安全。

(4) 提供静电泄放及闪电电流传输路径。

(5) 提供电源及信号返回路径。

(6) 为系统/设备及电缆提供物理隔离,以减小系统/设备/电缆间的电磁耦合。

3）电源特性控制要求

民用飞机机载系统/设备采用的电源，如交流 115 V/400 Hz 电源、直流 28 V 电源，应当满足机载系统/设备的供电要求，不应出现系统/设备故障和不希望有的响应，特别是不允许出现引起干扰的浪涌、电压调制或脉动及其他电状态。

4）电搭接设计要求

正确的电搭接设计是保证飞机系统电磁兼容性的重要手段之一，其目的在于为飞机金属构件之间以及构件、设备、附件与飞机基本结构之间提供稳定的低阻抗电气通路，从而防止它们之间产生电磁干扰电平。此外，电搭接还可为电源电流提供返回通路，也是防电击、静电防护、闪电防护以及保证天线性能最佳的必要措施。搭接的良好与否，直接影响飞机的安全和性能。

2.3.3　飞机研制各阶段的电磁环境效应工作

中国商飞公司有责任对飞机内部的电磁干扰（EMI）进行控制，确定飞机的整个生命周期符合电磁环境效应的适航审定要求，以及建立全面综合的电磁环境效应控制计划来保证电磁兼容性工作尽早地和充分地在项目中开展。

2.3.3.1　电磁环境效应控制管理团队和组织架构建立

电磁环境效应控制管理在设计阶段需组建与之配套的专业团队和组织。以 ARJ21-700 飞机项目为例，其电磁环境效应控制管理组织架构见图 2-3，其中飞机项目总师、相关副总师、ARJ21-700 飞机项目部和供应商管理部相关人员组成 E3 领导小组，负责电磁环境效应控制技术方面的管理、协调和决策，此外还包括计划管理，负责对供应商的电磁环境效应（E3）防护设计进行控制管理。由飞机总体、结构

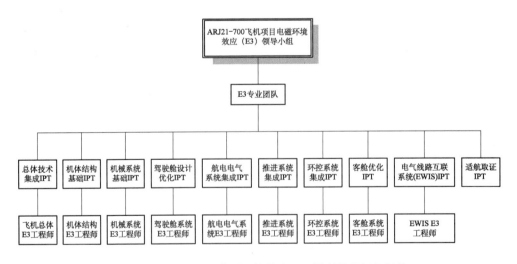

图 2-3　ARJ21 项目电磁环境效应（E3）控制管理组织架构

和系统(包括航电、电气、飞控、动力、燃油、液压、环控、起落架系统)的 E3 工程师组成工作组,在 E3 领导小组的领导下,完成全机的电磁环境效应控制工作。

2.3.3.2 研发设计阶段的主要电磁环境控制工作

主要包括以下几个方面。

(1) 评估产品电磁环境效应的设计定义。

(2) 制订 EMC 项目计划。

(3) 定义飞机电磁环境,包括内部的 HIRF 和闪电环境。

(4) 定义结构、系统关于 EMI、HIRF、闪电的设计和安装要求。

(5) 编制飞机级的 EMI/HIRF/Lightning 控制计划。

(6) 评估供应商的 EMI/HIRF/Lightning 控制计划和设计。

(7) 监控供应商的研发性试验,评估研发试验计划和试验报告。

(8) 监控供应商的合格鉴定试验,评估鉴定试验计划和试验报告。

2.3.3.3 试验和取证阶段的主要电磁环境控制工作

主要包括以下几个方面。

(1) 确定各系统专业的电磁环境效应试验项目,参与相关的试验。

(2) 执行飞机级的 EMI、HIRF 以及闪电试验项目,编制试验计划、试验大纲和试验报告。

(3) 辨别、分析和确定与 EMI、HIRF 以及闪电相关的问题。

(4) 评估设计更改,保证设计要求能够彻底地贯彻。

2.3.3.4 生产阶段的主要工作

主要包括以下几个方面。

(1) 支持结构和系统的质量控制。

(2) 控制设备更改和线束安装。

(3) 评估设计更改。

(4) 按要求执行相关测试和设计改进。

2.3.3.5 运行阶段的主要工作

运行阶段要求通过质量控制和维修措施来保证整个飞机生命周期中防护设计不会降级。主要工作包括:

(1) 监控飞机结构和系统的维修状态,保证维持足够等级的电磁防护。

(2) 监控线束、连接器、设备、结构屏蔽以及搭接、接地的更改,保证维持足够等级的电磁防护。

2.3.4 质量控制和问题解决

中国商飞 E3 团队一项最重要的工作是保证电磁环境效应设计和验证需求在飞机项目的研发设计、生产和运行阶段中能够贯彻和执行。在飞机研发阶段,通过评估图纸、参加例行的会议和电磁环境控制技术会议来监控设计准则的执行情况。对于任何实际设计与电磁防护设计需求之间的偏差，设计工程师和供应商有责任评估其是否可行。如果解决方案确定，那么设计更改将按新的需求执行；如果不能简单解决，那么 E3 工程师需要评估对 EMI/HIRF/闪电审定要求的影响；同时，E3 工程师支持设计工程师或供应商提出解决方案，交换研究结果和提供建议。最终的解决方案是由中国商飞设计团队领导（或管理者）根据 E3 工程师的评估和设计工程师/供应商的建议来确定。

2.3.5 电磁环境效应技术会议

达到飞机电磁兼容性是一个复杂的过程，要求各专业/部门的交互工作和协调。主要的设计工作是要联合飞机各专业召开电磁兼容性技术会议来保证综合防护设计，解决 EMI/HIRF 和闪电相关的问题以及协调设计的矛盾，建立合作交流的渠道。因此，E3 团队应定期召开电磁环境效应技术会议，对设计和验证过程中出现的需要协调和交流的内容进行深入讨论，以确保飞机项目进程中的电磁环境控制的有效性。

2.4 小结

适航条款是公众对确保持续飞行的民用飞机固有品质的最低安全要求。为了实现这个最低安全要求并向局方表明对这个要求的符合性，每一个飞机设计人员在设计中都需要准确地理解适航要求并严格按照适航要求设计飞机。

电磁环境效应防护设计在飞机设计过程中是一个涉及多系统、多学科的复杂活动。电磁环境效应防护设计的目的是确保飞机在各种功能状态和飞行阶段下，在预期的电磁环境中都能够持续、安全地飞行和着陆，基本依据是表 2-2 中的适航条款。

为了高质量地完成这项复杂的工作，必须从组织架构和工作流程上进行科学的规划和有效的管控。ARJ21-700 飞机项目中采用的 E3 防护设计方法和流程虽然不是最科学的，但却是经过实践检验行之有效的。在此条件下需求得到了管理、状态得到了控制、实施的过程和工作的质量得到了保证。

参 考 文 献

［1］ CCAR-25-R3 运输类飞机适航标准［S］. 2001.

［2］ FAA. AC-25.1353-1A Electrical Equipment and Installations［S］. 2007.

［3］ RTCA/DO-160D Change 1，Change 2 & Change 3，Environmental Conditions and Test Procedures for Airborne Equipment［S］. RTCA Inc，1993.

［4］ RTCA/DO-160F Environmental Conditions and Test Procedures for Airborne Equipment

［S］. RTCA Inc，2007.

［5］ RTCA/DO-160G Environmental Conditions and Test Procedures for Airborne Equipment ［S］. RTCA Inc，2010.

［6］ MIL-STD-461C Requirements for the Control of Electromagnetic Interference Characteristics of Subsystems and Equipment ［S］. 1986.

3 电磁兼容性

3.1 概述

　　电磁兼容性从概念上来看是指电子/电气设备或者系统能够与其他电子/电气设备或系统相兼容的特性，即某一设备既不会受其他电子/电气设备或系统影响，同时也不影响其他电子/电气设备或系统。一般情况下，电磁兼容性的研究着重于电磁兼容的三要素：干扰源、干扰路径和敏感设备[1-5]。对于民用飞机，电磁兼容的干扰源包含闪电、沉积静电和人为干扰源如无线发射塔/台、雷达；对于机载系统，除了以上干扰源，还有机载系统的电磁发射，这属于系统间的电磁干扰。所以，由于民用飞机具有复杂的电子、电气结构的混合系统，因此本章的全机电磁兼容性仅指飞机机载设备和系统之间的电磁兼容性，而对于自然干扰源诸如闪电、高强度辐射场和静电在本书第 4 章至第 6 章进行讨论。适航规章明确规定了系统间应该兼容工作，为了使得系统间电磁兼容，各系统内的电子/电气设备的辐射发射和抗干扰能力应该满足标准 RTCA/DO-160 相关章节的标准限值，以控制其发射量和抗干扰承受能力；此外，对于干扰路径，通过布置设备安装位置，隔离控制系统间互联线缆的布线以及搭接、屏蔽和接地等措施进行电磁兼容防护。电磁兼容性预测技术可以降低电磁兼容性设计成本，是电磁兼容性设计的重要手段之一。电磁兼容性设计主要是通过定性和定量试验的方法验证飞机系统间的电磁兼容性。

3.2 适航要求

　　现代民用运输类飞机是一个具有庞大复杂机械结构和复杂的电子、电气结构的混合系统。设计执行的任务功能多、工作频带宽、发射功率大、接收灵敏度高，同时工作的收发设备频带交叠严重、机载天线数量多，因此面临诸多潜在的电磁兼容性问题。通过在飞机研制阶段采取适当的电磁兼容性防护设计，在飞机验证阶段通过实验室试验和机上试验来验证，以表明电磁兼容性相关适航条款的符合性。电磁兼容性所需要符合的适航条款包括 CCAR-25.1353(a)和 CCAR-25.1431(c)(d)，这两条条款提出了飞机的电子/电气系统在工作过程中应该不影响其他机载系统和设备的正常工作。

3.2.1 相关条款

理解和验证 25.1353(a)款可参考美国航空无线电技术委员会颁布的 RTCA/DO-160《Environmental Conditions and Test Procedures for Airborne Equipment》，国内相应文件 HB 6167 统一规定了机载设备环境试验项目、等级要求及试验方法。2004 年 4 月 15 日生效的 25-113 修正案第三次修订了 25.1353(a)条款，增加了"除非在极小可能的情况下，否则飞机任何可能产生的电气干扰不得对飞机或其系统产生危险的影响"的内容。本次修订的主要目的是 FAA 为了与当时欧洲 JAR 的规章进行协调；(a)款修订协调后，还能使得其与当时的 FAR-25.1431 条款以及协调后的 FAR-25.1309 条款保持一致而不冲突。那两条规章的目的也都是要求飞机、系统和部件的设计不存在影响安全的电气干扰。此修正案进一步明确了安全水平或故障限制所用术语的定义，即采用了"极小可能"(extremely remote)这一术语来定义危险的失效影响类别，与 JAR 达成了一致。2007 年 12 月 10 日生效的 25-123 修正案第四次修订了 25.1353 条款，这次修订的主要目的是为了配合新推出的 H 分部 EWIS 相关条款而进行的调整，同时，删除了原来(a)款中的"除非在极小可能的情况下"这一条件，目的是为了明确条款不要求对飞机上任何可能发生的电气干扰做定量的分析。

可按各设备或分系统的 CCAR-TSO(中国民用航空规章技术标准规定)及其配套文件：美国航空无线电技术委员会的最低性能标准(MPS)或最低工作性能标准(MOPS)，或国内相应文件，确定各设备或分系统的环境试验项目以及在规定环境条件下敏感设备性能降低的判据。

可参考美国航空无线电公司 700 系列设备性能规范的附件《环境试验类》所提供的方法，确定设备或分系统的环境试验等级。

理解和验证 25.1431(c)款可参考美国军用规范 MIL-E-6051D《系统电磁兼容性要求》、美国军用标准 MIL-STD-1818(USAF)《系统电磁效应要求》或国内有关标准 GJB 1389。

民用运输类飞机电磁兼容性应满足的适航条款包括 CCAR-25.1353(a)和 CCAR-25.1431(c)(d)，其内容如下。

1) CCAR-25.1353——电气设备及安装

(a) 电气设备、控制装置和线路的安装，必须使任一部件或系统的工作不会对安全运行必不可少的任何其他电气部件或系统的同时工作产生不利影响。

条款解释：本条的电气设备包括用电设备和供电设备。该条款是为了限制电气设备、控制装置工作时的相互不利影响。这不利的相互影响主要是不符合电磁兼容性要求所引起的,产生相互不利影响的因素有:①电气设备、控制装置产生的干扰;②电气设备、控制装置的抗干扰能力;③电气设备、控制装置之间的安装位置;④电气设备、控制装置的电线(或线束)敷设。

上述因素中,前两个因素在设备设计、制造时予以控制;后两个因素在机载设备安装和线束设计与安装中予以控制。

本条所指的"不利影响"是指当单个部件或系统投入正常工作时,受其影响的部件或系统不能同时正常工作或技术性能明显下降。"危险影响"中"危险"的含义与25.1309条款和25.1709条款中所规定的失效影响类别相同。

对于该条款的验证,装机的电气设备和控制装置应按 RTCA/DO-160《民用飞机机载设备环境条件和试验方法》中的"电压尖峰试验""音频传导敏感性试验""感应信号敏感性试验""射频敏感性试验""射频能量发射试验",以验证被安装的设备符合干扰控制和抗干扰能力的要求,并提供产品合格证明文件。

同时,FAA 颁布了咨询通告 AC-25.1353-1A《Electrical Equipment and Installations》,对机载用电设备中的潜在干扰源进行了说明,内容如下:

(1) 电源汇流条上连接的用电设备产生的电气噪声引起的传导和辐射干扰。

(2) 线缆、线束以及天线馈线间的耦合。

(3) 用电设备故障。

(4) 配电系统和接地系统的寄生电流与寄生电压,也包括闪电电流和静电放电。

(5) 发电系统间或其他系统间的差频效应。

2) CCAR - 25.1431——电子设备

(c) 无线电和电子设备、控制装置和导线,必须安装成在任一部件或系统工作时,对民用航空规章所要求的任何其他无线电和电子部件或系统的同时工作不会有不利影响。

(d) 电子设备必须设计和安装成使其不会产生重要负载,使得由于电气能源瞬态或其他原因引起的瞬态而导致不工作。

条款解释:本条款指出装机后的无线电和电子设备、控制装置以及他们的互联线必须和机上其他部件或系统构成的电磁环境相兼容,即机上任一部件和电子部件或系统(包括无线电和电子设备部件或系统)的工作不会干扰民用航空规章所要求的无线电和电子部件或系统的同时工作。要求电子设备必须被设计和安装成当其受到电源提供的瞬变或其他原因导致的瞬变时,其主要负载的工作不受影响。民用航空规章所要求的无线电和电子部件或系统是指飞机执行任务所需要的无线电和电子部件或系统。

应当考虑可能有的干扰源,包括:

(1) 无线电发射机发射的基波、谐波及杂散发射。

（2）接收机和计算机的电磁泄漏。

（3）旋转设备和荧光照明工作时伴随产生的宽带电磁频谱。

（4）各种机电开关、电子开关产生的宽带干扰。

（5）交流电源系统的 400 Hz 基频及其谐波。

应当考虑的可能的干扰耦合路径包括：

（1）天线之间的耦合。

（2）电线、电缆之间或电缆、电缆与天线馈线之间的耦合。

（3）天线与电线、电缆之间（包括天线至电线、电缆或电线、电缆至天线）之间的耦合。

（4）共阻抗耦合（包括电源共阻抗耦合和地回路耦合）。

3.2.2　安全性分析

对于 25.1431(d) 条款，安全性分析报告中应当说明电源供电（或其他原因导致的）瞬变能够保证电子设备主要负载的工作不受影响。主要进行故障模式及影响分析（FMEA）、编写 FMEA 报告或提供其他形式的安全性分析报告。

3.2.3　合格证明文件

飞机主制造商（OEM）应在飞机初步设计阶段，根据无线电和电子设备装机的临界环境条件以及无线电和电子部件或系统的可靠性要求，确定环境试验项目和试验等级，作为设备或系统采购规范环境部分内容。

设备或系统承制方应完成飞机设计方采购规范所规定的环境试验（正式合格审定试验），并提供合格证明文件。

3.2.4　地面试验

试验要求：在地面电源车和机上主电源两种供电情况下进行地面相互作用试验，来证明机载设备之间电磁兼容性符合（c）条款要求。

3.2.5　飞行试验

电磁兼容性（EMC）应该在飞行中所有系统都工作的情况下进行评估，可参考 AC-25-7A 飞行试验指南，制订相应的电磁兼容性试验要求。如果可行的话，则通过观察，检查在所要验证飞行试验系统中是否出现互相干扰的情况。应在完成地面试验的基础上，进行飞行相互作用试验，对飞机在滑跑、起飞、爬升、巡航、进场、着陆等各种飞行状态下，验证确定系统或设备能否兼容工作。由飞行员观察和注意同时工作的设备或分系统之间不会产生不可接受的干扰，表明符合（c）条款的要求。

3.3　符合性流程

为了表明飞机电磁兼容性设计的有效性、正确性和充分性，飞机主制造商（OEM）

需要进行相关的适航符合性验证工作，以表明飞机满足电磁兼容性适航要求。

3.3.1 符合性说明

1) 对 25.1353(a)条款的符合性说明

25.1353(a)针对飞机电气设备、控制装置和线路敷设安装。该条款的符合性方法为 MOC1、MOC5、MOC6 和 MOC9，分别对应设计符合性说明、飞机电磁兼容性试验、电磁兼容性试飞试验和设备鉴定。

2) 对 25.1431(c)(d)条款的符合性说明

条款 25.1431(c)针对飞机电子设备、控制装置和线路敷设安装。该条款的符合性方法为 MOC1、MOC5、MOC6 和 MOC9，分别对应设计符合性说明、飞机电磁兼容性试验、电磁兼容性试飞试验和设备鉴定。条款 25.1431(d)针对飞机电气设备、控制装置和线路敷设安装。该条款的符合性方法为 MOC1、MOC5 和 MOC9，分别对应设计符合性说明、飞机电磁兼容性试验和设备鉴定。

3.3.2 符合性流程

全机电磁兼容性设计应确保机载电子/电气设备和系统之间不会出现电磁干扰，以表明对相关适航条款的符合性，符合性流程见图 3-1，全机电磁兼容性符合性方法主要有设计说明、设备合格鉴定试验、地面试验和飞行试验。

3.3.2.1 初步设计评估-设备及安装

全机电磁兼容性的初步设计评估，是指对全机电磁环境和机载电子/电气设备的电磁特性进行定义和分类。

飞机电磁环境区域主要由飞机外部结构材料的属性、安装区域和百分比决定，其定义形式如表 3-1 所示。一般来说，金属结构飞机的电磁防护特性要优于大量使用复合材料结构的飞机。

表 3-1 飞机电磁环境区域(示例)

电 磁 环 境	区　　域
部分受保护区	EE 舱、后附件舱、翼盒
电磁较开放区	前附件舱、驾驶舱、客舱、货舱、水平安定面和垂直安定面盒段
暴露区	机头雷达舱、前起落架舱、主起落架舱、起落架、垂直安定面前缘、方向舵、机翼前缘、机翼后缘、翼尖、机身-机翼整流罩区域、吊挂、发动机短舱、升降舵

机载电子/电气设备的分析和分类，主要为了明确设备的电磁特性，以便进行针对性的安装、防护和验证。设备的分类，一般有电气设备和电子设备、直流设备和交流设备、无线电信号接收设备和信号发射设备、金属壳体设备和非金属壳体设备等。

设备鉴定符合性路线包含三个选择，即试验、相似性和其他方法。

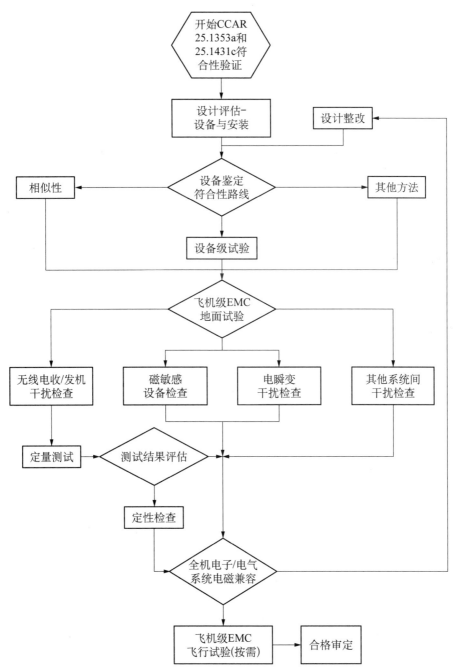

图 3-1　全机电磁兼容性符合性流程

"试验"路线主要是针对新研制的机载设备/系统,基于 RTCA/DO-160 进行电磁兼容性相关章节的试验,以试验结果表明设备的电磁兼容性符合飞机的设计需求。

"相似性"路线主要是针对货架产品或货架改型产品,在已通过合格审定的其他同类货架产品的试验基础上,进行充分的相似性特征和差异比较和论证,表明设备的电磁兼容性能够符合飞机的设计需求。

"其他方法"路线是指可以表明设备的电磁兼容性能够符合飞机的设计需求的其他方法。

1) 设备级试验

机载电子/电气设备需要在装机前完成电磁兼容性相关的设备级鉴定试验[7, 8]。设备级鉴定试验的类别(或电平)要求需基于设备的功能等级、线缆类型、设备供电、设备外壳材料、设备及其线缆预期在飞机上的安装,以及飞机的电磁环境区域等因素而确定。

与条款 25.1353(a) 和 25.1431(c)(d) 相关的设备级鉴定试验项目详见表 3-2。具体的试验类别定义、试验布置、程序及方法、通过/失败判据等,可参考 RTCA/DO-160 的相关章节。

表 3-2   25.1353(a) 和 25.1431(c)(d) 相关的设备级鉴定试验项目

编号	试验项目	RTCA/DO-160 章节	验 证 目 的
1	磁效应	15	通过本试验确定机载设备的磁影响,主要用于测定或验证设备允许的安装位置离磁罗盘或磁传感器的最近距离
2	电压尖峰	17	通过本试验确定设备能否承受沿其直流或交流电源线到达该设备处的电压尖峰的影响
3	音频传导敏感性—电源输入	18	通过本试验确定安装在飞机上的设备是否允许有预期的正常量级的频率分量存在。这些频率分量通常是与电源基频相关的谐波
4	感应信号敏感性	19	通过本试验确定设备的互联电路布线是否能承受由安装环境引起的某个量级的感应电压。本章特别涉及与电源频率及其谐波,以及由其他机载设备或系统产生的音频信号和电瞬变有关的干扰信号,这些干扰信号通过互联电路布线耦合到受试设备内部的敏感电路
5	射频敏感性(辐射和传导)	20	本试验的目的是确定设备及其互联电缆在受到由辐射场或注入探头感应到电源线和接口电路的射频功率调制信号时,是否可以在其性能指标范围内正常工作
6	射频能量发射	21	本试验的目的是确定设备发射时不希望有的射频噪声是否超过规定的限值

设备鉴定试验也可以通过相似性或其他方法表明设备对试验要求的符合性,在这种情况下,应相应地选择相似性路线或其他方法路线进行。

2）相似性分析

相似性分析主要是针对预期安装在飞机上的货架产品或货架改型产品,通过充分阐明和比较待验证产品与已通过合格审定的其他同类货架产品的相似性特征和差异,基于其他同类货架产品的合格鉴定试验结果表明待验证设备具备同等的电磁兼容性,并符合飞机的设计需求。

设备硬件部分的相似性特征和差异,一般主要体现在以下几个方面:

（1）电路板布局的相似性和差异。

（2）增加或删减电路板。

（3）设备内部接地或搭接设计的相似性和差异。

（4）电源输入和功耗的相似性和差异。

（5）电子元器件的相似性和差异。

（6）电路工作带宽的相似性和差异。

（7）滤波器或瞬态抑制器特性的相似性和差异。

（8）电路负载的相似性和差异。

（9）时钟频率和数据传输速率的相似性和差异。

（10）接口和导线的相似性和差异。

（11）设备壳体的相似性和差异。

（12）设备安装要求的相似性和差异。

（13）设备与结构的电搭接和接地设计、安装的相似性和差异等。

基于设备的相似性特征和差异比较及评估,从电磁敏感性（EMS）和电磁干扰（EMI）两方面对两款产品的电磁兼容性进行预测和对比。相似性分析的结果表明其相似性能够支持安装在飞机上的设备满足合格鉴定要求,而两款设备之间的差异不会影响上述结果。

3）其他方法

"其他方法"一般包括声明、计算等,主要适用于简单的机电设备如照明灯、阀门等,这些设备对低电平射频能量具备固有的抗干扰性。如果对复杂电子/电气设备采用声明、计算等方法,应确保分析过程和依据确凿有效,并且经飞机设计方评审后得到认可。

3.3.2.2　飞机 EMC 地面试验

机载电子/电气设备装机后,应进行飞机的 EMC 地面试验,以表明全机电子/电气设备和系统之间能够兼容工作,不会出现电磁干扰现象。全机试验是验证系统电磁兼容性的最重要的途径之一。

试验前,应根据试验需要针对不同类型的电磁敏感设备、电磁干扰信号和信号

耦合方式,选择相应的飞机 EMC 地面试验内容,一般包括:

(1) 无线电收/发机干扰检查。

(2) 定性检查。

(3) 磁敏感设备检查。

(4) 电瞬变干扰检查。

(5) 其他系统间相互干扰检查。

飞机 EMC 地面审定试验要求在 TC 构型的试验机上进行,若待测电子/电气设备软件、硬件、安装和线缆敷设与 TC 构型存在差异,那么在试验前应编制构型偏离评估报告以确认试验机构型不影响试验结果的有效性。

飞机 EMC 地面试验的场地要求开阔,试验机周围无高大建筑物、塔台、高压线。无关的金属支架、工作梯等应远离试验机。试验时,应对场地的电磁环境进行监测,确保环境噪声不会影响试验结果的有效性。

1) 无线电收/发机天线耦合/辐射干扰检查

无线电收/发机的敏感和干扰,从干扰信号耦合路径来划分,主要表现为天线端口的敏感和干扰(辐射)、设备的敏感和干扰(辐射)以及设备线缆的敏感和干扰(传导)。

噪声信号在天线端口耦合的测试和检查主要适用于无线电接收机的敏感性验证,噪声信号来自机载电子/电气设备和线缆上辐射的杂波。天线端口辐射噪声的测试和检查主要适用无线电发射机的干扰性验证。噪声信号是发射机通过其天线向外辐射的电磁波,包括有意发射的工作信号和无意发射的杂波信号。需要检查的敏感设备包括机载关键电子/电气设备以及适航规章要求的必须在飞机上安装的其他设备。

针对无线电接收机,定量测试是机载电子/电气设备设置在特定工作模式下,测量天线端口耦合的机载电子/电气设备及其线缆产生的射频噪声。针对无线电发射机,定量测试是测量发射机在特定发射模式下,其射频信号在飞机特定区域和设备线缆上耦合的射频噪声。针对无线电接收机,其天线端口耦合的机载电子/电气设备及其线缆产生的射频噪声需要与特定的阈值进行比较,当噪声低于阈值时,表明该频段内机载电子/电气设备及其线缆产生的射频噪声不会影响接收机的正常工作;当噪声高于阈值时,表明该频段内机载电子/电气设备及其线缆产生的射频噪声可能影响接收机的正常工作。针对无线电发射机,其射频信号在飞机特定区域和设备线缆上耦合的射频噪声需要与特定的阈值进行比较,当噪声低于阈值时,表明该频段内无线电发射机天线产生的射频噪声不会影响该区域机载电子/电气设备的正常工作;当噪声高于阈值时,表明该频段内无线电发射机天线产生的射频噪声可能影响该区域机载电子/电气设备的正常工作。

2) 定性检查

当定量测试结果评估表明某频段内机载电子/电气设备及其线缆产生的射频噪

声可能影响接收机的正常工作时,需要在该频段上将机载电子/电气设备设置在特定工作模式,并对无线电接收机进行定性检查,以进一步确认射频噪声是否干扰接收机,并定位干扰源。

当定量测试结果评估表明某频段内无线电发射机天线产生的射频噪声可能影响该区域机载电子/电气设备的正常工作时,需要在该频段上将无线电发射机设置在特定的发射模式,并对特定区域的机载电子/电气设备进行定性检查,以进一步确认天线射频噪声是否干扰其他设备。

3)磁敏感设备检查

磁敏感设备电磁干扰检查是机载电子/电气设备设置在特定工作模式下时,检查电子/电气设备及其线缆产生的静磁场或低频磁场是否影响驾驶舱磁罗盘或磁传感器等磁敏感设备的正常工作。

4)电瞬变干扰检查

在飞机配电系统工作模式转换或者机载大功率、大感性负载设备工作模式转换以及开关操作过程中,在飞机汇流条上会产生电压的瞬变,造成连接在该汇流条上的其他设备功能降级或永久性损坏。电瞬变干扰检查,就是在飞机配电系统和机载大功率、大感性负载设备工作模式转换以及开关操作时,检查电压瞬变是否对相关汇流条上的关键和重要设备/系统产生不利影响。

5)其他系统间干扰检查

系统间相互干扰检查,主要是针对以下情况:

(1)干扰信号为设备辐射发射、线缆辐射和传导发射的噪声。

(2)敏感设备的干扰耦合方式为设备耦合和线缆耦合。

系统间的相互干扰检查就是建立干扰源-敏感设备矩阵表。将干扰源设置在特定工作模式下,检查敏感设备是否能够正常工作,检查结果记录在矩阵表中。

应根据飞机 EMC 地面试验、相似性和其他方法的评估结果,确认全机电子/电气系统间是否能够兼容工作。对于不满足电磁兼容性设计需求或地面试验中存在电磁干扰现象的设备,应重新进行设计和安装评估,并进行必要的补充试验或分析。

3.3.2.3　飞机 EMC 飞行试验

飞机 EMC 地面试验中,若存在某些系统的功能在地面上无法实现,从而未能完全表明该系统的电磁兼容性的情况,则需要进行飞机 EMC 飞行试验,以检查在飞行状态下相关设备是否能够兼容工作。

飞机 EMC 地面试验中,若发现某些系统出现电磁干扰现象,则可在飞机 EMC 飞行试验中进行进一步的检查,以确认该电磁干扰现象是否为地面环境导致。飞机 EMC 飞行试验与地面系统间相互干扰检查的方法相同,即建立干扰源-敏感设备矩阵表,在飞机飞行的特定阶段,将干扰源设置在特定工作模式下,检查敏感设备是否能够正常工作,检查结果记录在矩阵表中。

3.4　电磁兼容性预测分析

飞机电磁兼容性预测分析相较试验具有较大的优势，能够不受场地、外部电磁环境的影响，同时可以进行任意多次计算[20,21]，花费成本较小。随着电磁计算学的进步，电磁兼容性预测分析得到了快速的发展，应用越来越广泛。

在进行电磁兼容性预测分析时，建立干扰源数学模型、传输特性数学模型和敏感度阈值的数学模型是该项技术的关键。通常数学模型是由实际的物理模型经过简化和近似处理而得到的，因此数学模型与实际电磁过程中的金属比例决定了预测分析的准确性和成功率。预测的效果是令人鼓舞的，把预测结果和实际测试结果相比较，一般误差大约为 10 dB，而且预测数据普遍保守，大约只有 1% 的实测值大于预测值。分析预测偏保守的原因主要是因为数学模型的余量较大。

根据电磁理论，预测电磁兼容性的过程就是求解电磁场麦克斯韦方程，但是求解该方程极其困难，一般是将整个问题分解成不同的独立问题进行处理，把该问题的模型或参数理想化从而将其简化和近似，以便于数学表达和处理。对于不同的问题，麦克斯韦方程的求解方法也有所差异[12-15]，一般可分为两类：一类是从麦克斯韦方程组直接求解的直接法；另一类是通过位函数求解的间接法。

电磁兼容性预测分析的数学方程往往是一组微分方程或积分方程，求解时必须根据边界条件来确定解答，这称为边界值问题，电磁场的边界值问题求解归纳起来有三种方法：第一种称严格解析法或解析法；第二种是近似解析法或近似法；第三种方法是数字法也称数值法。

根据电磁干扰发生的规律，任何电磁干扰的仿真计算都必须包括干扰源模型、传输特性模型和敏感器模型[18]。

1) 干扰源模型

按照实际预测分析的需要，干扰源通常分为三类：

(1) 有意辐射干扰源模型。

(2) 无意辐射干扰源模型。

(3) 传导干扰源模型。

2) 传输耦合模型

根据电磁干扰传输和耦合途径的分析[16-18]，电磁工程中较为实用的传输耦合数学模型有六种：

(1) 天线对天线耦合模型。

(2) 导线对导线感应模型。

(3) 电磁场对导线的感应耦合模型。

(4) 公共阻抗传导耦合模型。

(5) 孔缝泄漏场模型。

（6）机壳屏蔽效能模型。

3）敏感器模型

在实际电磁兼容性预测工程中，最为常见的敏感器有两类：

（1）接收机敏感模型。

（2）模拟数字电路敏感模型。

电磁兼容性仿真计算的详细内容见本书第7.3节。

3.5　飞机的电磁兼容性设计

飞机电磁兼容性设计主要内容有天线布局、线束布置设计、电搭接设计、机载设备的合格鉴定控制等内容。从顶层向下逐步提出设计需求，并进行细化，分配至全机的结构专业、各系统专业以及EWIS。设计方案是一个迭代过程，需要多次讨论和优化，并最终确定最佳方案，落实到图纸中。对于相对复杂的系统，需要将电磁兼容性的设计需求进行专门的细化和电磁兼容性设计需求编写。详细的防护设计内容见第8章。

3.5.1　天线布局

ARJ21-700飞机无线电通信系统和导航系统共有24个天线（包括选装VHF3天线），天线布局遵循下列原则：

（1）满足天线方向性要求，如气象雷达天线布置在机头雷达罩内[6]，GPS天线布置在机身上部，无线电高度表收发天线布置在机身下部。

（2）采用机体结构增大天线之间的隔离度，如VHF1与VHF2天线分别布置在机身下部和上部。

（3）尽量减少天线与收发机或接收机之间的射频电缆损耗，如将HF天线耦合器安装在天线馈电点附近。

3.5.2　分时应用

ARJ21-700飞机导航系统的空中交通管制（ATC）、空中交通警告与防撞系统（TCAS）、测距仪（DME）收发工作均在L波段，为防止相互干扰，ATC、TCAS、DME之间采用闭锁信号交联和分时工作。

3.5.3　线束分类及敷设要求

为防止线束之间的耦合产生电磁干扰，需要规定飞机电气/电子设备的线束分类及敷设要求（包括同轴电缆），其中包括：导线分类、线束分束、接地汇流条、接地螺栓（模块）及推荐的各类线束敷设间隔等内容。

电子/电气系统线束制造图有电缆分类标识，对全机线束敷设路径进行了整体规划，线束安装图中考虑了不同类别线束的敷设间隔要求，以使飞机上可能存在的任何电气干扰都不会对飞机或其系统产生危险的影响。

此外,为减小干扰,从高频收发机到高频天线耦合器之间采用光缆。

3.5.4　线束的屏蔽与接地

电子/电气系统电路图及接地图对控制线、数据线、音频信号线采用屏蔽线、扭绞屏蔽线,并标明了屏蔽导线的接地方法。如系统中大量使用的 ARINC429 数据总线,采用双扭绞屏蔽线,并且在连接器两端分别接地;机翼前缘内敷设的飞行控制系统的线束采用双层屏蔽保护。

3.5.5　电搭接

飞机金属结构、非金属结构、系统部件或导管、电子/电气设备及其托架、天线等分别规定了天线搭接、电流回路搭接、防射频干扰搭接、防电击搭接、静电防护搭接、闪电防护搭接、飞机及地面辅助设施接地要求、搭接方法、阻值要求和检测要求。

在燃油箱内及其附近区域安装的液压、燃油管路均进行了防静电搭接处理,以防止静电放电点燃可燃蒸气。

铆接在一起的金属结构、蒙皮、支架等,本身形成固有防射频干扰搭接,具有低阻抗通路,为电流回路搭接提供保障。另外,金属蒙皮作为天线的地网,安装天线时,天线底座需要与蒙皮良好搭接。无线电通信导航设备需要采用防射频干扰搭接。传输液体或气体的金属管路采用搭接卡箍与机体形成静电防护搭接。

设计图纸中均使用专用符号标明电搭接位置和方法,工厂在飞机制造过程中需要按照图纸要求以及工艺规范实施和检验。

3.5.6　机载设备

飞机在飞行中,机体表面不可避免地会积累静电荷,因此,非金属表面涂有静电防护涂料,对于传输液体或气体的金属管路,通过与机体电搭接传输静电荷。为防止静电泄放可能对无线电接收机产生影响,飞机共安装了 24 个高阻静电放电器,用于平稳地泄放机体积累的静电荷。

3.5.7　非金属结构防护设计

飞机机头雷达罩、方向舵、翼稍小翼和机翼-机身整流罩为复合材料结构。

雷达罩为玻璃钢复合材料结构,表面安置了铝制材料防雷击分流条,通过机头结构连接,并且外表面喷有防静电涂层。

翼稍小翼前缘和翼尖为金属蒙皮,其余为碳纤维复合材料。翼稍小翼采用火焰喷涂铝作为闪电防护系统,喷涂的面积为整个复合材料表面及超过前缘和翼尖蒙皮对缝的区域。

3.6　电磁兼容性验证

ARJ21-700 飞机的电磁兼容性验证工作主要包含设备级电磁兼容性试验和飞

机电磁兼容性试验。设备级电磁兼容性试验的主要依据来自于 RTCA/DO-160 环境鉴定试验的磁效应、电压尖峰、音频敏感性、射频敏感性、射频发射、感应信号敏感性。这些试验中除了射频发射外,其他试验都是将设备作为敏感设备进行的验证,干扰源来自飞机的环境,如电源系统、其他机载设备、飞机内的电磁环境等。射频发射主要是将该试验对象或机载设备作为干扰源进行考量,应该满足设备级的试验设计输入指标。飞机的电磁兼容性试验内容较为宽泛,从试验性质来分,主要有定量试验和定性试验;从试验内容来看,主要有天线测试、无线电系统前门耦合测试、系统相互干扰检查、电瞬变试验、便携式电子设备(PED)电磁兼容性测试等,具体参见3.6.2 到 3.6.4 节。

3.6.1 设备电磁兼容性试验

RTCA/DO-160 中与电磁兼容性相关的试验章节包括第 15、17、18、19、20 和 21 章。各个试验章节对应着各个不同类型的电磁干扰源、耦合路径或电磁敏感性。其中,第 15 章和第 21 章主要是通过验证电子、电气设备的电磁干扰性(EMI),达到控制电子、电气设备的电磁噪声发射的目的;第 17、18、19 和 20 章主要是通过验证电子、电气设备的电磁敏感性(EMS),达到提高设备的抗电磁干扰能力的目的。这两部分工作顺利完成后,表明相应设备自身的电磁兼容性(EMC)得到了验证。

本节针对试验目的、试验类别、试验方法和通过/失败判据等重点关注的方面,对 RTCA/DO-160G 设备电磁兼容性合格鉴定试验项目进行简要介绍。需特别说明,ARJ21-700 飞机机载电子/电气设备电磁兼容性合格鉴定试验以 RTCA/DO-160D Change 1,2 的要求进行了设备电磁鉴定试验,试验相关文件都得到了 CAAC 的批准。

3.6.1.1 磁效应(RTCA/DO-160G 第 15 章)

磁效应试验用于确定设备的磁效应,以帮助安装者选择设备在飞机上合适的安装位置。

试验类别:RTCA/DO-160 第 15 章的设备类别定义,包括 Y 类、Z 类、A 类、B 类和 C 类。各类别的定义和判据如表 3-3 所示。

表 3-3　磁效应试验设备类别判定依据

设备类别	偏转特定角度对应的测试距离/m	设备类别	偏转特定角度对应的测试距离/m
Y	0	B	$1 < d \leqslant 3$
Z	$0 < d \leqslant 0.3$	C	$d > 3$
A	$0.3 < d \leqslant 1$		

试验方法:将自由磁体(如非补偿磁罗盘)放在强度为$(14.4 \pm 10\%)$A/m 的南

北方向水平均匀磁场中(如地球产生的磁场),受试设备(EUT)放置在通过自由磁体中心的东西轴线上,当 EUT 在稳态工作时,通过该自由磁体受 EUT 影响偏转的角度(1°或修正偏转角)来确定受试设备的磁影响。

通过/失败判据:自由磁体受 EUT 影响偏转的角度达到 1°或修正偏转角时,记录自由磁体中心与 EUT 最靠近部分的最小距离,对照表 3-3 确定设备类别。若受试设备试验类别达到或高于设计需求类别,则判定该设备通过了磁效应试验;否则,应判定为失败。

3.6.1.2　电压尖峰(RTCA/DO-160G 第 17 章)

试验目的:本试验用于确定设备能否耐受经过交流或直流电源线到达其端口的电压尖峰的影响,预期的主要不利影响是:

(1) 永久性损坏、元器件失效、绝缘击穿。

(2) 敏感性降级或设备性能改变。

试验类别:RTCA/DO-160G 第 17 章的设备类别定义,包括 A 类和 B 类。

(1) A 类适用于预计主要安装在需对电压尖峰损坏严格保护的场合的设备。

(2) B 类适用于预计主要安装在需对电压尖峰影响较低程度保护场合的设备。

试验方法:使用瞬态发生器产生如图 3-2 所示的电压波形,当受试设备在额定电压下工作时,向受试设备的每个电源输入端加入图 3-2 中的正、负电压尖峰信号,对于每一个极性,1 分钟内施加至少 50 个瞬态信号,并对受试设备的每个工作模式或功能重复进行该试验。

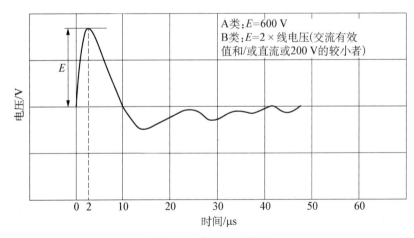

图 3-2　电压尖峰波形

通过/失败判据:尖峰试验后,对受试设备进行功能检查,确定设备是否能够符合相关的设备性能标准。若符合,则说明设备能耐受经过电源线到达其端口的电压尖峰的影响,试验通过;否则,应判定为失败。

3.6.1.3 音频传导敏感性—电源输入（RTCA/DO-160G 第 18 章）

试验目的：本试验用于确定安装在飞机内部的设备能否耐受通常是与电源基频相关的预期幅度的谐波频率分量的影响。

试验类别：对于交流设备为 R(CF)、R(NF)、R(WF) 或 K 类；对于直流设备为 R、B 或 Z 类。

试验方法：将受试设备和试验测试设备按照图 3-3 或图 3-4 所示进行连接和

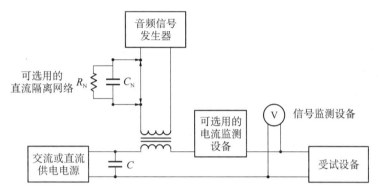

图 3-3　音频传导敏感性试验布置（交流和直流电源线，差模）

$C \geqslant 100\ \mu F$，仅适用于直流电源；$C \geqslant 10\ \mu F$，仅适用于交流电源。
可选用的直流隔离网络（C_N 和 R_N）应不影响试验电平达到要求值。
可选用的电流监测设备是为了测量交流音频电流，不是测量受试设备汲取的电流。

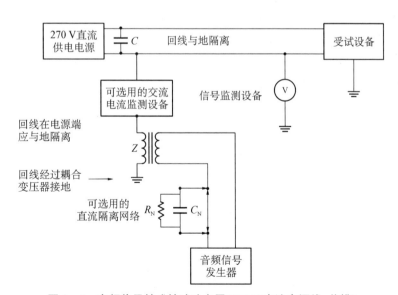

图 3-4　音频传导敏感性试验布置（270 V 直流电源线，共模）

$C \geqslant 100\ \mu F$，仅适用于直流电源。
可选用的直流隔离网络（C_N 和 R_N）应不影响试验电平达到要求值。

布置。受试设备工作时,对每根不接地的直流或交流电源输入线上串联施加正弦音频信号,信号的峰-峰幅值应与设备类别对应的电平要求一致[9]。

通过/失败判据:施加正弦音频信号后,观察受试设备的工作情况,确定设备是否还能够符合相关的设备性能标准。若符合,则说明设备能耐受经过电源线到达其端口的电压尖峰的影响,试验通过;否则,应判定为失败。

3.6.1.4 感应信号敏感性(RTCA/DO-160G 第 19 章)

试验目的:本试验的目的是确定设备及其互联电缆在受到安装环境其他设备或系统所产生的各种感应信号的影响时能否正常工作。这些信号包括与电源频率及其谐波相关的信号、音频信号和电瞬变信号,干扰信号可通过互联电缆耦合到EUT 内部敏感电路。

试验类别:RTCA/DO-160G 第 19 章的设备类别定义,包括 C 类(CC、CN、CW)、Z 类(ZC、ZN、ZW)、A 类(AC、AN、AW)和 B 类(BC、BN、BW)。

(1)预计主要工作在严酷电磁干扰环境中且由于长导线布置或极小导线间距会引起严重耦合的设备定义为 C 类。

(2)预计主要工作在严酷电磁干扰环境中的设备定义为 Z 类。

(3)预计主要工作在较严酷电磁干扰环境中的设备定义为 A 类。

(4)预计主要工作在环境电磁干扰电平能控制在允许范围内的设备定义为B 类。

试验方法:感应信号敏感性试验包括 5 个部分,即"磁场感应进入设备""电场感应进入设备""磁场感应进入互联电缆""电场感应进入互联电缆"和"尖峰感应进入互联电缆"。各项测试的方法概述如下。

(1)磁场感应进入设备测试,将受试设备置于由直导线辐射体产生的特定的音频磁场中,并观察受试设备的工作情况[10],试验布置如图 3-5 所示。

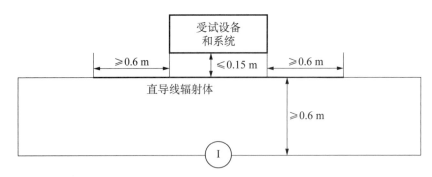

图 3-5 磁场感应进入设备试验布置

(2)电场感应进入设备测试,将受试设备置于由直导线辐射体产生的特定的音频电场中,并观察受试设备的工作情况,试验布置如图 3-6 所示。

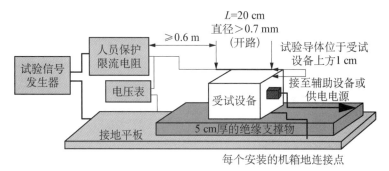

图 3‑6 电场感应进入设备试验布置

注：在该试验配置中存在高电压危险。

（3）磁场感应进入互联电缆测试，将受试设备的互联线缆置于特定的音频磁场中，并观察受试设备的工作情况，试验布置如图 3‑7 所示。

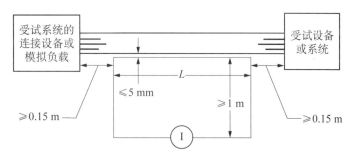

图 3‑7 磁场感应进入互联电缆试验布置

磁场环境＝IL（A・m）

（4）电场感应进入互联电缆测试，将受试设备的互联线缆置于特定的音频电场中，并观察受试设备的工作情况，试验布置如图 3‑8 所示。

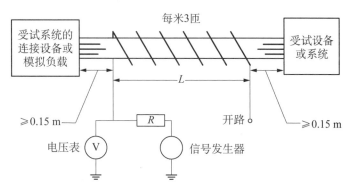

图 3‑8 电场感应进入互联电缆试验布置

电场环境＝VL（V・m）；电阻 R 用于人员的高电压保护

（5）尖峰感应进入互联电缆测试，将受试设备的互联线缆置于试验装置产生的正负瞬变脉冲场中，并观察受试设备的工作情况，试验布置如图3-9所示。

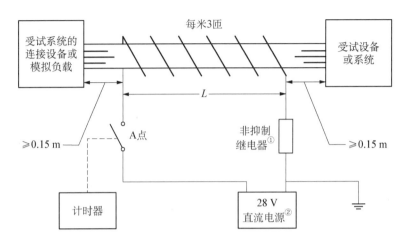

图3-9　尖峰感应进入互联电缆试验布置

注1：非抑制继电器线圈特性如下：电压＝28 V/DC；电流＝160 mA；阻抗＝175 Ω ±17.5 Ω；电感＝1.5 H±0.15 H（在供电状态）。
注2：带极性转换开关的不接地28 V直流电源。

通过/失败判据：施加特定的音频场后，观察受试设备的工作情况，确定设备是否还能够符合相关的设备性能标准。若符合，则说明设备能耐受经过电源线到达其端口的电压尖峰的影响，试验通过；否则，应判定为失败。

3.6.1.5　射频敏感性（辐射与传导）（RTCA/DO-160G 第20章）

射频敏感性试验的目的是确定设备及其互联电缆暴露在一定电平的射频调制功率（辐射射频场或注入探头感应进入电源线和接口电路导线）时，能否正常工作并符合其性能标准的要求。射频敏感性试验包括传导敏感性试验和辐射敏感性试验两部分。具体内容参见第5.6节。

3.6.1.6　射频能量发射（RTCA/DO-160G 第21章）

试验目的：本试验的目的是确定设备发射的不希望有的射频噪声电平是否在规定的限制范围内。射频能量发射试验包括传导发射试验和辐射发射试验两部分[11]。传导发射试验，150 kHz～100 MHz；辐射发射试验，2 MHz～6 GHz。

试验类别：RTCA/DO-160G 第21章的设备类别定义，包括 L 类、M 类、H 类、P 类和 Q 类。

（1）L 类主要适用于放置区域远离飞机孔径（如窗口）和射频接收机天线的设备及其互联电缆，该类设备可能放置在飞机电子设备舱内。

（2）M 类主要适用于放置于有明显电磁影响的孔径处，但不直接暴露于射频接收机天线区域的设备及其互联电缆,该类设备及其互联电缆可能放置在客舱或运输类飞机的驾驶舱中。

（3）H 类主要适用于直接放置在射频接收机天线区域的设备,一般该类设备放置在飞机外部。

（4）P 类主要适用于靠近 HF、VHF、GPS 接收天线或飞机结构无法提供屏蔽区域的设备和与其相连的电缆。

（5）Q 类主要适用于靠近 VHF、GPS 接收天线或飞机结构无法提供屏蔽区域的设备和与其相连的电缆。

试验方法：射频能量发射试验包括"传导发射试验"和"辐射发射试验"两部分。各项测试的方法概述如下。

（1）传导发射试验：将受试设备和试验测试设备按照图 3 - 10 所示进行连接和布置。受试设备工作时,通过电流探头和干扰测量仪器(例如频谱分析仪),扫频测

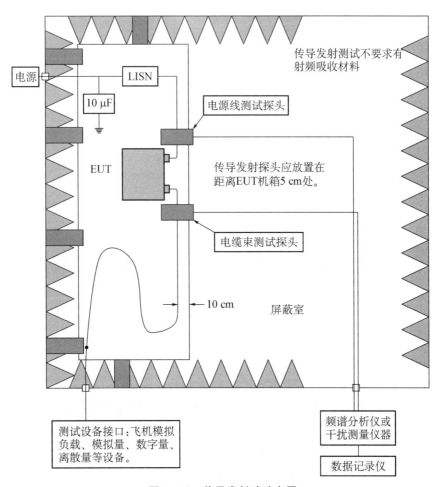

图 3 - 10　传导发射试验布置

试和记录受试设备发射的传导射频噪声电平和波形。

（2）辐射发射试验：将受试设备和试验测试设备按图 3‑11 进行连接和布置。受试设备工作时，通过接收天线辐射和干扰测量仪器（如频谱分析仪），扫频测试和记录受试设备发射的辐射射频噪声电平和波形。

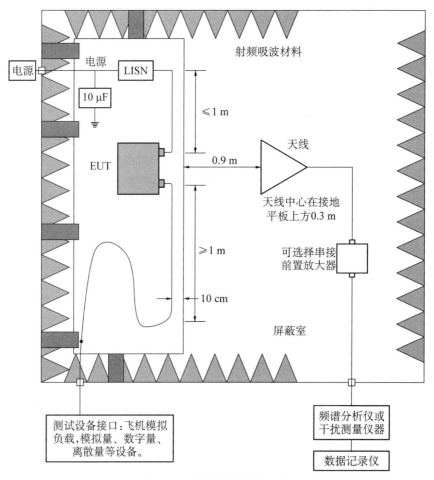

图 3‑11　辐射发射试验布置

通过/失败判据：将试验中测得的受试设备发射的传导/辐射射频噪声电平与波形与 RTCA/DO‑160G 第 21 章各个类别相应的射频噪声限制曲线进行对比，若受试设备发射的传导/辐射射频噪声低于限制电平，则说明受试设备的射频电磁噪声发射得到了有效的控制，符合设计需求，试验通过；否则，应判定为失败。

3.6.2　飞机电磁兼容性试验

根据电磁兼容性的基本理论，一个最基本的电磁兼容性问题包含三个必要的要素,即干扰源、敏感设备和耦合路径。由于三者缺一不可,因此通过检测三者之一即能发现潜在的电磁兼容性问题。由于机载设备布置、电缆敷设、天线布局均已经确定,因此机上试验中主要检测干扰源和敏感设备,并围绕此开展试验工作。依据此理论制订的电磁兼容性机上试验方案如图 3-12 所示。

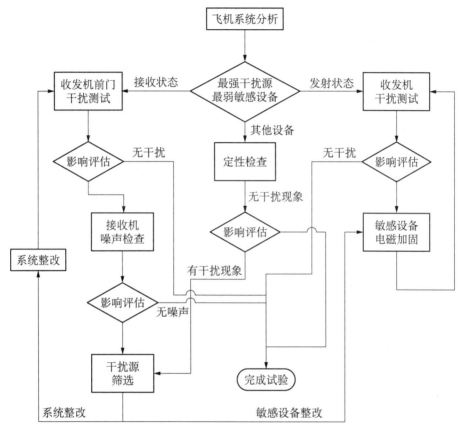

图 3-12 电磁兼容性试验技术路线

首先寻找干扰源,由于民用飞机机载电子设备数量众多,因此无法一一进行测量,如果辐射能量最强的电子设备不会产生干扰,那么可以表明其不存在电磁兼容性问题。无线电收发设备的有意发射远大于电子/电气设备的无意发射,因此收发机发射状态对飞机的影响测试是必要的。

同样地,机载无线电设备在接收模式工作时,其天线接收灵敏度非常高(如 GPS接收灵敏度达到−125 dBm),远远小于设备和电缆的辐射要求,极易引起电磁兼容性问题,为此开展接收机前门耦合干扰的测试是必要的。如试验表明接收机在接收模式下不会导致电磁兼容性问题,则可以表明飞机的电磁兼容性符合标准。

最后开展针对各种供电条件下、供电条件转换、大感性负载导致的电网瞬态以及基于机载设备工作状态的电磁兼容性检查,以此表明整机的电磁兼容性符合标准。

上述方法已在 ARJ21-700 飞机上应用,取得了很好的效果,并获得适航当局的认可。

3.6.2.1　机载接收机前门耦合干扰机上测试方法

前门耦合干扰是指干扰信号通过天线端口耦合的方式由接收机接收并影响接收机输出的干扰形式。与之对应的是通过设备壳体及其电缆耦合的电磁能量,称为后门干扰。在收发机的接收工作状态下,天线端口的接收灵敏度很高,因此需要重点检查接收机接收频段内的干扰信号。在 400 MHz 频率以上,由于电磁波空间衰减特性、传播特性的影响,一般不会在天线端口产生较强的信号,因此试验中重点检测 400 MHz 以下频段内的潜在干扰。该频段内电磁能量主要来自设备互联线缆的辐射发射,机上的潜在受影响天线包括:自动定向仪(ADF)、HF 通信、指点信标(MB)、航向信标台(LOC)、甚高频全向信标(VOR)、VHF 通信和下滑信标(GS)接收机。该干扰测试方法如图 3-13 所示。

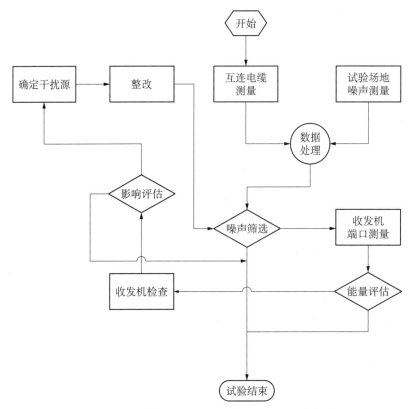

图 3-13　机载接收机前门耦合干扰机上测试方法

从上节的分析得出,机载接收机的前门干扰主要来自机载设备及互连线缆的辐射发射,测量内容如下:测量主要线束传导发射能量量值和场地背景噪声,用线束传导发射和舱室的场强值减去背景噪声即可获得来自机载设备互联线缆的辐射发射能量值,根据测量数据确定所处频段,以确定可能干扰的天线,根据记录的潜在干扰频点逐点扫描对应的天线,记录天线端口能量超出接收灵敏度的频点,逐一检查对应收发机的工作状态,对产生影响的频点进行回溯检查,确定潜在的线束,根据试验结果开展整改工作,测试流程如图 3‑14 所示。

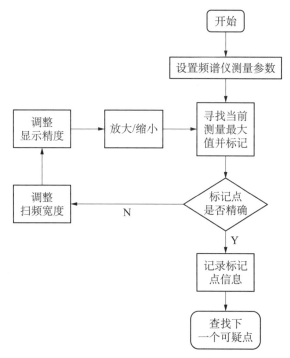

图 3‑14　测量过程示意图

在上述测量方法中,将看似杂乱无章的众多设备和无线电收发设备联系起来,采用频谱仪分别对设备互联线缆、收发机天线端口进行扫描,由于频谱仪可以设置远远小于收发级频道带宽的频率步长,因此可以确定传统的定性检查中无法发现的潜在干扰。同时该方法的干扰影响判断和检查均基于测量结果,相比定性检查具有更高的准确度和可信度。在表明飞机的电磁兼容性上具备更强的说服力。

3.6.2.2　机载设备线缆传导发射测试方法和接收机干扰源定位

机载设备线缆传导发射测试,是将电流探头一端安装至设备线缆上(见图 3‑15),另一端通过同轴电缆与频谱分析仪连接,在机载系统/设备上电的情况下,对线缆的传导发射能量进行测试和记录。

图 3 - 15　机载设备线缆传导发射测试

1) 天线端口测试方法

天线端口测试数据反映了接收机工作频段范围内噪声分布情况、分析了天线端口定量测试数据,从而确定接收机的潜在干扰频率,作为收发机检查的输入。测量方法如图 3 - 16 所示。

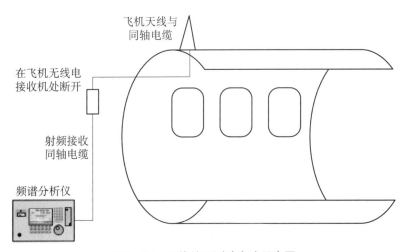

图 3 - 16　天线端口测试方法示意图

2) 机载无线电系统潜在干扰测试和分析方法

机载无线电系统工作时,会向空间辐射发射较大功率电磁能量,在某些频率上可能超出其他机载设备的敏感度,从而导致其功能失效或出现异常。传统方法处理该问题是在飞机验证阶段,在无线电系统工作频带内,任意选择高、中、低 3 个频率辐射发射工作,定性检查其他机载电子/电气系统/设备的工作情况。虽然这种试验方法表明符合性为适航当局所接受,但是该方法存在检验不够全面、定性检查存在主观因素(如照明灯的闪烁判断等)的问题。为了更好地验证机载无线电系统的潜在影响,提出了基于定量测试的方法,可有效克服传统方法的不足。该方法包含三个部分内容,分别是线缆传导电流测量、舱室电场强度测量和耳机噪声测量。

(1)线缆传导电流测量。

在机上大功率无线电设备发射状态下工作时,难免在设备互联线缆上感应出高频电流,这些电流超出设备的传导敏感性时,可能会导致设备工作异常或失效。为此本测试中选择了关键/重要航线可变换单元(LRU)的电源线传导发射测量,测量结果与设备敏感度对比以确定无线电设备对机载设备的潜在影响,从而保证整机的电磁兼容性,测试方法如图 3-17 所示。

图 3-17 线缆传导电流测量示意图

(2)舱室电场强度测试。

机载无线电收发机对机载设备的影响不仅表现在线缆上的感应电流,同时也会通过电磁场耦合到各个舱室,进而影响机载设备,为此需要对飞机主要舱室的电场强度进行测量。为了保证测量的精度,试验中没有选用传统的电场探头加搅拌器的方式进行测量,而是采用天线多次测量求平均值的方法确保测量的精度。测试的方法如图 3-18 所示,将接收天线置于待测舱室,设置机载天线按指定的频率发射,通

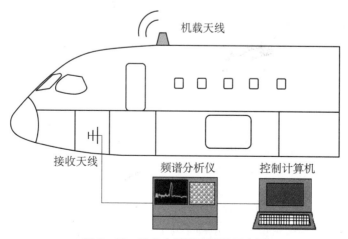

图 3-18 舱室电场强度测量示意图

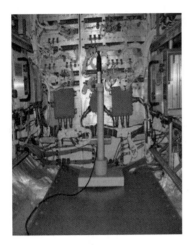

**图 3-19　舱室电场强度测量
天线布置(EE舱)**

过频谱分析仪测量待测舱室内接收到的制定频率的场强。图 3-19 所示是 ARJ21-700 飞机在进行该项试验时接收天线在 EE 舱内的实际布置。

在完成舱室电场强度测量后,将测量结果同待测舱室内安装设备的敏感度电平进行对比分析,当测试数据超出敏感度电平时,说明该设备被干扰的可能性很大。根据 ARJ21-700 飞机试验后进行的对比分析可知,其中旅客广播放大器有可能受 VHF 通信干扰。

在完成上述工作后,就可在针对性的相互干扰检查试验中进行进一步的确认,若敏感设备能够正常工作,则表明无线电系统辐射工作中,最严酷的情况也不会导致电磁干扰问题出现;相反,则需要采取相应的措施进行整改,以消除干扰。

(3) 耳机噪声测量。

完成了上述两个测量内容后,为了确保收发机不会对机上音频系统产生影响,同时为了排除主观因素,还开展了耳机噪声输出测量。音频控制板(ACP)在 32 Hz 下有正常监测信号,直接采用音频毫伏表在耳机端口测量。

为了解决直接测量方法的弊端,提出了通过耳机插孔噪声波形的快速傅里叶变换(FFT)的方法来确定干扰噪声的方法。采用数字示波器对 ACP 的音频输出情况进行测量,从 FFT 变换的测量结果分析出在 32 Hz 频点上出现了较大噪声电平输出,其幅值与机上驾驶员耳机噪声输出测量值基本相符。可见耳机噪声幅值也满足了合格判据。

3.6.2.3　相互干扰检查

在一定的环境下,假定敏感设备集之中的第 i 个敏感设备的敏感度为 δ_i,该敏感设备接收到由第 j 个干扰源产生的被敏感设备所接收的电磁能量为 E_j,则其是否受干扰的电磁兼容性的概念模型可以定义为

$$\delta = \delta_i - \sum_{j=1}^{n} E_j \qquad (3-1)$$

式中,n 为干扰源数量。当 $\delta > 0$ 时,该敏感设备不会产生电磁干扰;反之,如果 $\delta < 0$,则敏感设备会出现电磁干扰现象。

产生电磁干扰的方式和耦合过程非常复杂,例如电场辐射至设备、磁场辐射至设备、电流传导至设备线缆等,图 3-20～图 3-23 展示了几种常见的敏感设备受电磁干扰的原理。对于敏感设备,其出现干扰时的判断依据可以通过定性的方式来检

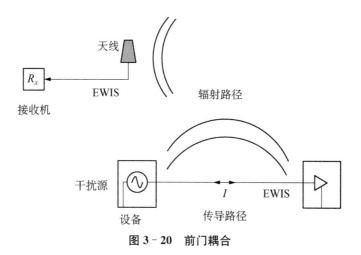

图 3－20 前门耦合

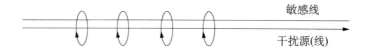

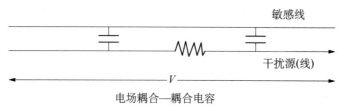

电场耦合—耦合电容

图 3－21 线间电容耦合

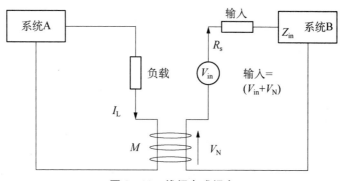

图 3－22 线间电感耦合

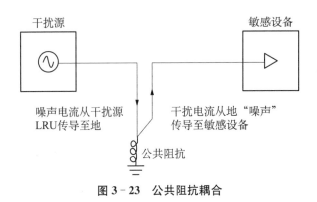

图 3 – 23　公共阻抗耦合

查,如设备输入或输出信号出现异常,则表现为指示不稳定、指示灯闪烁变暗、有噪声、页面抖动等功能不正常现象。此种定性检查方法的优点是不用通过定量测试的方法判断电磁干扰性,而且节省时间、简单、快捷、容易确定电磁干扰源,是电磁兼容性排故的主要方法。

系统间相互干扰检查试验的干扰源和敏感设备属于试验研究的对象。理论上所有的设备均是作为干扰源的同时又是敏感设备,但是为了减少工作量、缩短试验周期、降低试验成本,可以将其范围缩小。具体分析方法如下:首先,对于使用大电流工作的设备或一般的电气设备,通常可以定义为干扰源,如泵、电磁阀、继电器等,对于内部有敏感元件或集成电路的电子设备,一般可以定义为敏感设备,如发动机指示和机组告警系统(EICAS)、电子飞行仪表系统(EFIS)等;其次,因为有些设备的硬件设计保障等级较高,在其设计阶段就着重考虑了其可能受干扰的情况,所以特意增加了电磁防护设计的加固措施,如设备内部增加滤波器、瞬态防护抑制器、特殊的接地布局以及接地设计措施等,所以其抗干扰能力非常强,这种电子设备通常在试验期间可以将其排除在敏感设备之外,如全权数字式发动机控制器(FADEC)等;再次,具有辐射能力的系统一般可以作为干扰源,如 HF 系统、VHF 系统等;最后,由于机载设备都是作为某一个可以实现特定功能的系统子设备,所以敏感源可以扩展为系统或子系统,而不是以单独的设备形式出现,对于干扰源也可以同样进行扩展定义。定义了敏感设备和干扰源之后,就可以确定相互干扰检查矩阵。

本方法通过建立相互干扰检查矩阵的方式,可以快速定位电磁干扰问题。相互干扰检查试验的方法简单介绍如下:为了在地面试验较为严酷的电磁环境,将飞机的初始试验状态选取在进近阶段,因为在此状态下飞机离地面高度较低,空间中的电磁环境较为严酷。首先,选择较为合适的试验场地,发动机开车,利用工装 KTS-2000、ALT-8000、TR-220、T-36C 分别模拟飞机的空速、离地高度、塔台等信息,设置飞机轮载信号,将飞机的襟/缝翼设置于"3"卡位,此时,逐个检查飞机机载敏感系统/设备的受干扰情况,检查是否受干扰的原则是观察敏感设备是否发生了敏感现象,如发生显示信息抖动不稳定、指示灯闪烁或变亮变暗、数据跳变、耳机有噪声等。检查完成之后,逐一检查干扰源如 HF 通信、VHF 通信、旅客广播系统、防冰除雨系统、飞行控制系统、交流电动泵、电源系统等,分别在其工作状态下检查敏感系统/设备的受干扰情况。对于 HF 通信和 VHF 通信,需在不同的频率点和调制方式下分别对机载敏感设备进行检查。考虑到对 HF 作为干扰源时检查的完整性,需要对 HF 通信的三种调制方式(上边带、下边带、调幅)均进行检查,需要注意的是不能在国际应急频率点上进行试验。VHF 的通信频点是以 1 MHz 为频率间隔,从 118 MHz 到 137 MHz。

对于谐波能量飞机,定性检查试验一般不适用,因为谐波能量会随着谐波次数的增加而减小,所以谐波能量通常不会在敏感设备的接收灵敏度之内。但是由于 GPS 收发机的灵敏度非常高,同时 VHF 通信频点的谐波(nf, f 为 VHF 的发射频率,n 为整数)恰好可能在 GPS 的工作频点上,所以需要在相互干扰检查试验中进行 VHF 通信对 GPS 的干扰情况的定性检查验证。验证判据为:CDU 显示 GPS 页面的经纬度数据"LATITUDE"和"LONGITUDE"正常,且无虚线表示。

3.6.2.4 电瞬变检查

民用飞机上电瞬变现象产生原因包括两个方面:一是大感性负载在通断电或工作模式切换的一瞬间产生电瞬变;二是电源系统的接触器在进行切换的一瞬间产生电瞬变。

感性负载在通断的一瞬间,将产生一个大的感抗,如式(3-2)所示。

$$X_L = 2\pi f L \qquad (3-2)$$

式中:X_L 为负载设备的感抗;f 为频率,$f=1/\tau$,τ 为切换时间;L 为设备电感值。

通过式(3-2)可知感性负载在通电一瞬间将会产生一个大的感抗,此时感性负载的阻抗值为 $Z = (R^2 + X_L^2)^2$。由于感抗的存在,当大感性设备在通断电的一瞬间,在感性负载的内部会产生一个反向作用的电磁场,同时在感应阻抗中产生一个大电流。

交流电动机一般等效电路如图 3-24 所示。

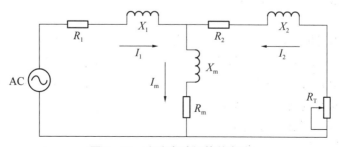

图 3-24 交流电动机等效电路

在得到了电瞬变干扰源的等效电路后,使用 Saber 软件对其进行仿真可得到其启动瞬态电流,也可以对大感性负载的瞬态电流进行实测,得到其瞬态电流值,如图 3-25和图 3-26 所示。

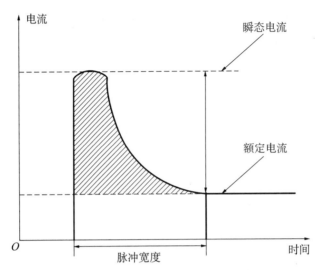

图 3-25　感性负载瞬态电流理论分析

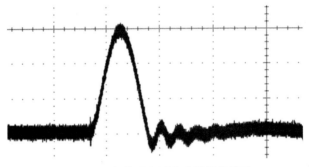

图 3-26　机载设备瞬态电流值仿真值

电瞬变电磁兼容性机上地面试验创新性工作包括以下几方面。

1) 定义了电瞬变干扰源选取原则

对于民用飞机而言,定义额定工作电流大于 10 A 的设备为电瞬变干扰源。之所以定义额定电流 10 A 为分界点,是因为在 RTCA/DO-160 的 19 章"感应信号敏感性"中,试验类别 ZC 对应的互联线缆感应电流尖峰的试验电平为 $IL = 30(\text{A} \cdot \text{m})$,其中线缆长度 L 的要求为 3 m,即电流为 10 A。

2) 定义了敏感设备选取原则

敏感设备选取与其功能安全等级有关。民用飞机电瞬变试验敏感设备选取方法包括以下两个原则：

(1) 所有被测敏感设备需与电瞬变干扰源在同一汇流条上。

(2) 机载设备功能安全等级在 A 级、B 级和 C 级。

3）电瞬变机上地面试验流程规划

整个电瞬变机上地面试验流程包括电瞬变干扰源的确定、敏感设备的选取、敏感现象判据的定义、得到电瞬变干扰测试分析矩阵、根据定义的敏感现象判据确定电瞬变干扰的试验结果，其试验流程如图 3-27 所示。

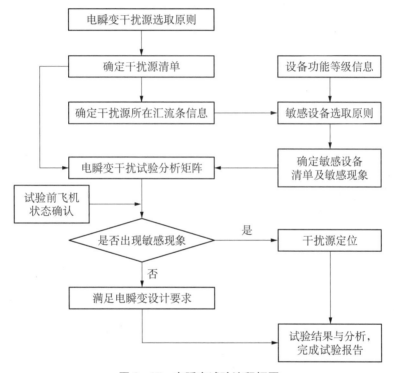

图 3-27 电瞬变试验流程框图

在电瞬变机上地面试验前，需对飞机状态进行确认，需要确认的信息包括：所有被试电子/电气系统/设备功能正常；所有被试电子/电气系统/设备及其连接电缆安装完整；若机上安装有飞行测试设备，则该设备在试验过程中不加电工作。

通过电瞬变电磁兼容性试验方法的研究，给出了电瞬变干扰源选取原则以及敏感设备选取方法，确定了电瞬变电磁兼容性试验的分析矩阵，对机上干扰源进行操作，确定机载被测设备电瞬变的敏感性，完成了电瞬变电磁兼容性机上地面试验验证。

3.6.3　天线测试

3.6.3.1　高频天线

ARJ21 型飞机是第一飞机设计院研制的支线飞机,其高频天线要求采用垂尾前缘并馈裂缝天线。这是一个低剖面天线,在保证良好的辐射和调配性能的同时,对飞机的气动影响可降低到很小。天线的基本结构为缝隙天线。天线缝长约为 2.5 m,在工作频段内,天线的电长度为 $\lambda/60\sim\lambda/4$,基本上属于小天线范畴。并且,从天线的基本结构可以看出,天线的主要辐射是由两侧的缝隙中的磁流辐射所产生的;同时,由于缝隙的激励,机体表面尤其是垂尾,也会产生感应电流,从而影响辐射方向图。因此在研制过程中必须对天线的输入阻抗和天线辐射方向图进行仔细的设计、计算和测量。

1) 阻抗测试

天线的输入阻抗关系到天线的调配性能,由于天线输入阻抗的计算难度较高,因此设计中天线的结构尺寸(缝隙宽度)需通过阻抗测量作最后确定。也就是要通过阻抗测试来考证天线的输入阻抗是否能满足天线的调谐系统的要求。为了测量较多的数据,制作了五种不同缝隙宽度的天线模型,并于 2005 年 1 月完成了这些天线的阻抗测量。对所测输入阻抗值的分析表明,采用 260 mm×200 mm 尺寸的结构时,天线输入阻抗能满足天线调配器的要求。

2) 天线方向图的测量

由于该天线的工作频率较低(2.0～30.0 MHz),缩比测量的频率范围为 16.0～240.0 MHz,国内很少有合适的测量暗室可以用于这么低的频率测量,因此决定在西北工业大学新建的微波暗室中进行测量(它的吸波材料的高度是目前国内最高的,其尖劈高度为 1.5～1.6 m)。2005 年 8 月最后完成了有关方向图的测量。

对模型电气性能的测量是至关重要的,主要是对模型的阻抗特性和天线辐射方向图进行测量。由于所制作的模型(包括天线)是按 1∶8 的比例进行缩比的,因此测量的波长范围也应按 1∶8 进行缩比,也就是说,测量频率应是工作频率的 8 倍。实际天线的工作频率范围是 2.0～30.0 MHz,那么模型天线的测量频率则应该为 16.0～240.0 MHz。

3) 阻抗测量

阻抗测量采用矢量网络分析仪对天线的输入阻抗直接进行 S11 的测量即可,测量的基本配置如图 3‑28 所示。

图 3‑28　阻抗测量基本配置

测量时为了模拟天线调配器上的电容盒的作用,在进行某些测量时,被测天线输入端加接了并联电容,以考察天线的调配性能。

测量时矢量网络分析仪的屏幕显示如图 3-29 所示。

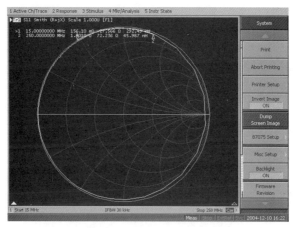

图 3-29　天线输入阻抗测量时矢量网络分析仪的屏幕显示

对五种不同结构尺寸的天线进行了测量,测量结果见天线输入阻抗测量报告。对这五种结构尺寸的天线的输入阻抗的测量值进行分析,发现它们在 2.0～30.0 MHz 的频率范围内都可以达到天线调谐器对阻抗的要求,即都可以得到匹配。进一步的分析发现,当缝隙的宽度较大时,输入阻抗的实部也较大,也就是辐射的能量较多,这样天线的配谐也将更容易实现。因此,取天线缝隙较宽的结构尺寸是较好的。根据飞机的具体结构,最后确定选用 260 mm×200 mm 的结构尺寸,它可以较好地满足匹配要求。

4) 方向图测量

天线方向图的测量是在微波暗室中进行的,这样可以避免外界的电磁干扰,保证测量精度。测量的主要仪器采用矢量网络分析仪,型号是 Agilent5062A,它的频率范围、测量精度和灵敏度均优于测量输入阻抗使用的矢量网络分析仪。将模型架设在转台上,架设时尽可能地使天线所在位置靠近转台的中心,以使得当转台转动时天线和接收喇叭的距离保持不变。测量系统的基本配置如图 3-30 接收用的双锥天线和图 3-31 中测量仪器所示,图 3-32 是暗室中的被测模型。测量时,随着

图 3-30　接收用双锥天线

转台的转动,按一定的角度间距,在矢量网络分析仪上依次读取所测得的 S12 值,这样就得到了被测天线的辐射方向图。

图 3-31　测量仪器

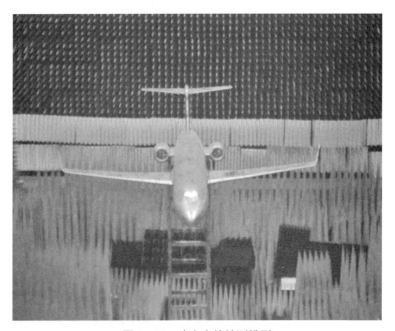

图 3-32　暗室中的被测模型

测量结果基本符合要求,存在的问题是在 30 MHz 时在正侧向有一近一30 dB 的凹陷,在 42 MHz 时在距机头方向 30°位置上有一近一35 dB 的凹陷。这些凹陷产生的原因为何、会不会对通信产生影响,需要认真分析。

首先所测量的方向图是相对的方向图,是对方位上最大增益进行归一化的值(对于短波天线的增益进行绝对测量时不容易测准)。从对被测天线的分析可以看出,天线在方位面上的方向图应该是均匀的,最大辐射方向应在赤道面上,而在垂直方向上增益受到压缩,所以较低。因此在方位面上的增益大于 0 dB,这一类天线在方位面上的增益一般为 3 dB 左右,当方位面增益不均匀时,其最大处的增益应该更大,而我们所测量的方向图是和最大处的增益进行比对后得到的,而方向图有凹陷的均为在方位面增益严重不均匀的。因此凹陷处的实际增益要比归一化的方向图上的增益高 3～5 dB。

其次,测量的环境会对测量结果产生影响,产生凹陷的频率均是较低的,在那个频率范围内,暗室的边墙的反射较强,一般约为 −8～10 dB。这样反射波就会形成第二条路经,在特定的条件下,反相将使得测量的电场大大降低,而实际飞机在空间使用时是不会出现这种情况的。这可以从所测量的方向图在低频段多存在凹陷这一点得到证明。在 72 MHz 以下的频点,方向图存在不同程度的凹陷,而凹陷的方向不定,这说明凹陷不是由天线的结构或飞机某部分的影响造成的,如果是由天线的结构或飞机的某部分的影响造成的,则凹陷的位置应基本不动。

由于凹陷是比较尖锐的,因此即使不考虑上述两个原因,处于 −28 dB 以下的部分也只是个别频率点的一个很小的方位角范围,不至于影响飞机的通信。

3.6.3.2 天线隔离度测试

1) 测试设备

各测试设备均应有计量鉴定部门的计量合格证明,并均处在有效使用期内。

试验时,与试验无关的金属架、工作梯应远离试验现场;测试过程中,除试验记录人员外,其他测试人员需远离试验工作区域。

ARJ21-700 飞机甚高频天线方向图试验原理见图 3-33。ARJ21-700 飞机的 VHF 天线工作频率范围为 118.000～136.975 MHz,方向图试验分别在以下低、中、高三个典型频点测量:①118.000 MHz;②127.500 MHz;③136.975 MHz。

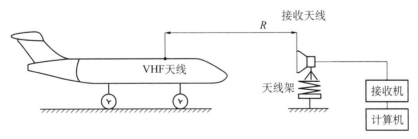

图 3-33 飞机甚高频天线方向图试验原理

2) 测试布置

试验测试场地依据等高架测试场进行布置,测试场几何关系如图 3-34 所示。

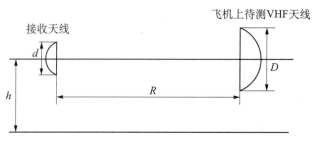

图 3 - 34　测试场几何关系

3）测试距离要求

由于机载 VHF 甚高频通信天线的电尺寸 $\dfrac{L}{\lambda} < 1$（L 为 VHF 天线的最大线尺寸），因此测试距离依据式（3 - 3）计算。

$$R \geqslant 10\lambda \tag{3 - 3}$$

式中：R 为待测 VHF 天线和辅助天线几何中心之间的距离，单位 m；λ 为选取测试点频率为 118.000 MHz 时的波长，约为 2.54 m。

由式（3 - 3）可计算出试验时两天线间测试距离 $R > 10\lambda$，即应至少保持 25.4 m。

4）测试高度要求

待测 VHF 天线和辅助天线的架设高度依据式（3 - 4）计算。

$$h \geqslant 4D \tag{3 - 4}$$

式中：h 为待测 VHF 天线和辅助天线的架设高度，单位为 m；D 为待测 VHF 天线和辅助天线的天线口径最大者，单位为 m。

由式（3 - 4）可知，按辅助天线的口径为 0.6 m 计算，可计算出待测 VHF 天线和辅助天线的架设高度 $h \geqslant 2.4$ m。

5）测试位置

测试时依图 3 - 35 所示摆放辅助天线位置，测试点之间夹角为 30°，测试前先对 12 个测试点在地面进行定位。

6）测试要求

试验时，通过电源车对飞机进行加电，飞机上除顶部 VHF 天线加电工作外，其他电子设备均处于断开状态。根据现场情况确定收发天线距离，应满足 $R > 25.4$ m，由于待测甚高频通讯天线与地面之间的高度满足测试高度要求，因此飞机放置好后，根据待测甚高频天线高度等高架设辅助天线，辅助天线架设于带有升降梯的升降车上，使辅助天线处于垂直极化工作状态，并利用激光定位仪使辅助天线的主瓣最大值对准机上待测 VHF 天线的中心，连接好测试和记录设备，在水平面内，按要

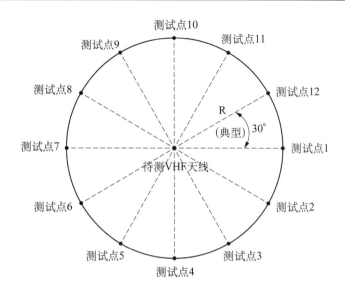

图 3-35　辅助天线相对待测甚高频通信天线位置

求依次转动飞机,结合飞机校罗差和激光定位仪进行角度定位,用激光测距仪校准收发天线间距离,然后进行测试。

3.6.4　便携式电子设备(PED)电磁兼容性测试

关于 PED 对于机载系统的影响,欧美基于多年的研究基础,已经颁布了标准。RCTA 于 2007 年颁布了标准 DO-307;2010 年,FAA 发布了咨询通告 AC-20-164,认为机上使用 PED 产生的射频(RF)环境属于各种可预期的运行条件之一,提出了 PED 辐射发射引起机载接收机干扰(前门耦合)的机上验证要求;同一时期,欧洲民航组织 EUROCAE 颁布了标准 ED-130,亦明确提出了 PED 辐射发射直接耦合干扰机载设备(后门耦合)的机上验证要求[7]。

PED 对机载系统的电磁干扰可以分为前门耦合和后门耦合。前门耦合是 PED 的有意或杂散发射信号通过窗户孔缝后直接被机载天线接收而进入系统内。后门耦合主要是指 PED 的有意或无意辐射发射及其无意传导发射能量耦合到机载设备和线缆。RTCA/DO-307 分析认为,考察 PED 对飞机的影响,需要考虑的后门耦合可以简化为两部分:有意发射耦合设备(IRU)和有意发射耦合线缆(IRC),即 PED 有意发射直接耦合到耦合的设备和 PED 有意发射耦合到线缆。相应的,PED 电磁兼容性机上测试也包含三部分工作内容,分别是干扰路径损耗(IPL)测试、PED 有意发射耦合设备(IRU)测试和 PED 有意发射耦合线缆(IRC)测试。

3.6.4.1　干扰路径损耗(IPL)测试

将模拟 PED 的测试天线放置于飞机舱室内部,并把该天线和信号发生器以及功率放大器连接,作为 PED 模拟信号发射源,测试天线将信号发生器和功率放大器所传输过来的信号辐射出去,将机载待测天线所连接的同轴电缆连接至频谱仪用于接收 PED 模拟信号源所发射的电磁信号,测试的物理参数为功率,发射功率减去接收功率即为 IPL 值。测试试验布置如图 3-36 所示。

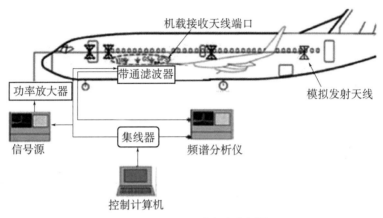

图 3-36　IPL 测试试验布置

测试前,需要对测试系统和测试线缆完成校准测试。IPL 校准是为了去除线缆在测试过程中的损耗,线缆损耗测量流程如图 3-37 所示。

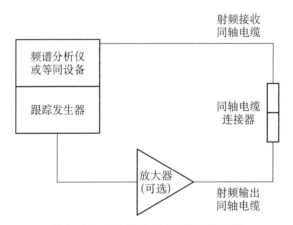

图 3-37　IPL 校准线缆损耗测量流程

线缆损耗的计算公式为

$$P_{\mathrm{S}} = P_{\mathrm{TC}} - P_{\mathrm{MC}} \tag{3-5}$$

式中: P_{S} 为线缆损耗,单位 dB; P_{TC} 为基准测量中,跟踪发生器的功率输出,单位

dB；P_{MC}为基准测量中，接收信号功率测量值，单位 dB。

IPL 的计算公式（无源天线）为

$$IPL = P_{TT} - P_{MT} - (P_{TL} - P_{MC}) \tag{3-6}$$

式中：IPL 为干扰路径损耗，单位 dB；P_{TT} 为 IPL 测量试验中，跟踪发生器的功率输出，单位 dB；P_{MT} 为 IPL 测量试验中，接收信号功率测量值，单位 dB。

3.6.4.2　有意发射耦合设备（IRU）测试

IRU 测试属于后门耦合，测试试验布置如图 3-38 所示。通过模拟 PED 发射，检查飞机舱室内 PED 辐射的电磁场与机载系统的影响。测试时可以选择定性测试或者定量测试。对于驾驶舱的加载电子设备，定量测试的试验结果（场强值）可以与设备承受的 PED 辐射干扰能量进行比较，以表明其设计符合性。

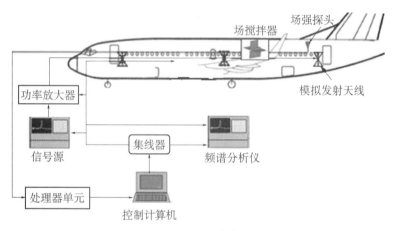

图 3-38　IRU 测试试验布置

3.6.4.3　有意发射耦合线缆（IRC）测试

IRC 测试属于后门耦合，试验布置如图 3-39 所示。IRC 定性试验和 IRU 一

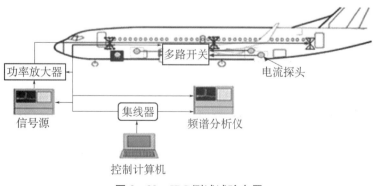

图 3-39　IRC 测试试验布置

样,在模拟 PED 辐射情况下,检查机载系统是否受干扰。定量测试模拟 PED 辐射时,测试机载线束的感应电流,在低频部分(≤400 MHz),可以与设备级的 HIRF 试验电平进行比较以表明符合性。

3.7 ARJ21-700 飞机电磁兼容性设计与验证概述及典型案例

ARJ21-700 飞机电磁兼容性(EMC)设计和验证工作是以适航条款 CCAR-25.1353(a)和 25.1431(c)的要求为基础,依据咨询通告 AC-25.1353-1A 及相关工业标准中对民机 EMC 适航符合性验证工作的要求,完整而全面地开展了飞机 EMC 设计和验证工作。

ARJ21-700 飞机机载电子/电气系统的 EMC 符合性主要通过设计说明、分析和计算、飞机地面试验、飞机飞行试验和设备鉴定这几类符合性方法进行验证。作为国内首次严格按适航规章来设计和验证的飞机,在型号研制和取证过程中,逐步摸索并形成了一套完整的飞机 EMC 符合性验证方法和流程,为其他型号设计提供了宝贵的经验。

在 ARJ21-700 飞机 EMC 验证过程中,也遇到了一些电磁干扰问题,在排查解决过程中,留下了很多宝贵的经验。以下内容作为典型案例分享。

1) 甚高频通信系统耳机噪声问题

ARJ21-700 试验机在使用 VHF1 通信系统的 125.000 MHz 频道进行通信时有噪声干扰出现。甚高频接收机有两套静噪电路,一套为噪声检测,另一套为载波检测。当 VHF 收发机处于接收机状态时,静噪门限为载波检测门限。当接收到大于载波检测门限的信号时,门限打开,接收机将接收信号进行解调并送到耳机中,此时静噪门限模式自动切换至噪声检测门限模式,门限值为噪声检测门限。当接收信号低于噪声检测门限时,接收机判定通信结束,此时静噪门限模式自动切换至载波检测门限模式。换至接收机模式,此时的静噪门限模式为载波检测门限模式。当按压按下送话(PTT)开关时,VHF 收发机切换至发射机模式,接收机模式自动关闭;松开 PTT 开关后,VHF 收发机自动切换至接收机模式,此时的静噪门限模式为载波检测门限模式。

根据故障现象以及设备工作特性,认为应该是在 VHF1 收发机附近,存在一个频率为 124.975~125 MHz 干扰信号。试验故障树如图 3-40 所示。

针对故障分析,进行了以下几种故障确认试验:

(1) 本机故障确认试验,确认噪声故障是否为 VHF 收发机本机故障所造成。

(2) 干扰源确认试验,当噪声出现时,通过频谱仪检测飞机内外部场强环境,确认噪声干扰源。

(3) 干扰源强度确认试验,测试飞行控制盒(FCC)系统在各个方向上的辐射强度。

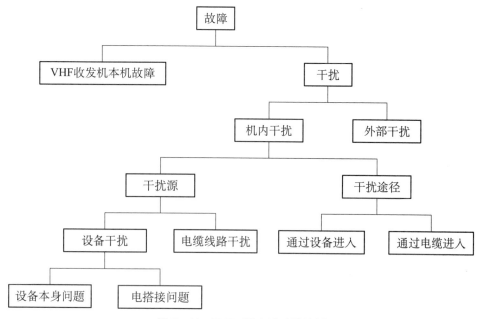

图 3 - 40 VHF1 噪声试验故障树

（4）干扰途径确认试验，确认干扰源通过何种途径进入 VHF 系统。

通过上述试验，可确定甚高频通信噪声干扰产生的原因。FCC 设备加电后，会在 124.988 MHz 中心频率附近产生干扰。由于 FCC 设备与 VHF 收发机距离较近（FCC1 设备紧邻 VHF1 收发机；FCC2 设备位于 VHF2 收发机右下方），因此该干扰信号会以辐射方式进入 VHF 天线至 VHF 收发机段的同轴电缆中。干扰信号在穿过同轴电缆屏蔽层后，其干扰强度会降低。此时，该干扰信号处于噪声检测门限和载波检测门限之间，与分析情况相符。

2）襟/缝翼控制系统辐射超标问题

在进行 ARJ21-700 飞机襟/缝翼控制系统的襟/缝翼电子控制装置/动力传动装置（FSECU/PDU）设备射频能量发射试验时，发现有部分频点不满足设计指标，超标频点是否会干扰其他机载系统以及会不会对飞机的电磁兼容性产生影响需要研究确认。针对此问题，主要工作内容包括设备超标对飞机电磁兼容性的影响评估，根据评估结果确定后续的工作内容；通过设备的试验室试验验证系统设计优化能够确保 FSECU 射频辐射发射满足设计指标要求；最后通过对机上工艺的改进将试验室验证过的加强措施贯彻到飞机设计中，从而消除 FSECU 设备超标对飞机电磁兼容性的影响。整个过程的技术路线如图 3 - 41 所示。

在整个问题排查过程中，设备试验室试验和整改措施权衡是其重点。首先通过机上试验，对 FSECU/PDU 射频辐射发射超标进行验证及评估。如试验表明设备

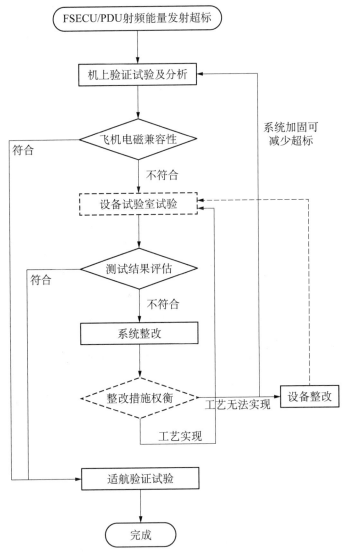

图 3-41 襟/缝翼控制系统辐射超标排查技术路线

超标不影响飞机的电磁兼容性,则直接进行适航验证试验表明符合性即可;反之则进行设备级试验室试验,通过试验和系统的整改使得设备射频能量发射满足设计指标要求。这其中需要随系统整改措施进行必要的权衡和优化。最优的结果是以最小的系统设计加固得到设备级试验成功;最坏的结果是系统设计加固成本大于设备整改成本,则需要供应商对设备进行整改。

进行机上 FSECU/PDU 的电磁辐射发射试验的目的是为了验证有超标问题的

设备在飞机真实环境下,是否会干扰飞机上相关的敏感设备或系统,从而表明此问题设备是否符合 CCAR-25.1353(a)和 1431(c)条款的要求。该项试验是设备鉴定试验的补充部分,支持 MOC9 试验问题的关闭。而且,该试验主要内容是针对飞控系统设备的超标频率和幅值,在飞机上监测有交联的设备或者敏感的无线电通信导航天线端口是否存在超出正常敏感电平的要求,是针对飞控系统存在的电磁辐射发射问题进行的定量测试,主要测试内容如下。

试验总共三个部分,分别为射频传导干扰试验、射频辐射干扰试验和主飞控系统(Aileron PCU & LVDT、Rudder PCU、MFS2 & MFS3 PCU)对高频系统的干扰验证试验。

(1)射频传导敏感度试验。

在襟/缝翼控制系统 FSECU 和与 FSECU 同一汇流条的设备上电的情况下进行此试验。通过电流注入方式模拟 FSECU 对应端口的传导能量发射超标部分,并监控与 FSECU 同一汇流条的设备端口处感应的传导干扰能量值,将该测试值与对应的设备射频传导敏感度进行对比,判断设备在 FSECU 影响下能否兼容工作。试验设置如图 3-42 所示。

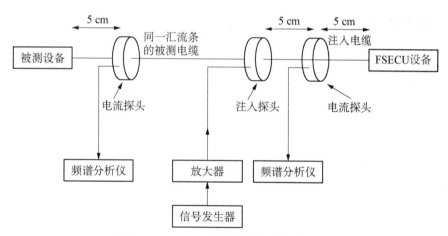

图 3-42　FSECU 射频传导敏感度试验设置

其中被测设备仅需要开机即可,要求飞控设备模拟试验室超标的工作状态。将被测设备端口处的频谱分析仪所测数据与设备的传导敏感度进行对比。其中不涉及被测设备的功能。

(2)射频辐射干扰试验。

在 FSECU、PDU 的安装位置处,采用天线模拟相对应的设备能量发射等级,测量飞机上频率相近的系统/设备天线端口处能量,以判断飞控设备辐射能量超标对这些设备的影响。试验装置如图 3-43 所示。

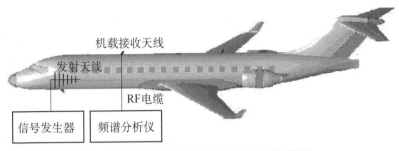

图 3‑43　机上模拟设备能量发射试验装置

试验前根据飞控设备在试验室的辐射场强对发射天线进行校准,将校准好的天线放置在飞控设备安装位置附近,按照校准功率进行发射。测量机载天线端口的功率,将该功率与收发机的灵敏度进行对比。试验中不涉及设备功能。被测的天线有VHF、HF、LOC、GS、MB、VOR。

(3) 飞控设备辐射干扰对高频系统干扰测试。

在飞控系统设备 Aileron PCU & LVDT、Rudder PCU、MFS2 & MFS3 PCU设备工作条件下,测量高频收发机射频端口的接收能量并与收发机接收灵敏度进行对比,以评估 PCU 等设备辐射发射超标是否影响高频系统的正常工作。在该试验中由于 PCU 等设备能够在机上工作的条件下产生试验室测量的超标场强,因此需要 PCU 设备工作。

机上电磁试验表明,设备的超标问题并没有出现干扰其他机载电子/电气系统的现象,设备的超标情况可以接受。

经过试验和分析,设备电磁能量经过连接器和电缆的对外辐射是导致电磁兼容性问题的原因[19]。为了更好地进行电磁防护、降低超标电平,能够采取的措施有设备更改和电缆更改,由于设备更改涉及的费用和时间成本较高,因此首先考虑通过电缆电磁加固。

在试验室射频辐射发射试验中,通过采取电缆包覆屏蔽铜网、增加滤波器和电缆端口增加屏蔽铜网等措施,使得测试结果能基本满足设计指标。经过与设计、制造和供应商三方的技术讨论,对三者的优劣进行权衡后选择了成本最低的方案,系统加固内容有:①FSECU 设备电源线缆更改为屏蔽线缆;②将距离设备最近的电源接头尾附件更改为金属尾附件,并按照信号电缆处理方式对屏蔽层进行端接处理;③电源回线增加屏蔽层;④设备端口的电缆采取"开天窗"工艺。

经过试验验证,上述系统设计中的更改措施使得设备能够满足电磁兼容性要求,且成本、重量和工艺复杂度增加很小。

图 3-44 所示为设备端口更改前后的图片，图中的六个端口处均对原有的屏蔽工艺进行了改进，采用的"开天窗"的工艺，没有增加任何重量即实现了试验室中临时措施的屏蔽效能。经过系统设计优化后设备测试结果较好地满足了设计指标要求。

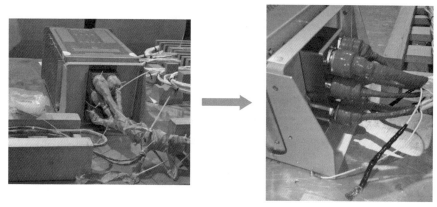

图 3-44 设备端口更改前后

（4）音频控制板（ACP）设备失效问题。

在 ARJ21-700 飞机试飞过程中，出现单侧或者多侧无线电语音失效的故障。故障时，驾驶员首先互相听不到对方讲话（之前均正常），飞行内话功能丧失；随后，飞行员通过 VHF1、VHF2、VHF3 及 HF1 与地面联系，均无法建立通信；监听导航台也没有声音；使用应急模式进行应急通信，可以成功接收和发射，通话质量良好；若复位对应的 ACP 断路器，则可以恢复正常通信。该故障对试飞机场造成了比较大的影响，也严重地影响了 ARJ21-700 飞机的后续试飞科目，但同时 ACP 失效故障的产生是一个随机事件，地面无法模拟空中的状态，所以给故障复现和排除带来了巨大的困难。

在解决问题的过程中采用了故障树分析方法、试验室模拟电磁环境效应试验方法、机上试验方法和仿真分析验证方法的组合。以最快的速度定位了问题根源，并以最小代价进行了整改，其技术路线如图 3-45 所示。然后在试验室并行开展了 ACP 设备以及与其交连的设备的各项电磁环境效应试验，确定了静电影响会导致与机上一致的故障模式。随后通过机上的静电放电试验进一步验证。

经过机上验证和仿真计算，最终确定了整改措施：增加音频接口板的防静电接地。飞机整改后再未出现 ACP 故障，完成了 ACP 故障定位与排除。

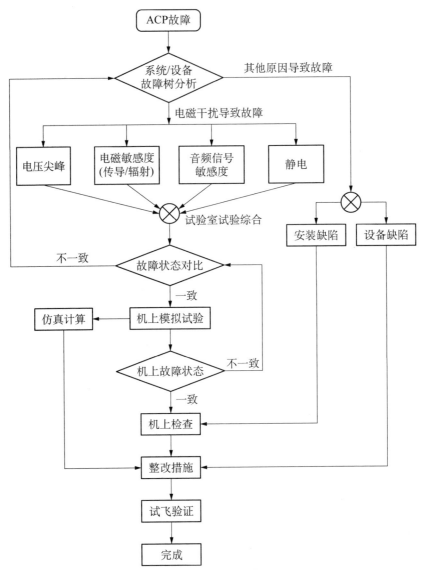

图 3‑45 ACP 设备失效问题排查技术路线

3.8 小结

电磁兼容性涵盖了飞机的整个生命周期,涉及全机的所有专业和系统,从技术角度来看更是涵盖了电路板设计、产品设计、系统设计、飞机设计;验证方面也涉及了大量的工业标准、国标和国军标以及美军标等。本章主要介绍了民用飞机的电磁兼容性设计和验证方法、电磁兼容性的设计及预测分析等内容,尤其针对

ARJ21-700 型号的电磁兼容性验证及测试工作进行了提炼,并结合实际型号的电磁兼容性问题给出了电磁兼容性实际工程问题的分析方法和思路。

参 考 文 献

［1］ BE 凯瑟. 电磁兼容原理[M]. 北京:电子工业出版社,1985.

［2］ 陈穷. 电磁兼容性工程设计手册[M]. 北京:国防工业出版社,1993.

［3］ 郭银景,吕文红,唐富华,等. 电磁兼容原理及应用教程[M]. 北京:清华大学出版社,2004.

［4］ Kodali V P. 工程电磁兼容:第 2 版[M]. 北京:人民邮电出版社. 2006.

［5］ 张旭锋. 传输线理论及电磁兼容计算的半解析方法研究[D]. 长沙:国防科学技术大学,2011.

［6］ 张金玲. 高功率微波器件和电路的电磁兼容研究和设计[D]. 北京:北京邮电大学,2009.

［7］ RTCA/DO-307 Aircraft Design and Certification for Portable Electronic Device (PED) Tolerance [S]. RTCA, 2007.

［8］ RTCA/DO-160G Environmental Conditions and Test Procedures for Airborne Equipment [S]. RTCA, 2010.

［9］ HB 6167.20—2014 民用飞机机载设备环境条件和试验方法 第 20 部分:电源线音频传导敏感性试验[S]. 2014.

［10］ HB 6167.21—2014 民用飞机机载设备环境条件和试验方法 第 21 部分:感应信号敏感性试验[S]. 2014.

［11］ HB 6167.23—2014 民用飞机机载设备环境条件和试验方法 第 23 部分:射频能量发射试验[S]. 2014.

［12］ 覃宇建. 复杂系统电磁兼容性分析方法研究[D]. 长沙:国防科学技术大学,2009.

［13］ 崔芙蓉. 新型横电磁波传输室系列的分析研究[D]. 广州:华南理工大学,2000.

［14］ 刘子梁. MoM-UTD 混合方法和高阶矩量法关键技术研究及其在电磁问题中的应用[D]. 西安:西安电子科技大学,2007.

［15］ 白同云. 电磁兼容分层与综合设计法——电磁兼容设计的新方法[J]. 电子质量,2008(5): 98 - 101.

［16］ 何鸣,刘光斌,胡延安,等. 孔缝对导弹电子设备机箱电磁屏蔽效能的影响[J]. 宇航学报, 2006,27(2): 262 - 267.

［17］ 范颖鹏,杜正伟,龚克. 不同形状孔阵屏蔽效应的分析[J]. 强激光与粒子束,2004,16(11): 1441—1444.

［18］ 周佩白. 电磁兼容问题的计算机模拟与仿真技术[M]. 北京:中国电力出版社,2006

［19］ 杨继深. 电磁兼容技术之产品研发与认证[M]. 北京:电子工业出版社,2004.

［20］ 王家礼,朱满座,路宏敏. 电磁场与电磁波 第 3 版[M]. 西安:西安电子科技大学出版社,2000.

［21］ 陈孟尧. 电磁场与微波技术[M]. 北京:高等教育出版社,1989.

4 闪 电 防 护

4.1 概述

　　闪电是影响航空航天安全的重要因素,飞机遭遇闪电而引发的事故时有发生。1987年1月美国国防部长温伯格的座机在华盛顿附近的安德鲁斯空军基地南面被闪电击中,45千克的天线罩被击落,机身有些地方被烧焦,幸亏机长镇静沉着才使飞机安全落地;同年6月位于弗吉尼亚州瓦洛普斯岛发射场上的小型火箭在即将升空前被闪电击中,有三枚自行点火升空,旋即坠毁;1963年12月8日,一道闪电点燃了停在马里兰州伊尔克顿待命的一架泛美航空公司喷气式客机备用油箱中的燃料,飞机的左机翼损坏,机上的81人全部殒命。据美国联邦航空管理局统计,在美国运营的商业航班平均每年都会遭遇一次闪电。飞机遭到闪电后,其产生的后果分为直接效应和间接效应,闪电直接效应是指由闪电电弧的附着及伴随着闪电电流的高压冲击波和磁力所造成的燃烧、熔蚀、结构畸变等;而闪电间接效应是指飞机遭到闪电后,电子/电气设备及其互联电缆上感应的大电流和高电压,造成电子/电气设备内的元器件、组件损坏或系统功能紊乱,影响飞机安全飞行和着陆。

　　飞机的闪电间接效应防护属于电磁兼容性的范畴,因此要解决闪电间接效应对飞机的影响,可以采取解决电磁兼容性问题的方式,从三个方面着手,即控制干扰源、切断干扰路径和提高敏感设备的抗干扰能力。

　　闪电与飞机的交互过程中,所谓的干扰源为自然产生的闪电,即闪电外部环境。就目前的科技水平,很难消除或控制自然闪电的产生,所能做到的只是通过气象雷达预测雷暴的发生区域或潜在的雷暴发生区域,使飞机尽量避开上述区域。而且,飞机的闪电防护是基于闪电已经发生且作用到飞机的假设,无法对干扰源进行控制,因此要降低闪电对飞机的影响,只能通过切断干扰路径和提高敏感设备的抗干扰能力这两种手段来实现。

　　所谓干扰路径,是指闪电外部环境通过耦合感应的方式,在飞机内部互联电缆或设备接口处产生感应电压和电流,即产生闪电内部环境,可能造成机载设备的永久损坏或系统功能的失效或紊乱。由于飞机不是一个完全密闭的金属体,因此无法彻底切断这个干扰路径,只能尽可能降低闪电外部环境耦合感应到飞机内部的量值,将互联电缆和设备接口处的感应电压和电流控制在一定的范围内,即需要预设一个瞬态控制电平(transient control level,TCL),各瞬态电平之间的关系如图4-1所示。降低内部闪电感应电平的措施是开展飞机的闪电间接效应防护设计,具体方法有屏蔽、搭接、接地及互联线缆设计等。飞机的闪电间接效应防护设计的充分性由飞机闪电间接效应试验验证,测量在飞机遭遇闪电环境时,实际感应到互联线缆和设备接口处的瞬态电平,即实际瞬态电平(actual transient level,ATL)是否在瞬态控制电平(TCL)的范围内,同时验证实际瞬态电平(ATL)与表征设备耐受闪电瞬态能力的设备瞬态设计电平(equipment transient design level,ETDL)之间是否具有足够的安全裕度。要设定安全裕度的原因是闪电环境和试验条件具有一定的不确定性。安全裕度一般设置为6 dB[1]。

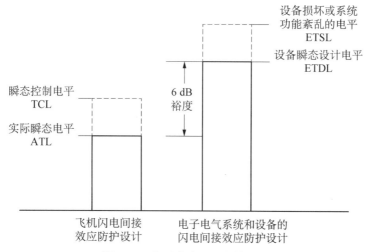

图4-1 各瞬态电平之间的关系

至于提高抗干扰能力,需要通过有效的设备/系统闪电间接效应防护设计措施,来提高设备/系统的抗扰度,具体包括对设备/系统内部敏感电路的隔离、滤波等设计以及系统冗余设计等方式。设备的抗扰度是飞机制造商根据飞机的瞬态控制电平(TCL),以设备瞬态设计电平(ETDL)的形式对设备供应商提出的设计指标。设备供应商提供的设备是否满足飞机制造商的要求、能否安全地装机使用由设备级闪电间接效应试验验证。系统集成后,由系统集成商通过系统级闪电间接效应试验,验证系统的抗扰度是否仍能满足飞机制造商的设计指标。

综上所述,需要通过设备级、系统级和飞机级三个层级的闪电间接效应试验,来验证飞机闪电间接效应防护的充分性和有效性,从而表明飞机闪电间接效应防护设计的适航符合性。

4.2　适航要求

本书包含的内容仅限电子/电气系统的闪电间接效应和飞机外部安装设备的闪电直接效应,结构的闪电直接效应防护与验证以及燃油箱的闪电防护与验证在本书中不涉及。

4.2.1　闪电间接效应防护适航要求

自 20 世纪 60 年代起,FAA 就制定了适用于 23 部、25 部、27 部和 29 部飞机设计、结构和燃油系统闪电防护的规章,这些规章要求飞机必须免受闪电引起的灾难性影响,但是并未给出电子/电气系统闪电防护的具体要求。由于当时设计的大部分飞机采用的都是机械系统或简单的电子/电气系统,机身部件采用的是高导电性的铝制材料,因此可提供比较好的闪电防护。

在 20 世纪 80 年代早期,25 部飞机的设计过程中广泛采用了相对复杂的电子/电气系统,如飞行-关键电子主飞行控制系统、电子主飞行显示系统及全权限电子发动机控制系统等。此时,FAA 在 25 部飞机的审定项目中开始采用制订专用条件来对关键和重要的电子/电气系统提出闪电防护要求,并于 1990 年 3 月 5 日正式发布了 AC-20-136《飞机电子电气系统闪电间接效应防护》,对 FAR-25 部规章中涉及飞机电子/电气系统免受闪电间接效应的防护要求给出了指南。

在 20 世纪 90 年代,随着复杂电子/电气系统和提供较少电磁屏蔽的复合材料在 25 部飞机上的广泛使用,FAA 通过 FAR-25-80 号修正案,最终于 1994 年 4 月 28 日颁发了 CCAR - 25.1316 条款《系统闪电防护》,明确规定了 25 部运输类飞机电子/电气系统的闪电防护要求。2001 年 5 月 14 日发布的 CCAR-25 部 R3 版增加了 25.1316 条款,2011 年 11 月 7 日发布了 CCAR-25 部 R4 版,其中 25.1316 条款没有更改。

2011 年 6 月 8 日,FAA 颁布了 FAR-25-134 号修正案,对条款重新进行了修订,将条款的标题由"系统闪电防护"改为"电气和电子系统闪电防护",同时将规定闪电防护具体符合性步骤的(c)款删除,而且还对(a)款和(b)款的文字进行了调整,但具体的要求与 CCAR - 25.1316 条款没有本质的差别。

CCAR-25.1316 条款《系统闪电防护》明确了运输类飞机的闪电间接效应防护设计要求。条款内容如下所示。

(a) 对于其功能失效会影响或妨碍飞机继续安全飞行和着陆的每种电气、电子系统的设计和安装,必须保证在飞机遭遇闪电环境时,执行这些功能的系统的工作与工作能力不受不利影响。

(b) 对于其功能失效会影响或造成降低飞机能力或飞行机组处理不利运行条件能力的各种电气和电子系统的设计与安装,必须保证在飞机遭遇闪电环境之后能及时恢复这些功能。

（c）必须按照遭遇严重闪电环境来表明对于本条（a）和（b）的闪电防护准则的符合性。申请人必须通过下列办法来设计并验证飞机电气/电子系统对闪电影响的防护能力：

（1）确定飞机的闪击区。

（2）建立闪击区的外部闪电环境。

（3）建立内部环境。

（4）判定必须满足本条要求的所有电子/电气系统及其在飞机上或飞机内的位置。

（5）确定系统对内部和外部闪电环境的敏感度。

（6）设计防护措施。

（7）验证防护措施的充分性。

其中 CCAR-25.1316（a）条款针对的是经闪电特定风险分析确定的执行 A 级功能的系统，这些系统包括但不限于航电系统、飞控系统、电源系统、起落架系统和发动机控制系统，这些系统在遭遇闪电环境时，需保证其 A 级功能不受不利影响。

CCAR-25.1316（b）条款针对的是经闪电特定风险分析确定的执行 B、C 级功能的系统，这些系统需保证在飞机遭遇闪电环境之后能及时恢复这些功能。

CCAR-25.1316（c）条款明确了表明上述两条条款符合性的设计和验证流程。

4.2.2　闪电直接效应防护适航要求

闪电是自然界特有的现象，其蕴含巨大能量，人类观测到的最大的自然雷电电流超过 500 kA，尽管其持续时间非常短暂，但平均一次雷电释放的功率可达 200 亿千瓦。飞行器在飞行中一旦遭遇闪电，往往会造成严重损伤，是影响飞行安全的重大隐患。

CCAR-25.581 是闪电直接效应防护的要求，自确定以来，其内容未进行过更新。

1）CCAR-25-R3-25.581 闪电防护

（a）飞机必须具有防止闪电引起的灾难性后果的保护措施。

（b）对于金属组件，下列措施之一可表明符合本条（a）的要求：

（1）该组件合适地搭接到飞机机体上。

（2）该组件设计成不致因闪击而危及飞机。

（c）对于非金属组件，下列措施之一可表明符合本条（a）的要求：

（1）该组件的设计使闪击的后果减至最小。

（2）具有可接受的分流措施，将产生的电流分流而不致危及飞机。

2）对该条款的理解

（1）CCAR-25.581 条（a）款为对飞机闪电直接效应防护的总则，这里提到的保护性措施除了包括（b）款中提到的电搭接及（c）款中提到的分流措施以外，其他的保护措施如果能够满足条款要求也是可以的；灾难性后果是指其失效会妨碍持续安全飞行和着陆，导致绝大部分或全部乘员死亡以及飞机损毁。

(2) CCAR - 25.581(b)条款是对飞机金属组件的要求,电搭接是飞机上常用的传导电流的方式。

(3) CCAR - 25.581(c)条款是对飞机非金属组件的要求,比如在非金属结构上加装分流条,将雷电流分散传导,从而降低雷击的影响。对于(c)款中提到的使闪击的后果减至最小,尽管没有量化的概念,但至少应保证不会产生灾难性的后果。

3) 条款背景

1970 年 5 月 8 日生效的 FAR-25-23 修订时增加了此条款。FAA 于 1968 年 8 月 22 日颁发了建议规章制定公告(NPRM)征求意见,一条反馈意见建议同时满足 (b)条的(1)和(2)款,FAA 没有采纳,认为在所有情况下都要同时满足这两款是不合理的,因为有些暴露部件必须进行电气绝缘后才能发挥相应的功用。还有一条意见表示比较关心雷击在飞机上引起的电弧产生的高注入电流的保护是否充分有效,因为这个可能造成重要系统的失效,同时建议将词语"灾难性"改成"危险性"。而另一条意见则认为建议的规章太严格,甚至没有考虑对那些低雷击附着区域安装的部件降低闪电防护要求,如 AC-20-53 中定义的 3 区。AC-20-53 重点关注燃油系统的闪电防护,AC 中的区域划分一般认为不适用于飞机结构件,因为即使雷击附着点在别的区域,但由其产生的强电流也会对低雷击附着点区域的部件构成危险。FAA 认为建议的规章在当时的认知条件下能够提供合适的防护,所以最后规章仍按建议的规章定稿颁发,仅仅把名称改成了"闪电防护",因为条款要求的覆盖范围不光是结构。

4.3　符合性流程

为了表明飞机闪电防护设计的有效性、正确性和充分性,飞机主制造商(OEM)需要进行相关的适航符合性验证工作,以表明飞机满足闪电防护适航要求。

4.3.1　闪电间接效应符合性验证流程

根据上一章节适航条款的要求,需通过相应的符合性方法,验证 CCAR 25.1316条款的符合性。对于飞机内部可能在线束和设备端感应到闪电瞬态的电子/电气系统,一般按照以下 7 个步骤对飞机电子/电气系统进行符合性验证:

(1) 确定系统的安全性等级。

(2) 对飞机进行闪电分区。

(3) 预估飞机内部闪电环境。

(4) 确定在系统上感应的闪电瞬态环境。

(5) 预估设备瞬态设计电平(ETDLs)和飞机实际瞬态电平(ATLs)。

(6) 验证对需求的符合性。

(7) 如果需要,则进行调整。

FAA 颁布的咨询通告 AC-20-136 建议,执行 A 级功能的系统需进行设备级、系统级和飞机级闪电间接效应试验验证；执行 B、C 级功能的系统需进行设备级闪电间接效应试验验证；执行 D、E 级功能的系统，条款没有明确的要求。CCAR-25.1316条款的符合性验证流程如图 4 - 2 所示。

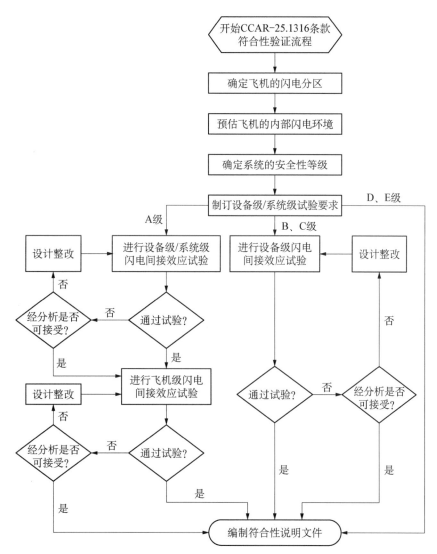

图 4 - 2 CCAR-25.1316 条款的符合性验证流程

4.3.1.1 确定系统的安全性等级

1）明确需要评估的系统

明确需要进行闪电评估的飞机系统。飞机上任何可能由闪电引起的电子/电气系统的失效状态或不利影响都应进行评估。应该使用一种方法来判断飞机和系统安全性被闪电间接效应影响的程度。这些评估应该覆盖：

（1）所有飞机上正常的工作模式、飞行状态和运行环境。

（2）所有闪电相关的失效状态、对于飞机正常运行和机组的影响。

2）安全性评估

闪电间接效应的安全性评估应该建立系统失效状态并进行分类。基于安全性评估的失效状态分类，系统应该设计成适合闪电间接效应适航审定等级，如表 4-1所示的闪电失效状态和取证等级。

表 4-1　闪电失效状态和取证等级

来自适航条款 25.1316 的要求	失效情况	系统闪电适航审定等级
（a）对于其功能失效会影响或妨碍飞机继续安全飞行和着陆的每种电气、电子系统的设计和安装，必须保证在飞机遭遇闪电环境时，执行这些功能的系统的工作与工作能力不受不利影响	灾难性的	A
（b）对于其功能失效会影响或造成降低飞机能力或飞行机组处理不利运行条件能力的各种电气和电子系统的设计与安装，必须保证在飞机遭遇闪电环境之后能及时恢复这些功能	危害性的	B
	较大的	C

（1）A 级系统。A 级系统的安全评估应当考虑闪电相关的失效或故障对系统产生的影响。对于其功能失效会影响或妨碍飞机继续安全飞行和着陆的每种电气、电子系统的设计和安装，必须保证在飞机遭遇闪电环境时，执行这些 A 级功能的系统的工作与工作能力不受不利影响。

设备冗余不能提供更高的防雷击保护能力，因为闪电产生的电磁场、传导电流和感应电流能同时在飞机上的所有电缆上感应出瞬态。

（2）B 级或 C 级系统。在飞机上分开安装的冗余设备，允许假定不会同时发生由于暴露在闪电环境中引起的 B、C 级故障。这是因为飞机转移函数和运营经验已经表明这些冗余，并且空间分离设备不同时暴露于最大闪电感应瞬态。例如，冗余的外部传感器可以减轻直接雷击附着损坏，如果在传感器之间存在可接受的分离，那么在遭遇闪电环境时不会损坏多个传感器，使得功能能够正常运行。因此，不需要考虑由于闪电环境影响同时丧失所有这些冗余、空间分离的 B 或 C 级系统。但是，如果多个 B 或 C 级系统的设计和安装在飞机相同的位置，或共享一个公共的布线连接，并且引发的共同失效为灾难性的，那么此时需要考虑由于闪电环境引起的共同失效。如果是这样，那么这些系统应该划为 A 级系统。

（3）失效状态。安全评估可以表明，在飞行不同阶段，某些系统带有不同失效状态。因此，飞行不同阶段，应用到系统的闪电相关要求可能不同。例如，一个自动飞行控制系统在自动着陆时可以是灾难性故障等级，而在巡航阶段，自动飞行控制系统的操作可以是危险性故障等级。

4.3.1.2　确定飞机的闪电分区

飞机闪电分区的目的是确定飞机可能的闪电附着通道的区域和可能在附着点间传导闪电电流的结构。飞机闪电附着点的区域与飞机的几何形状、材料及使用因素有关。闪电分区通常随着航空器的不同而各异。

闪电分区是飞机闪电防护设计的基础,也是飞机各部位和安装在飞机上的电子/电气设备、系统采取相应闪电防护措施时需要考虑的重要因素。

确定闪电分区的方法主要有三种:

(1) 根据 SAE ARP 5414 标准,参考已有相似机型的闪电分区结果,结合飞机的外形,通过公式计算确定飞机的闪电分区。

(2) 通过专业电磁仿真软件,根据飞机在遭遇闪电环境时机身表面的电场分布,确定飞机的闪电分区。

(3) 通过飞机缩比模型试验,根据电弧在飞机模型上不同位置的附着概率,确定飞机的闪电 1 区,然后根据 SAE ARP 5414 中的计算方法确定飞机的闪电分区。

对于新研飞机,适航当局一般要求采用缩比模型试验的方法确定飞机的闪电分区。

根据闪电在飞机上的作用过程,机体表面各区域可划分为 1 区、2 区和 3 区,其定义如下所示。

(1) 1 区:该区域将遭受初始闪电附着和初始回击。

(2) 2 区:该区域不会遭受闪电初始回击,但是有可能遭受后续的一系列回击。在闪电与飞机相互作用的过程中,由于飞机相对于闪电通道具有向前的速度,闪电附着点将沿着飞机表面向后扫掠一段距离,因此,附着点在飞机表面扫掠的这些区域定义为 2 区。

(3) 3 区:该区域不会遭受任何电弧附着,但是该区域将传输附着点间的闪电电流。

根据飞机相对于闪电通道的运动,闪电区域又可分为 A 区、B 区和 C 区,其定义如下所示。

(1) A 区:在该区域,由于飞机相对于闪电通道的相对运动,闪电附着点不会在该区域长时间驻留。

(2) B 区:在该区域闪电附着点附着期间,闪电附着点不会相对飞机产生移动,因此该区域通常位于机翼后缘和较大的凸起部位。在这些部位,飞机相对于闪电通道的相对移动不会使附着点继续扫掠。

(3) C 区:在该区域,闪电通道电流逐渐减小,并且附着点在该区域飞机表面扫掠的时间较短。

由此,结合以上两种分区的定义,飞机表面的闪电分区可具体分为 1A、1B、1C、2A、2B、3 区,各分区的定义如下所示:1A 区,初始闪电附着区;1B 区,初始闪电附着驻留区;1C 区,初始回击过渡区;2A 区,闪电扫掠附着区;2B 区,闪电扫掠附着驻留区;3区,该区域不会遭受任何电弧附着,但可在闪电附着点间传输闪电电流,且不属于1区和2区的部分[2]。

ARJ21-700飞机详细闪电分区内容如图4-3所示。

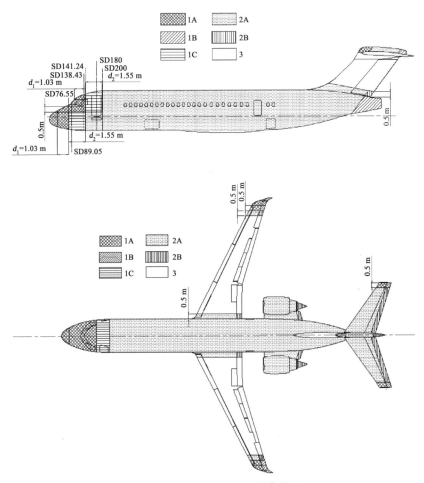

图4-3   ARJ21-700飞机闪电分区

4.3.1.3　确定飞机闪电环境

闪电环境包括闪电外部环境和闪电内部环境两部分。

1)闪电外部环境

闪电外部环境就是闪电作用到飞机外表面的电压和电流脉冲,为便于分析计算和试验,SAE ARP 5412定义了标准形式的外部闪电电压和电流的波形/波形组。在飞机外表面不同的闪电分区位置具有不同的闪电环境,SAE ARP 5412定义了适用于不同闪电分区的闪电波形,以用于分析和试验[3]。

1区和2区定义为闪电很可能附着的区域,是电流通过航空器的进点和出点的区域。按照定义,3区传输的电流是直接雷击或扫掠附着点之间传输的闪电电流,包含所有闪电电流分量。因此,通常可以接受3区的电流电平作为外部环境设计和分析的依据。

外部环境包含飞机闪电外部环境和在飞机表面流过的闪电电流分量的组合波形。

2) 闪电内部环境

闪电内部环境是闪电外部环境通过不同的耦合机理(开口耦合、结构IR耦合)感应到的飞机内部系统线缆和设备接口处的电压和电流,SAE ARP 5412定义了标准形式的内部闪电电压和电流波形/波形组。飞机内部线缆上感应的闪电电压和电流的波形及幅值大小与飞机舱室的电磁暴露程度、线缆是否屏蔽、线缆的敷设路径及外蒙皮的材料特性等因素相关。闪电外部环境和闪电内部环境关系如图4-4所示。

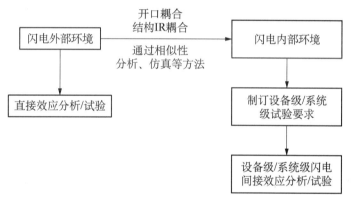

图4-4 闪电外部环境和闪电内部环境关系图

确定飞机的闪电内部环境是制订机载设备级/系统级试验指标的前提,在飞机的研制初期,需要根据飞机初步总体设计方案对飞机不同区域的闪电内部环境进行预估,同时可采用软件仿真的方法或参考相似机型的实测数据来预估飞机的内部环境。

3) 确定系统的闪电瞬态环境

(1)电子/电气系统的闪电瞬态环境由流经飞机的闪电电流感应生成的电压和电流组成。在系统线束端口的电压和电流,来自孔缝耦合、结构电压或者直接来自附着点到设备和传感器的感应电流。

(2)根据系统线缆束和设备接口电路上出现的线束电流或者开路电压和短路电流可以确定闪电瞬态。电压和电流瞬态波形和幅度取决于系统及互联线缆的回路阻抗。

4) 建立设备瞬态设计电平(ETDL)及飞机实际瞬态电平(ATL)

按照适航条款25.1316的要求,根据飞机电子/电气系统执行的功能失效等级确定闪电防护需求。由结构和线束共同为系统提供闪电防护。因此,对电子/电气系统的闪电防护可以基于 ETDL 和 ATL 来建立。

（1）确定并细化电子/电气设备的 ETDL。

ETDLs 决定系统和设备的试验电平。ETDL 可以认为是系统和设备能够耐受的具有不利影响的电压和电流的波形和幅度。系统的 ETDLs 取决于在飞机上系统和线束的安装位置、预期的线束和结构的屏蔽效果以及系统的关键性等级。

（2）ATL 和 ETDL 之间的关系。

ATL 是当飞机暴露在闪电环境中时，在飞机线缆束上实际感应到的电压、电流波形和大小，通过飞机试验、分析或者相似性分析来确定。ETDL 和 ATL 之差就是裕度。为了提供可接受的裕度，应该对飞机、互联线缆以及设备防护进行评估以确定最有效的 ATL 和 ETDL 组合。AC-20-136 规定了取证中要求的适当的裕度。

（3）预期飞机实际瞬态电平 ATL。

一般，在用闪电取证试验或分析确定飞机 ATL 之前，应该详细定义 ETDL。因此，预期的飞机瞬态应该基于已有的闪电测试结果、工程分析或者经验性评估。预期的飞机闪电瞬态电平就是瞬态控制电平 TCL。详细的 TCL 电压电流的波形和幅度可以预估为飞机某一区域线缆束上感应产生的闪电瞬态的波形和幅度。

4.3.1.4　验证需求的符合性

（1）按照 CCAR-25.1316 的要求表示系统的符合性。

（2）ETDL 应该超过 ATL 在审定计划中规定的阈值。

（3）可以通过试验、分析或对取证过的飞机和系统的相似性分析进行验证。

（4）在项目前期提交审定计划给局方审查。经验表明，飞机如果使用新技术或者复杂的系统，那么应尽早在审定计划中与局方达成一致。审定计划应详细说明在取证过程中关键性问题的解决方法。在取证过程中如对设计和取证方法做了修改，则可以用分析和测试结果来证明。当进行重大更改时，需要相应地更新审定计划。审定计划应该包含表 4-2 的内容。

表 4-2　闪电审定计划推荐包含的内容

条目	内　　容
系统描述	描述系统安装，包括非正常或特别的部分；系统失效状态分类；运行状态；闪电附着区；闪电环境；ETDL 和 TCL 的预评估；ETDL 和 TCL 之间可接受的裕度
符合性方法描述	描述如何符合条款要求；取证方法包含相似性、分析步骤、试验，如果使用分析方法，应描述如何验证
通过判据	通过安全性分析确定每一个系统的通过/失败判据；在安全性分析中，评估飞机由于闪电效应在各种飞行状态下的失效和故障模式
试验计划	试验计划应作为取证的一部分；作为申请人，可以决定测试计划是独立的文件或是符合性计划的一部分；试验计划应该有试验顺序

4.3.1.5 选择比较经济的调整措施

如果试验和分析表明系统不能通过 pass/fail 判据,则重新考虑飞机、安装或系统设计,提高闪电防护能力。

4.3.2 A 级系统闪电间接效应符合性验证

图 4-5 给出了用于 A 级系统对于 CCAR-25.1316 适航符合性验证的流程。

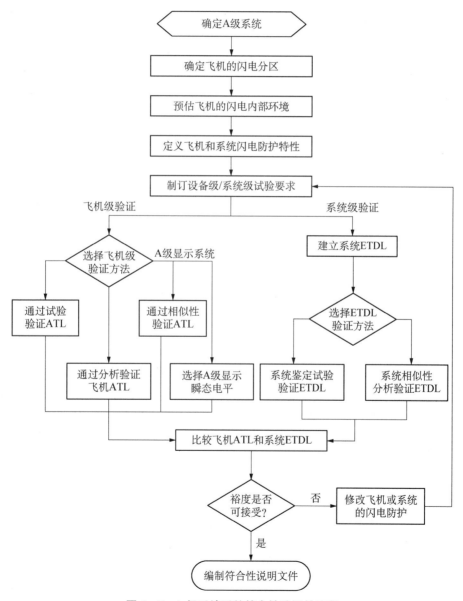

图 4-5 A 级系统适航符合性验证的流程

4.3.2.1　确定 A 级系统

按照上文描述的内容确定 A 级系统。定义详细的系统功能通过/失败判据。在开始测试或分析 A 级系统时,应该让局方同意该判据。为了执行 ETDL 验证,应确定每一个 A 级系统所包含的设备、元器件、传感器、电源系统和线束。

4.3.2.2　建立系统设备瞬态设计电平

通过预估飞机系统安装、结构和线束构型上感应的闪电瞬态的幅度和波形,建立飞机系统级设备瞬态设计电平(ETDL)。在建立系统 ETDL 时,应定义一个高于 ATL 且可接受的裕度。一般地,复杂系统设备的 ETDL 不会与所有线束连接到其他设备的 ETDL 一致。可以使用相似机型的测试结果、工程分析或经验评估来建立适当的系统 ETDL。ETDL 经常使用 RTCA/DO-160 第 22 章内容定义,对于特定的飞机构型和系统安装可以使 ETDL 的幅度和波形与 RTCA/DO-160 第 22 章不同。ETDL 应大于 ATL,且该裕度的值应是可以接受的。

4.3.2.3　确定实际瞬态电平

1) 使用飞机试验确定实际瞬态电平(ATL)

参考 SAE ARP 5415 和 SAE ARP 5416 确定 ATL[4, 5]。

2) 使用分析方法确定 ATL

分析方法参考 SAE ARP 5415 确定 ATL。选择哪一种分析方法取决于该方法的精度。可以使用经验数据确定分析方法,并且取得局方同意。

3) 使用相似性分析确定 ATL

当出现下列情况时,可以使用相似性分析来确定 ATL:

(1) 相似飞机和系统安装已经取证,与现有的飞机和系统安装构型之间只有微小的差异。

(2) 相似认证飞机上没有与闪电相关的未解决的运营问题。

发现影响飞机 ATL 的重大差异时,应该进行更多的测试和分析来解决该未关闭的问题。

在进行相似性分析时,应该评估飞机、线束和系统安装差异是否影响系统敏感度。当评估一个新的安装时,应该考虑这些差异对飞机闪电内部环境以及系统是否存在影响,这些评估包括:

(1) 飞机型号、设备位置、飞机构造、结构材料和可能引起闪电外部环境衰减的特性。

(2) 系统线束的大小、长度和敷设路径;线束的类型(是否平行或双绞)、连接器、线束屏蔽和屏蔽终端。

(3) 闪电防护设备例如瞬态抑制器和避雷器。

(4) 接地和搭接。

新飞机在使用新系统时不能使用相似性分析。

对于 A 级显示系统使用 RTCA/DO-160 第 22 章确定瞬态电平。在没有详细飞机测试或分析数据时,应该使用本节方法选择 A 级显示系统的 ETDL。A 级显示系统是指飞行员在回路中,通过飞行员/系统信息交换来实现其功能的系统。典型的 A 级显示系统包含显示、符号产生、数据汇集、传感器(例如高度表、空气数据和热传感器)、互连线缆和相关控制面板。

该方法不适用于其他 A 级系统,例如控制系统,因为这些系统的失效和故障比显示系统的失效和故障更为直接,更容易突然造成灾难性故障事件。因此,其他 A 级系统需要更为严苛的闪电瞬态符合性验证过程。

可以根据设备的安装位置、线缆的敷设走向和飞机的结构特点,同时参考 FAA AC-20-136 为设备选择适当的 ETDL。

使用系统鉴定试验验证系统 ETDL。应考虑 A 级系统相关的设备、部件、传感器、电源系统和接线,在进行 ETDL 鉴定试验时,如果失效,那么应考虑其失效是否会影响到系统功能,是否会产生灾难性的后果。对于复杂的 A 级系统,该系统配置可包括冗余设备、多个电源、多个传感器和作动器以及复杂的电缆束。定义用于 ETDL 验证测试的系统配置时,应该得到局方的批准和认可。

使用单击、多击以及系统线束多脉冲试验验证 ETDL。使用定义 ETDL 的测试波形和大小。

表明该系统在试验中能够通过所定义的通过/失败判据;在使用所定义的 ETDL 电平进行系统试验或单击插针注入试验时,无设备损坏。RTCA/DO-160 第 22 章规定可以接受的测试程序和波形定义;此外,SAE ARP 5416 为复杂和集成系统提供了可以接受的测试方法。

应该评估在鉴定试验中所观察到的系统的任何响应,确保不会对系统的后续工作性能产生不利影响。对 A 级系统,应该评估其功能的失效或故障是否会妨碍飞机的持续安全飞行和着陆。这些评估应该获得局方的批准。

使用已有系统数据验证系统的 ETDL(相似性)。对于相似已认证系统的 ETDL 验证,在满足以下条件的情况下,不需要执行更多的测试:

(1) 相似系统和安装已经取证,与现在的构型之间只有轻微的差异。

(2) 相似认证系统上没有与闪电相关的未解决运营问题。

(3) 相似系统的 ETDL 使用鉴定试验进行验证。

为了使用相似性分析,应评估已取证系统与待取证系统的系统及安装间存在的差异不会影响系统的敏感性。该评估应包括:①系统的接口电路;②导线的尺寸、敷设、排列(平行或双绞线)、连接器类型、导线屏蔽、屏蔽和终端;③闪电防护装置,如瞬态抑制器和避雷器;④接地和搭接;⑤系统软件、固件和硬件。

如果不确定该差异是否会影响到系统和安装,那么应该执行更多的测试和分析,以解决该问题。

应该评估每一个系统,即使它使用了已经过认证的设备和安装技术。

新飞机使用新系统则不应使用相似的分析。

4.3.2.4　验证需求的符合性

应该比较验证系统 ETDL 与飞机 ATL 之间的裕度是否可接受。裕度说明取证方法的不确定性。随着对验证方法信心的增加,裕度可以减少。对于 A 级系统,如果该裕度在飞机级试验中通过验证或分析通过,则 ETDL 超过 ATL 可以接受。

对于 A 级的显示系统,ETDL 由 AC-20-136B 中表 3 提供的指导来确定,在选择 ETDL 时,已经选择了一个可接受的裕度。对于其他验证方法,应取得局方的认可。

4.3.2.5　采取纠正措施

当系统不符合取证要求时,需要选择纠正措施。对飞机、系统安装或设备的变更或修改可能需要更多的测试和分析。

为了符合认证要求,可能需要重复进行系统取证试验或飞机的试验和分析(全机或部分),还可能需要修改系统或安装以获得认证。如果是重大更改,那么应该与局方一起查看这些变更或修改;如果是重大变更或修改,则相应地更新闪电审定计划,更新后的审定计划应重新提交给局方审查。

4.3.3　B 和 C 级系统的闪电间接效应符合性验证

4.3.3.1　确定 B 和 C 级系统

按照确定飞机系统的安全性等级,当飞机系统安全性等级为 B 级和 C 级时,使用本节方法进行符合性验证。

在测试或分析 B 级和 C 级系统之前,应该定义详细的系统性能合格/不合格判据,该判据应该得到局方的同意。

B 级和 C 系统符合 CCAR – 25.1316 取证过程的流程如图 4 – 6 所示。

4.3.3.2　建立设备瞬态设计电平

可以利用 A 级系统在飞机试验或分析中得到的 ATL,建立 B 级和 C 级系统适合的设备瞬态设计电平(ETDL)。

为 B 级和 C 级系统选择合适的 ETDL 时,可以使用 RTCA/DO-160 第 22 章的定义,选择电平时应考虑以下因素:

(1) 大多数 B 级系统使用 RTCA/DO-160 第 22 章定义的 3 级电平。

(2) 对于飞机上安装在严酷闪电瞬态环境里的 B 级系统及相关线路,使用 RTCA/DO-160 第 22 章 4 级或 5 级电平。飞机上严酷的闪电瞬态区域是指外部机身、提供较差屏蔽效能的复合材料结构区域和其他开放地区。

(3) 大多数 C 级系统使用 RTCA/DO-160 第 22 章定义的 2 级电平。

(4) 对于飞机上安装在严酷闪电瞬态环境里的 C 级系统及相关线路,使用

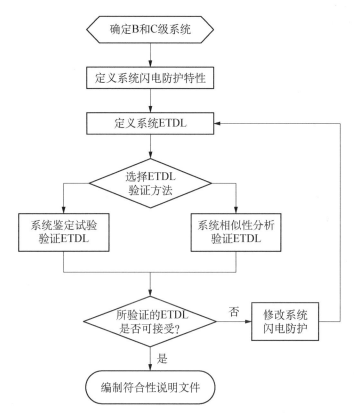

图 4-6 B 级和 C 级系统的符合性流程

RTCA/DO-160 第 22 章 3 级电平。飞机上严酷的闪电瞬态区域是指外部机身、提供较差屏蔽效能的复合材料结构区域和其他开放地区。

（5）需要向局方说明飞机和系统安装功能使用的是 RTCA/DO-160 第 22 章[6]。

使用设备鉴定测试验证系统 ETDL。设备鉴定试验应该使用选定的测试电平和单击、多击和多脉冲波形，表明该设备在试验中能够通过所定义的通过/失败判据，在使用所定义的 ETDL 电平进行设备鉴定试验或单击插针注入试验时，无设备损坏。RTCA/DO-160 第 22 章规定可以接受的测试程序和波形定义；此外，SAE ARP 5416 提供了可以接受的测试方法和波形。

应该评估在鉴定试验中观察到的设备的所有影响，以确保不会对设备的后续工作性能产生不利影响。这些评估应该获得局方的批准。

如果分析表明设备不容易受到扰乱，或设备容易受到扰乱但是存在复位功能可以让系统在一定的时间内恢复，则可以不进行多击和多脉冲测试。

使用已有设备数据验证系统 ETDL（相似性）。对于相似已认证系统的 ETDL 验证，在满足以下条件的情况下，不需要执行更多的测试：

（1）相似系统和安装已经取证，与现在的构型之间只有轻微的差异。

（2）相似认证系统上没有与闪电相关的未解决运营问题。

（3）相似系统的 ETDL 使用鉴定试验进行验证。

该评估应包括：①设备的接口电路；②导线的尺寸、敷设、排列（平行或双绞线）、连接器类型、导线屏蔽、屏蔽和终端；③闪电防护装置，如瞬态抑制器和避雷器；④接地和搭接；⑤设备软件、固件和硬件。

如果存在会影响到系统和安装的重大差异，则应该执行更多的测试和分析，以解决该问题。

4.3.3.3　验证需求的符合性

在系统 ETDLs 鉴定试验中，B 级和 C 级系统应该符合可接受标准。

4.3.3.4　纠正措施

当系统不符合取证要求时，需要选择纠正措施。对飞机、系统安装或设备的变更或修改可能需要更多的测试和分析。如果是重大更改，则应该与局方一起查看这些变更或修改；如果是重大变更或修改，则相应地更新闪电审定计划，更新后的审定计划应重新提交给局方审查。

4.3.4　闪电直接效应防护验证流程

为验证对第 25.581 条的符合性，一般会进行以下工作，这些符合性活动是一个互相迭代的过程。

（1）确定飞机的闪电分区。

（2）建立与闪电分区相关的闪电环境。

（3）进行闪电危害性评估。确定飞机结构、系统和部件的安全性分类，做出闪电危害性评估，以对飞机及其系统和部件的设计进行评审，判定闪电直接效应和它们的潜在危害。

（4）根据可接受的准则进行闪电防护设计。

（5）验证符合性。

闪电直接效应的验证首先源于闪电分区结果，根据闪电分区结果确定各机体结构及相应设备所处分区，并相应开展验证工作。

在条款符合性验证过程中，结构可能出现损伤，需分析损伤的危害程度。在分析中不仅要考虑损伤的气动影响，还应考虑损伤容限、系统功能等方面的影响。如经分析，损伤后的结构无法完成预期功能，则需对结构进行优化。

4.4　闪电分区

4.4.1　闪电分区预测分析

在闪电发生期间和发生之前大气中存在着一些背景电场，这些电场在一定的条件下将导致空气的击穿形成闪电附着。

闪电附着区域的定位主要取决于飞机的几何形状和功能因素。由于空气击穿现象存在统计意义上的差异,因此机上典型闪电初始附着并不总是出现在相同的地点,但可出现在具有近似极点状态的不同位置(特别是当极点没有显著的突起时)或在电场被特别增强的尖端边缘处。数字仿真虽不能模拟空气被击穿时的随机环境状态,但可以分析出在伴随闪电出现的强场作用下机体上的场强倍增点。

飞机与闪电相互作用主要有两种模式,分别为自然闪电和触发闪电,两者的产生方式和外部环境有很大差异,其仿真分析也不尽相同。在 SAE ARP 5416 标准中分别采用棒电极和平板电极进行试验。试验中闪电波形包括了空气击穿放电后的电压变化情况,由于数字仿真不能模拟空气击穿时的随机环境状态,只能分析机上的场强倍增点,因此上述波形不能直接用于仿真计算,需要寻找更加符合算法特点同时能够满足分析机上场强倍增点需求的方法。经过对高压脉冲波形的研究发现,在空气击穿前(波形上升沿)电场强度线性增加,在单位时间的场强可以近似为静电场。

图 4-7 为飞机在平飞状态触发闪电条件下的仿真计算区域和计算结果。

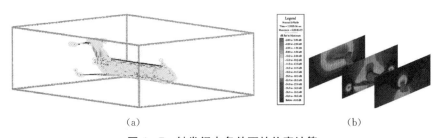

(a)   (b)

图 4-7　触发闪电条件下的仿真计算

(a) 计算区域　(b) 计算结果

4.4.2　闪电分区缩比模型试验

闪电分区缩比模型试验采用高压电极对飞机模型放电的方式,通过记录电弧在飞机模型上的"入点"和"出点"位置,确定飞机的 1A 区和 1B 区,为飞机闪电区域划分提供试验依据。

SAE ARP 5416A《Aircraft Lightning Test Methods》第 5.1.3 节介绍了闪电分区缩比模型试验的试验方法。试验包含棒电极试验和平板电极试验两部分,分别模拟自然发生闪电和飞机触发闪电与飞机的交互作用。试验布置如图 4-8 所示。

标准规定的测试方法中采用高压脉冲波形触发初始先导,高压脉冲波形分别为 C 和 D 波,波形如图 4-9 和图 4-10 所示。

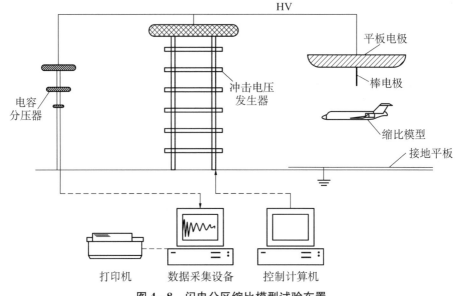

图 4-8　闪电分区缩比模型试验布置

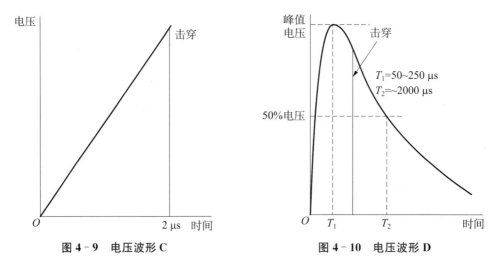

图 4-9　电压波形 C　　　　　　**图 4-10　电压波形 D**

1) 棒电极试验

将飞机模型用绝缘支架或绳索固定在棒电极与接地平面之间,如图 4-11 所示。电极为金属棒状或球体,球体直径不能超过 50 mm。接地平面的尺寸应足够大,以最大限度地模拟真实环境,通常情况下,接地平面的尺寸应大于模型最大尺寸的 3 倍。电极与模型的最小距离应满足 50 m 闪电放电的缩比关系,若模型为 1∶25 缩放,则最小距离应为 2 m。模型最近处到接地平面的距离应不小于模型的最大尺

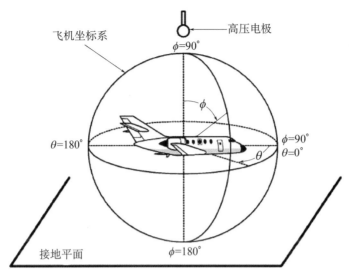

图 4 - 11 棒电极试验示意

寸。模型姿态改变后,应重新调整电极、模型及接地平面之间的距离。

棒电极试验采用 SAE ARP 5412B《Aircraft Lightning Environment and Related Test Waveform》中定义的电压波形 C(见图 4 - 12)。电压波形 C 要求的击穿时间是 2 μs,对于本试验,击穿时间允许有 ±1 μs 的容差。如图 4 - 13 所示的是试验过程中校准的电压波形 C,电压在 2.4 μs 时发生击穿,满足试验要求。

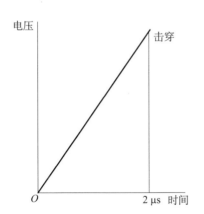

图 4 - 12 棒电极试验波形——
电压波形 C

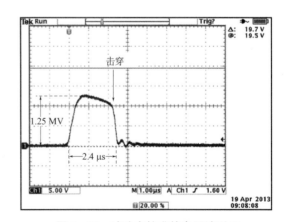

图 4 - 13 试验中校准的电压波形 C

2) 平板电极试验

平板电极试验用于模拟飞机触发闪电,将飞机模型置于平板电极与接地平面的中间,飞机模型与电极和接地平面之间的距离均应满足 50 m 闪电放电的缩比关系

（见图 4‑14）。当飞机模型姿态改变后，电极的位置不需要重新调整。为避免电极边缘放电，平板电极的尺寸应足够大，通常应大于飞机最大尺寸的三倍。

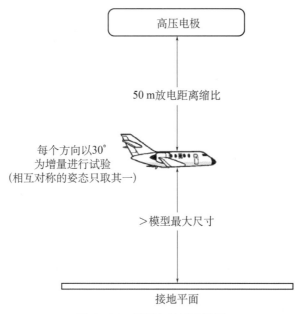

图 4‑14　平板电极试验示意

　　平板电极试验的波形采用 SAE ARP 5412B 中定义的电压波形 D（见图 4‑15）。电压波形 D 要求在 $50\sim250\ \mu s$ 内达到峰值，并发生击穿放电。图 4‑16 所示的是试验过程中校准的电压波形 D，电压在 $112\ \mu s$ 时达到峰值并发生击穿，满足试验要求。平板电极试验也可以采用直流电压，逐渐增加电压的幅值，直至击穿发生。

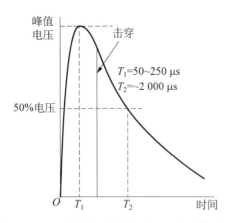

图 4‑15　平板电极试验波形——电压波形 D

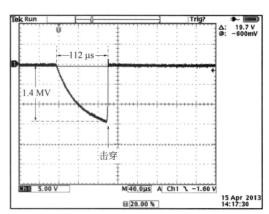

图 4‑16　试验中校准的电压波形 D

　　由于飞机在飞行过程中,闪电可以从不同的方向作用到飞机上,因此在试验过程中需要电极从不同方位对飞机模型进行放电。实际操作中,由于移动电极比较麻烦,因此一种可行的方式是更改飞机模型的姿态。通常情况下,模型分别沿俯仰、偏航及滚转方向每隔30°更改一个姿态,每个姿态下进行正负各10次放电。用两台照相机互成90°记录电弧在飞机模型上的附着位置,试验结束后,统计模型不同位置的附着概率,将附着概率大于2%的区域定为闪电附着区,即闪电1区(见图4-17)。

平板电极偏航 $\alpha=120°$, $\theta=0°$, $\phi=90°$
正极性试验

图 4-17　触发闪电试验记录

4.5　闪电内部环境预估

　　确定飞机的内部闪电环境是制订机载设备/系统级试验指标的前提,在飞机的研制初期,需要根据飞机初步总体设计方案对飞机不同区域的闪电内部环境进行预估,同时可采用软件仿真的方法,或参考相似机型的实测数据来预估飞机的内部环境。ARJ21-700飞机在研制过程中,采用软件仿真的方法对飞机内部的闪电环境进行了计算。

　　要进行飞机雷电间接效应的预测仿真,则首先需要了解飞机遭遇闪电的机理。飞机在飞行时会遭到两种闪电冲击,第一种是云地之间的放电(又称地闪),这种闪电主要发生在雷雨云的负电区和地之间。如图4-18所示,产生的闪电先导与飞机接触时就会出现雷击。当雷击发生时,云地之间的电场和闪电先导中的电荷一起加强了飞机上的电荷聚集点;在该点放电(即闪电入点)、引起闪电先导连接,从而使得飞机成为整个放电通路的一部分;这些先导离开飞机的位置组成了另一些初始闪电附着位置,其经常称为流出点。图4-19所示的即为典型的地闪击中飞机,遭遇这样的雷击主要集中在较低的空域[7]。

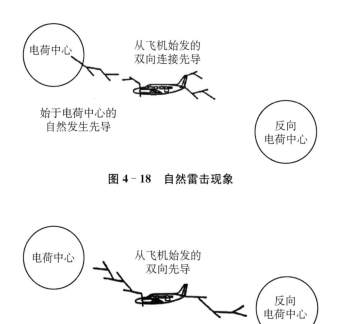

图 4‑18 自然雷击现象

图 4‑19 飞机触发的雷击现象

第二种是云间放电（又称云闪），当飞机处在由带电云层形成的电场中时触发了闪电先导，从而导致飞机遭遇雷击。伴随着自然放电现象而出现的闪电先导在相反极性电荷的区域之间传播，通过飞机传导电流。一般在高空遭遇这样的雷击。

对于两种闪电雷击中的任一种，初始进入/流出点可以是相同的飞机位置。闪电入点/出点位置典型存在于飞机的端点处，如机鼻、机翼、尾翼翼尖、尾锥及一些引擎机舱等，如图 4‑20 所示。

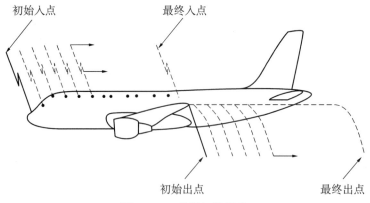

图 4‑20 典型扫掠通道

仿真计算就是为飞机关键系统确定可能出现在电气电子设备接口处的雷电感应电压和电流波形以及最大幅值提供依据。在许多情况下,感应瞬态将根据出现在电缆和设备接口处开路电压(V_{oc})和短路电流(I_{sc})来定义。由于仿真计算模拟了真实情况下飞机在遭遇雷击时电缆和设备端口出现的开路电压(V_{oc})和短路电流(I_{sc}),因此可以认为是确定了实际瞬态电平(ATL),为 TCL/ETDL 验证试验和分析提供依据。

仿真计算的流程如图 4-21 所示。

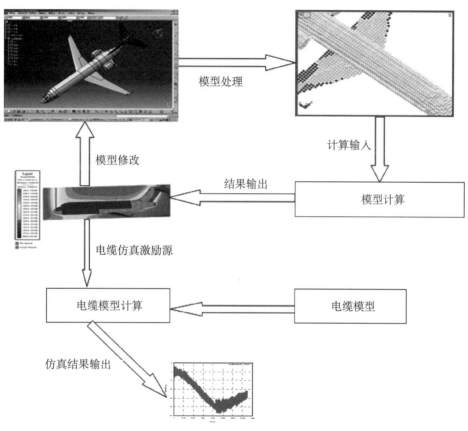

图 4-21 仿真计算的流程

首先进行飞机几何建模,飞机的几何模型来自 CATIA 数模。经过对数模的简化,减少了飞机内部的很多结构件、设备等数模,仅仅留下飞机的蒙皮和舱门等部件。然后通过专业的模型修改软件(CADFIX)进行模型的修改和剖分,将剖分后的数据文件作为计算程序的输入文件,调用算法程序进行计算,分析计算结果,根据计算结果再修改模型,直到获得满意的计算结果。将电缆上各个节点的电流值导出,作为电缆计算软件 Mharness 的激励源,根据电缆的构型建立计算的输入文件,再计算电缆线芯上感应的电流,通过设置电缆端接处的负载值,确定计算输出的是开路电压(V_{oc})和短路电流(I_{sc}),从而获得该舱室电缆的实际瞬态电平(ATL),为整个系统设计和适航取证提供必要的技术支持。

仿真计算首先要根据闪电间接效应的特点选择合适的仿真算法。闪电间接效应从本质上来说就是电磁耦合作用,耦合的途径主要是通过孔、缝、风挡玻璃等,考虑到下述几种因素可采用有限时域差分算法进行仿真计算。

(1) 飞机的几何外形复杂,表面的材料种类较多,采用 MOM 和 FLMM 算法在建模和计算上比较费时。

(2) 闪电间接效应仿真主要是进行飞机内部有限区域的电磁环境效应仿真计算,非常适合有限时域差分方法。

(3) 经过与国际民用航空雷电防护专业机构和适航当局的调研,在该领域主要采用有限时域差分方法进行仿真计算,并且有通过电磁仿真进行适航认证的案例。

(4) 采用有限时域差分可以一次计算完雷电波形上的所有频率分量,并且能够考虑到飞机上所有的材料,效率很高。

考虑到工程应用和顺利进行适航取证,最终选定有限时域差分方法进行仿真。在实际的工程应用中,编写仿真计算程序工作量很大,为此选用了适航推荐的经过飞机认证的成熟商业软件,美国电磁应用软件公司出品的 EMA3D,基于时域三维有限差分算法的程序。

计算飞机的闪电间接效应,而间接效应的影响最终体现在设备端口处产生的短路电流和开路电压。上述的计算方法可以计算出电缆屏蔽层上的感应电流。而飞机上对飞机持续安全飞行和着陆产生影响的信号是通过电缆的芯线传播的,为此还需要进行电缆的仿真计算[8]。

4.6　闪电防护设计

对于民机设计,从全机角度对闪电危害的防护进行综合考虑,防护设计一般有以下 5 条途径。

(1) 飞机结构的闪电防护设计:①复合材料结构的金属化;②机体结构的电连续性(金属面面接触搭接、搭接线搭接);③结构强度的增强和厚度;④分流条、金属延展网、金属延展箔的使用。

(2) 电子/电气设备线缆、导线的闪电防护:①导线屏蔽;②线束屏蔽;③导线槽;④闪电抑制器。

(3) 电气设计、线缆敷设及安装:①信号差模传输(信号的单端接地);②远离电磁开口;③靠近金属结构。

(4) 系统架构:①系统冗余;②冗余系统布置的空间隔离;③软件、硬件的独立非相似设计。

（5）设备防护：①设备布置；②机壳屏蔽；③接口滤波；④接地；⑤搭接。

不同防护设计之间的需求相互关联、影响，一个好的防护设计通常意味着采用较少的成本和重量代价获得最大的闪电防护效果。而对于一个具体的型号设计，一个好的防护设计策略则通常要求设计员站在全机的角度对这 5 个方面进行全盘分析和权衡。某个指标分配得不合适就可能使最终的设计产生重重困难。

4.6.1　线缆敷设

除屏蔽外，线缆的敷设对闪电防护也有较大影响。由于受设备功能特性所限，机上具体设备的布置位置选择自由度较小，因此对于飞机设计师来说，通过合理的线缆敷设提高设备闪电防护能力便显得尤为重要。

为了获得尽可能大的闪电防护特性，线缆敷设应遵循以下原则。

（1）布线应尽可能远离机身上的开口和缝隙区域，如窗户、门、口盖等；如果线缆必须敷设在此类区域或线缆敷设区域的主结构可提供的屏蔽作用较少时，线缆应通过增加屏蔽的方式提高防护能力，增加的屏蔽可以是线束屏蔽，也可以是导线屏蔽。

（2）布线应远离金属结构件或外蒙皮的曲率半径最小区域。

（3）线束应尽可能靠近接地平面或金属结构敷设，以减少穿过线束与临近的机身参考地平面（如客舱地板、舱室隔板、机身蒙皮）之间所构成回路的磁通量。

（4）利用金属结构型材对周边磁场分布的影响，应尽可能地将线束敷设在磁场强度最小的区域，机上常见的金属结构加强件（如加强筋、长桁和机身框体）周边磁场分布如图 4‐22 所示。磁场在结构的凸起处集中，在凸起的内侧角落分散；U 形结构件内部的磁场比边缘的磁场弱，且越靠近内部，磁场强度越小；对于闭合的结构件，内部的磁场最小。

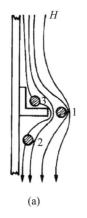 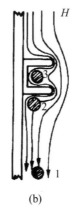 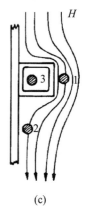

（a）　　　　　　　　　　　（b）　　　　　　　　　　　（c）

图 4‐22　金属型材对磁场的影响

（a）转角附近　（b）槽体附近　（c）箱体附近

线束 1—最大磁通（最坏区域）；线束 2—较大磁通（较好区域）；线束 3—最小磁通（最好区域）

基于此原则,对于机身结构和机翼结构最优的线束敷设位置如图 4 - 23 所示。

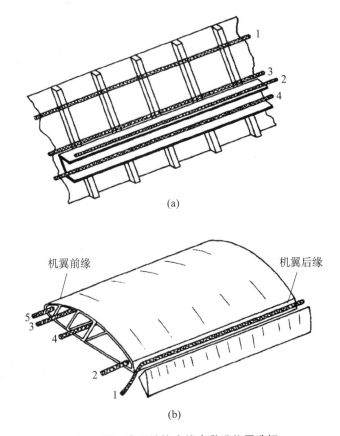

图 4 - 23　常见结构中线束敷设位置选择

(a) 机身结构　(b) 机翼结构

注 1: 线束 1—最大磁通(最坏区域);线束 4—最小磁通(最好区域)。

注 2: 如果机翼前缘是金属材质的,则导线 5 的位置是一个较好的磁场保护区;但如果前缘是非金属材质的,则此处将具有较大的磁场。即使前缘是金属材质的,5 的位置仍然不如 3 和 4。

(5) 当闪电电流流经机头驾驶舱外表面时,闪电电流会在风挡立柱上集中产生较高的磁场强度,从而在附近的导线上感应出较高的电压,特别是当闪电直接附着在驾驶舱风挡立柱时。对于驾驶舱风挡区域,线缆应敷设在仪表板后部、遮光罩下部,并尽量靠近金属机身,对于沿立柱敷设的线缆应增加屏蔽以提高闪电防护能力。

非敏感类导线(如航行灯或标志灯的导线)如在电磁暴露区未采用屏蔽保护,则当其从电磁暴露区进入机身或其他电磁保护区域时,将携带较大的闪电感应电流和电压。此时,如果这些导线与敏感类线束平行敷设,则将会有较高的闪电感应能量耦合到敏感类线束中。在此情况下,为了降低线间的此类闪电能量耦合,必须确保敏感类线束在其整个敷设路径上与这些非敏感类导线隔离。

4.6.2 结构闪电防护

闪电对结构的危害主要是当闪电附着到机身上时对机身结构造成的一系列闪电直接效应影响。闪电直接效应影响主要包括如下几类。

1) 热效应

闪电电流脉冲与其流经的机体电流路径上的阻抗相互作用,瞬间产生的巨大电能以热能的形式在导体上的耗散。

2) 弧根热损害

在闪电附着位置(弧根)出现的结构烧穿和材料烧蚀。弧根区由于较大的电流密度会伴随着巨大的热能输入,因此当产生的热量超过结构所能传导的热量时,将导致结构的熔融和气化。弧根半径的大小与材料的表面特性相关,材料表面导电率越高则弧根半径越大,单位面积上输入的闪电能量密度越小。

对于复合材料,由于其低热导率、高电阻率的特性,热损害效应比金属材料更加显著,将可能产生更大的损伤面积和更深的烧蚀深度。

3) 热斑

热斑出现在闪电电弧的附着点和局部电流密度很高的飞机蒙皮内侧。对于燃油和可燃蒸气的点燃,热斑是一个重要的考虑因数。

4) 爆炸力

巨大的闪电电流流经较小截面积的导体时导致导体迅速气化、膨胀而产生的爆炸。当爆炸发生在狭小的空间内时,爆炸产生的冲击波将可能造成严重的破坏。

该风险主要出现在与外部设备相连的导线上,如外部导航灯、天线、空速管、总温探头等。此外,由于外部绝缘材料(如机头雷达罩)的击穿而导致闪电直接附着在内部的线缆和管路时也可能造成此危害。

5) 声冲击波

在闪电初始回击时,由于磁力导致的电弧离子通道快速收缩,以及电弧通道对周边空气快速加热膨胀产生的放射状冲击波对飞机造成的损害。其中尤以后者对飞机造成的损害最大,尤其是对金属蒙皮;对于非金属材料有可能造成蒙皮破裂。冲击波的大小与电流的峰值和上升沿速率有关。

6) 绝缘介质击穿

绝缘介质蒙皮在闪电强电场作用下会产生小型针孔或大型孔洞的击穿,导致闪电通道直接附着到内部保护的设备上。

介质击穿的概率与介质下部导体的存在有关,是电场的强度、介质的强度和厚度、介质表面的状况、导体与介质之间最小间距的函数。只有当击穿电压比与最近的外部导体产生跳弧的电压小很多的时候才需考虑。绝缘介质击穿,主要发生于闪电初始回击前。

7) 打火(sparking)和起弧(arcing)

当闪电电流通过两个导体材料之间的接头时,可能出现直接效应火花。直接效应火花有两种:打火和起弧。打火为接头在大电压、低电流的闪电电流作用下产生的一种电压火花;而起弧为接头在小电压、大电流的闪电电流作用下产生的一种电流火花。

其中电流火花最常见,主要出现在接触压力较低且电流密度较大的配合面间,由融化、气化的材料组成。电流火花比电压火花有更高的能量和更长的持续时间。

8) 磁力作用

磁力作用表现为磁场中传导闪电电流的不同导体间的相互作用。磁力大小与导体中传导的电流峰值的平方成正比,与导体间的距离成反比。磁力方向与导体间的电流方向相关,当磁力较大时导体可能发生变形。

针对上述闪电直接效应的危害,民机的结构防护设计的目标是:

(1) 尽可能减少由于闪电直接附着或较高的闪电电流密度导致的材料过热,尤其是燃油或存在可燃蒸气的区域。

(2) 尽可能减少闪电电流传导路径上金属部件的烧蚀和熔穿。

(3) 防止闪电电流导致活动结构连接件的焊死。

(4) 防止导致燃油蒸气点燃的结构间闪电火花的产生。

(5) 防止结构与金属部件、设备、标准件之间闪电火花的产生。

(6) 尽可能减小闪电产生的电压和电磁场对电子/电气设备的干扰。

(7) 尽可能减小声冲击波造成的结构机械失效。

(8) 尽可能减小磁力造成的结构机械失效。

(9) 防止复合材料结构件的击穿和尽可能地减小材料分层。

结构闪电防护的方法、要求与结构在机身上所处的区域位置、结构的功能的重要性,以及结构外形、材料密切相关。位置决定了闪电分区的类型,在不同的闪电分区,闪电附着在飞机上的形式、概率和能量转移的大小也不同。

对于闪电直接效应防护,要求外部结构能够安全地传导闪电电流而不会导致结构击穿、分层,在燃油和燃油蒸气区不会形成热斑和火花;而对于闪电间接效应防护,要求结构能够提供一定的电磁能量衰减[9]。

4.6.3　机身结构电磁屏蔽

电磁屏蔽意味着将电磁能量限制在某个区域内或区域外。从机体结构的屏蔽作用来看,屏蔽既可限制外部的闪电能量直接耦合进入机体内部,也有可防止机身内部电子/电气设备工作时产生的射频场穿透机身,通过机身外部天线耦合到内部设备的作用。

从系统防护角度出发,将外部闪电产生的电磁场屏蔽在机体外,比屏蔽机内电磁敏感设备更加容易和经济。

机体屏蔽设计应考虑材料的屏蔽效能和由于材料上的开口、缝隙等导电不连续所带来的电磁屏蔽效能下降。屏蔽效能的单位是分贝(dB),大小等于有无结构材料存在下,该处电磁场强(或感应电压、感应电流)的对数比值。结构屏蔽设计应首先考虑材料的屏蔽特性,其次考虑由于屏蔽材料上的孔洞以及导电不连续带来的屏蔽效能下降。

机身结构屏蔽设计可分为两个层次,机身主结构屏蔽和机身次结构屏蔽,例如:具有屏蔽作用的设备舱、设备架和地板等。

传统民机的铝制机身主结构作为飞机的第一级屏蔽防护,对于频率小于1 MHz的电磁场能够提供非常好的屏蔽特性;但对于频率大于1 MHz的电磁场,由于机身上存在各种缝隙、孔径等电磁开口,因此电磁屏蔽特性会显著减低。

机上主要电磁开口包括:

(1) 驾驶舱风挡、客舱窗户、复合材料结构和通风口。

(2) 各种舱门、维修口盖与机身形成的缝隙和结构不连续。

(3) 由电磁暴露区进入电磁保护区的管路和线缆。

提高机身结构的屏蔽效能可以显著降低设备的闪电间接效应防护要求。为了提高机身结构的电磁防护能力,机身结构可采用的设计如下:

(1) 复合材料结构表面金属化。

(2) 利用金属的次级结构提供电磁防护,如金属的设备架、导电的地板、设备的金属屏蔽机壳(尤其是在主结构无法提供良好电磁防护条件下)。

(3) 在电磁保护区域,对于主、次结构上的空气进出口,使用金属网或波导窗来减少电磁泄漏。

目前,表面金属化的技术有以下几种。

(1) 导电漆:80%的金属、20%的有机黏结剂混合物。

(2) 真空镀:金属铝在真空环境下气化,沉积在塑料或复材表面构成一个具有良好导电特性的金属层。

(3) 火焰喷涂:铝或锌熔化后被喷涂和沉积在塑料或复材表面,构成一个具有良好导电特性的致密、均匀的金属层。

(4) 导电复材(如碳纤维、镀镍碳纤维复材):对于导电复材,缝隙和结构连接处的电搭接设计是电磁防护设计的主要难点。

(5) 金属内衬:金属箔、金属网被层压在塑料或复材内,这是目前飞机上在复材主结构和次结构上最常使用的方法。

金属网的屏蔽特性主要来自于对电磁场的反射。当金属网上的开口面积小于50%,且单位波长内网孔数大于60目时,其所具有的反射特性几乎等价于相同材料的金属板。例如,60%区域为开口,孔径小于 1.78 mm(0.062 5 in),厚度为 0.18 mm (0.007 in)的铝箔,对于 10 GHz 以下频率的电场和平面波具有至少 20 dB 的衰减特性[10]。

为了获得较好的屏蔽特性,导电层的表面电阻应不大于 0.5 mΩ/方格①的数量级。

闪电直接效应防护的基本方法是为闪电电流提供一条低阻抗、大容量的泄放通道,并防止闪电电流进入机身内部。为了满足此目标,应考虑的设计对象包括结构和系统。结构包括:①金属结构;②导电复材结构(碳纤维复材);③不导电复材结构(玻璃钢);④铰链、轴承和传动装置。系统包括:①燃油系统;②液压系统;③外部安装设备;④电气系统。

4.6.4 燃油系统闪电防护

闪电环境对燃油系统造成的危害主要有:

(1) 闪电附着造成燃油箱蒙皮击穿。

(2) 闪电附着导致燃油箱蒙皮下表面产生热斑。

(3) 由于电搭接不良,导致结构连接接头、管路接头、加油口盖、维修口盖、泵、排油口、油量指示等部位出现电火花。

(4) 在电气隔离的邻近导体之间由闪电电流产生的电势差导致的打火。

(5) 由于电搭接不良,电气设备的故障电流导致的打火。

(6) 闪电通过燃油通风口、排油/排水口沿管路进入油箱,点燃燃油蒸气。

基于上述危害,在设计中必须着重考虑的燃油系统和结构部件如下:①蒙皮的材料和厚度;②油箱结构与连接方式;③油箱蒙皮连接和结构连接;④燃油管路、安装和管路连接;⑤加油口盖;⑥燃油泵;⑦维护口盖;⑧油量传感器和油量指示器;⑨油箱内的电气设备和导线;⑩燃油通风和排放口。

基于设计的指导 AC-25.981-1C,防护设计的主要目的是防止油气区出现能量超过 200 μJ 的火花。通用的防护设计方法包括:

(1) 燃油箱不应布置在 1A 区,最好在 3 区。

(2) 铝合金蒙皮 2A 区厚度应不小于 2 mm,如果采用更薄的蒙皮,则应通过试验表明闪电附着不会导致蒙皮融穿。

(3) 复材蒙皮厚度应确保闪电不会导致蒙皮击穿或在闪电附着点蒙皮下方形成热斑。

(4) 燃油箱结构、系统与机身结构良好搭接,不会在闪电作用下产生电火花。

(5) 对可能产生火花的结构连接处应密封,防止火花进入油箱内部。

(6) 管路与管路之间、管路与结构之间应确保足够的空间隔离(间距应不小于

---

① 方格,方格的尺寸在业界定义为边长为 4 in(10.16 cm)的正方形。

5 mm），防止相互间电压过大，击穿空气产生火花。

（7）对于复材蒙皮下敷设的金属管路，应严格控制复材蒙皮与管路之间的间距，防止外部蒙皮因金属管路的存在而被闪电击穿。

（8）燃油通风和排放口应布置在闪电 3 区，与蒙皮连接的接口应在外侧与蒙皮充分搭接，防止闪电附着时产生电弧。

（9）燃油通风和排放口结构与内部管路之间应使用绝缘隔离，防止闪电电流通过管路传导进入油箱内部。

（10）燃油管路、管路连接器与结构之间应充分搭接，防止闪电电流流过时产生火花。

（11）为控制金属细丝电流加热，对于油箱内的电子/电气系统引入到油箱内的电气电流进行限值，最大稳态电流应不大于 25 mA（均方根值），故障电流不大于 50 mA（均方根值），闪电感应电流不大于 125 mA（峰值）。

燃油箱结构中容易产生火花的区域主要是结构连接的紧固件接口，如图 4 - 24 所示。

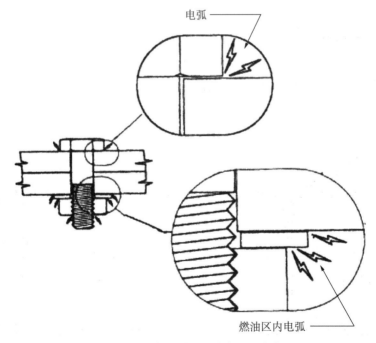

图 4 - 24 紧固件接口的电弧和火花

为了消除或减少油箱内的潜在火源点，可以应用下列技术。

（1）结构设计时应尽量减少油气区存在的连接接头和紧固件，见图 4 - 25～图 4 - 27。

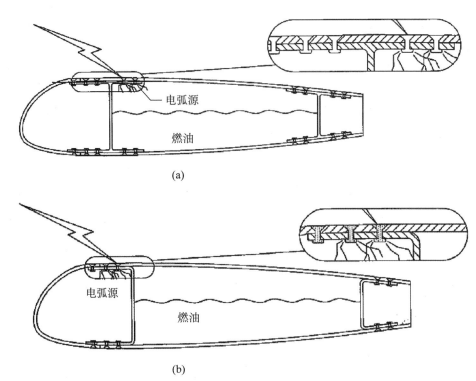

图 4 - 25　梁与蒙皮连接设计——减少火源点

（a）传统设计　（b）改进设计

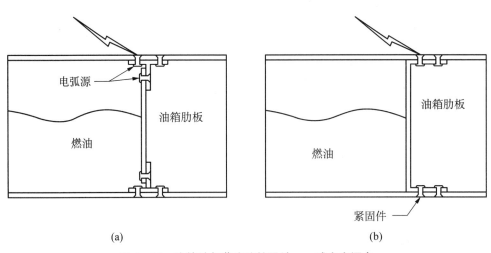

图 4 - 26　油箱肋与蒙皮连接设计——减少火源点

（a）传统设计　（b）改进设计

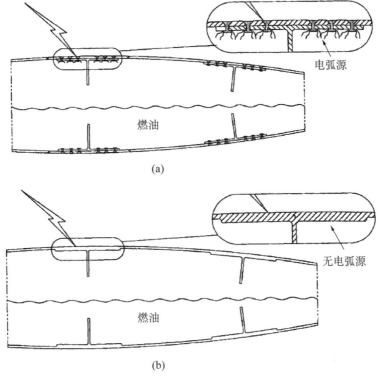

图 4-27 油箱内加强筋设计——消除火源点

(a) 传统设计　(b) 改进设计

（2）金属部件间使用铆钉、干涉安装紧固件或焊接等方式提供固有的良好电搭接。

（3）对特殊的结构组件间进行电气隔离防止产生火花。

（4）对连接接缝、紧固件等潜在的电弧或火花区域进行密封，防止火花与油气接触。

（5）通过结构设计阻断可能的闪电电流路径，确保该处不会在闪电电压作用下出现电火花（见图 4-28）。

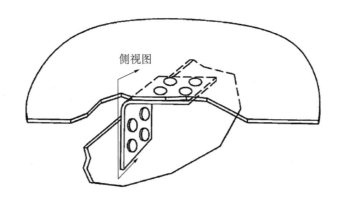

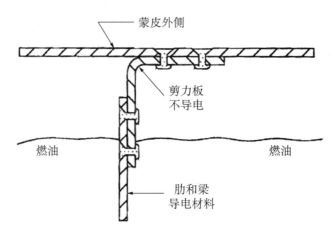

图 4 - 28 绝缘剪力板——阻断电流路径

燃油结构设计中另一个容易产生火花的结构为维修口盖和面板。确保闪电电流流过燃油箱维修口盖和面板时不产生火花十分重要,具体设计方法如下。

(1) 螺母/维修口盖与机翼结构间通过安装配合面的面面接触搭接提供良好的电搭接。

(2) 铝制维修口盖蒙皮厚度应不小于 2 mm。

(3) 复材维修口盖表面应敷设金属网或喷涂铝。

(4) 使用燃油密封环(O 形环)隔离可能产生的电火花(见图 4 - 29)。

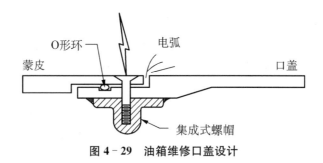

图 4 - 29 油箱维修口盖设计

(5) 使用密封剂或螺栓帽对油气区螺母进行密封,阻止可能产生的火花与油气接触(见图 4 - 30)。

(6) 油箱维修口盖与机翼结构间采用金属密封垫片,实现良好的面面接触搭接。

由于随着飞机的运营时间增加,密封剂可能失效,因此不能完全依靠密封剂防止火花产生,密封剂密封电火花只能作为一种辅助方法。为了确保设计的有效性,

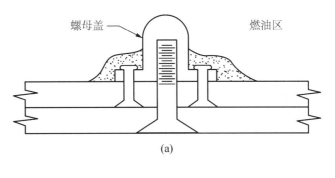

(a)

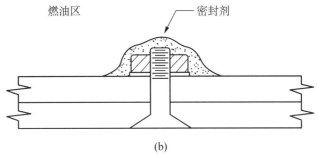

(b)

图 4‑30　燃油区紧固件密封

(a) 螺母盖　(b) 密封剂

闪电试验时应在去除螺母上的密封剂条件下验证维修口盖和紧固件连接的无火花特性。

4.6.5　电气系统闪电防护

由于闪电直接附着或闪电电流通过机身传导,因此机上一些区域的电气设备和互联电缆可能成为闪电电流传导的路径。为了防止闪电电流对设备和电缆造成损坏,可采用下述防护措施。

(1) 对设备金属外壳和电缆屏蔽(如果可以采用屏蔽)进行良好搭接。

(2) 如果电缆可以采用屏蔽进行保护,则电缆屏蔽应具有安全传导预期最大闪电电流的能力;如果电缆无法采用屏蔽进行保护,则应通过采用闪电抑制器的方式进行保护。

(3) 对于安装和敷设在燃油蒸气区的电气设备和线缆的搭接应满足燃油区的特殊搭接要求。

4.6.6　电子/电气设备闪电防护

对于机载电子/电气设备,作为飞机研制主机单位的主要职责是制订设备的闪电防护指标。指标的制订是基于设备的安装环境,结合结构、线缆所能提供的防护后综合权衡的结果。

为了确保设备在电磁开放区域、电磁半开放区域能够正常工作,开展了电磁开放区域、电磁半开放区域的闪电防护技术和机载设备防护控制技术的研究。编制了闪电防护设计要求,对布线、接地、搭接、设备安装、电子/电气设备电磁加固、系统电磁防护冗余设计方面提出合理的闪电防护控制要求。防护设计主要考虑以下几个方面。

(1)电子设备尽量安放在屏蔽的设备舱,如电子/电气设备舱、货舱、后设备舱及前附件舱。

(2)电子设备尽量远离门、窗、口盖等开口。

(3)电子设备远离外蒙皮,尤其是飞机机头等曲率半径小、闪电电流密度大的区域。

(4)电子设备的安装位置应靠近飞机结构中心,而不是结构的极端。

(5)对于安装在驾驶舱、起落架舱、机翼前后缘、吊挂和发动机短舱等相对敞开区域的设备,必须依靠机箱和线束屏蔽。

(6)布线应远离开口和金属结构件或外蒙皮曲率半径最小的区域。

(7)非敏感导线(如航行灯或标志灯的导线)从非屏蔽区域进入机身或其他屏蔽空间时,将携带很大的闪电感应电流和电压,如果这些导线与敏感线束并行敷设,则闪电感应能量会耦合到敏感线束中。必须确保敏感线束在其整个长度上都与这些非敏感导线隔离。

(8)电磁屏蔽要求多点接地,在闪电暴露区域敷设的互联线缆必须屏蔽,并提供最适当的屏蔽层端接方法。

(9)在严酷的闪电耦合区域(如机翼前缘/后缘、起落架舱)的布线,可用多重的编织屏蔽套屏蔽,或通过所有导线各自屏蔽和线束总屏蔽来保护。线束总屏蔽层应在其两端与连接器后壳以同轴方式端接,以达到良好的保护效果。

(10)系统布置应避免信号在飞机机体内长距离传输。

(11)系统冗余部件之间使用非相似设计。

4.6.7 复合材料结构闪电防护

飞机上采用的非金属复合材料从电磁防护的角度考虑,主要可分为两大类,分别为不导电复合材料和导电的复合材料(主要是碳纤维结构)[11]。

民用飞机大比例采用碳纤维复合材料,碳纤维复合材料需确保能防护闪电直接效应。相较于传统的铝合金结构,碳纤维复合材料内部的系统及其EWIS会暴露在更高的闪电感应瞬态电平中,这就需要对EWIS的设计提出特殊的要求,以减轻闪电感应瞬态电平的影响。这需要在EWIS设计中考虑以下几个方面。

(1)复合材料结构需进行防护以避免在遭受闪击时产生灾难性的故障。

(2)由闪击造成的复合材料结构损伤不能超过AC-20.107B规定的3类损伤

标准。

（3）复合材料需根据 SAE ARP 5416A 进行闪电直接效应试验，以确定其对闪击的损伤容限。

4.6.8 闪电抑制器

位于闪电敏感区的一些特殊线缆，由于工程上无法提供有效的屏蔽接地方法，或者由于散热等一些非电磁环境效应相关的需求而无法通过使用线缆屏蔽进行保护时，可采用外部的闪电抑制器对线缆和与之相连的设备进行保护。这类线缆主要是一些传导大电流的电气线缆，典型的应用包括：①发电机引出的主电源馈线和回线；②地面电源插座引出的主电源馈线；③除冰加热馈线。

为了防止经闪电抑制器防护的线缆再次被感应恶劣的闪电瞬态，闪电抑制器应安装在闪电敏感区与保护区的分界附近且位于闪电敏感区一侧。闪电抑制器应接地到飞机主结构，最小电流传输能力由预计的感应闪电电平和波形确定，击穿电压应确保电源系统在正常和异常条件下均不会损坏。

4.7 闪电间接效应防护验证

闪电间接效应防护验证分为设备级/系统级试验和全机级试验两个层级，设备级/系统级试验验证机载设备/系统的闪电间接效应的敏感性和抗扰度；全机级试验验证飞机闪电间接效应防护的充分性和有效性，从而表明飞机的闪电间接效应的适航符合性。

4.7.1 设备级/系统级闪电试验

闪电间接效应设备级试验要求参考 RTCA/DO-160G 22 章闪电瞬态感应敏感性合格鉴定试验项目进行简要介绍。需特别说明，ARJ21-700 飞机机载电子/电气设备闪电瞬态感应敏感性合格鉴定试验以 RTCA/DO-160D Change 3 的要求进行了设备鉴定试验。

4.7.1.1 试验目的

设备级闪电间接效应试验的目的是用于确定机载设备耐受闪电瞬态感应电平的能力，验证设备供应商提供的设备是否能满足飞机制造商的设计指标。

4.7.1.2 试验类别

设备级闪电间接效应试验包括插针注入试验和电缆束试验两部分。插针注入试验属于损伤容限试验，验证受试设备在指定的闪电瞬态电平的冲击下是否会发生永久的损坏；电缆束试验属于功能受扰试验，验证系统在指定闪电瞬态电平的冲击下，系统的功能是否会受到干扰，同时可能表征设备的损伤容限。电缆束试验又包含单次回击、多次回击和多脉冲群试验。

设备级闪电间接效应试验类别由 6 个字符组成，包含以下几方面。

（1）插针试验波形组 A 或 B。

（2）插针试验电平 1～5。

（3）电缆束单击和多击试验波形组 C～K。

（4）单击和多击试验电平 1～5。

（5）电缆束多脉冲试验波形组 L 或 M。

（6）电缆束多脉冲试验电平 1～5。

试验类别的形式如下所示：

B	3	G	4	L	3
插针 试验波形	插针 试验电平	电缆束 试验波形	电缆束 单击/多击 试验电平	电缆束 多脉冲 试验波形	电缆束 多脉冲 试验电平

以上示例中，试验类别 B3G4L3 表示插针试验波形组为 B，试验等级为 3；电缆束单击和多击试验的波形组为 G，试验等级为 4；电缆束多脉冲试验的波形组为 L，试验等级为 3。

如果不需要进行某项试验，则用字母 X 表示，如 B3XXXX 表示插针试验波形组为 B，试验等级为 3，但不需要进行线缆束试验。

如果试验中采用特殊的试验波形、试验构型（如屏蔽、接地方式）或试验等级，则用字母 Z 表示，如 Z3G4L3 表示插针试验波形组与波形组 A 和 B 都不同，而是采用比较特殊的波形组进行试验。在这种情况下，需在试验大纲和试验报告中说明采用了何种波形组进行试验。

波形组 A、C、E、G 和 J 适用于安装在主要瞬态感应方式是通过机身孔缝而不是结构电阻的全金属飞机内部的互联电缆和设备。这些波形组也适用于由金属框架和复合材料蒙皮组成的飞机内部设备，还适用于由碳纤维复合材料（CFC）作为框架而主要表面用金属丝网或金属膜保护的飞机内部设备。

波形类别 B、D、F、H 和 K 适用于安装在飞机结构电阻是瞬态感应源的碳纤维复合材料结构飞机内部用导线互联的设备。这些互联电缆被暴露于波形 5A 为代表的高结构电压和再分布闪电电流环境中。

多脉冲试验波形组 M 适用于低阻抗的电缆，低阻抗的典型电缆位于机上的电磁暴露区或阻性耦合为主要耦合方式的区域，如起落架、发动机装置、飞控作动面、翼梢小翼和尾翼区域等。这里，低阻抗电缆是指具有下述任意特性或所有特性的电缆：①长度较短；②敷设位置靠近接地平面；③屏蔽被很好地端接（如 360°屏蔽端接或非常短的"猪尾巴"端接线）；④连接器、设备间的接触面具有很好的搭接。

其他电缆的多脉冲试验波形组采用波形组 L。

试验电平有 1～5 五个等级,选择哪个等级由互联电缆的预期暴露程度和设备的安装位置决定,如下所示。

(1)电平等级 1 适用于安装在较好保护环境中的设备和互联导线。

(2)电平等级 2 适用于安装在局部保护环境中的设备和互联导线。

(3)电平等级 3 适用于安装在中度暴露环境中的设备和互联导线。

(4)电平等级 4 和 5 适用于安装在严酷电磁环境中的设备和互联导线。

试验波形组和试验电平如表 4-3～表 4-7 所示。

表 4-3 插针试验波形组

波 形 组	试验类型	试验波形
A (开口耦合)	插针试验	3/3,4/1
B (开口耦合/结构电阻耦合)	插针试验	3/3,5A/5A

表 4-4 插针试验等级

电平	波 形		
	3/3	4/1	5A/5A
	(V_{oc}/I_{sc})/(V/A)	(V_{oc}/I_{sc})/(V/A)	(V_{oc}/I_{sc})/(V/A)
1	100/4	50/10	50/50
2	250/10	125/25	125/125
3	600/24	300/60	300/300
4	1 500/60	750/150	750/750
5	3 200/128	1 600/320	1 600/1 600

表 4-5 电缆束试验波形组

波 形 组	试验类别	试验波形
C 非屏蔽,开口耦合	单击	2,3
D 非屏蔽,开口耦合/结构电阻耦合	单击	2,3,4

续　表

波 形 组	试 验 类 别	试 验 波 形
E 屏蔽,开口耦合	单击	1, 3
F 屏蔽,开口耦合/结构电阻耦合	单击	3, 5A
G 非屏蔽,开口耦合	单击	2, 3
	多击	2, 3
H 非屏蔽,开口耦合/结构电阻耦合	单击	2, 3, 4
	多击	2, 3, 4
J 屏蔽,开口耦合	单击	1, 3
	多击	1, 3
K 屏蔽,开口耦合/结构电阻耦合	单击	3, 5A
	多击	3, 5A
L	多脉冲	3
M	多脉冲	6

表 4 - 6　多击试验等级

电平		波　形				
		2/1 $(V_L/I_T)/$ (V/A)	2/1 $(V_T/I_L)/$ (V/A)	3/3 $(V_T/I_L)/$ (V/A)	4/1 $(V_T/I_L)/$ (V/A)	4/5 A $(V_L/I_T)/$ (V/A)
1	首次回击	50/50	50/50	100/20	25/50	20/60
	后续回击	25/25	25/25	50/10	12.5/25	10/30
2	首次回击	125/125	125/125	250/50	62.5/125	50/160
	后续回击	62.5/62.5	62.5/62.5	125/25	31.25/62.5	25/80
3	首次回击	300/300	300/300	600/120	150/300	120/400
	后续回击	150/150	150/150	300/60	75/150	60/200
4	首次回击	750/750	750/750	1 500/300	375/750	300/800
	后续回击	375/375	375/375	750/150	187.5/375	150/400
5	首次回击	1 600/1 600	1 600/1 600	3 200/640	800/1 600	640/2 000
	后续回击	800/800	800/800	1 600/320	400/800	320/1 000

表 4-7 电缆束多脉冲试验等级

电平	波形 3	波形 6
	$(V_T/I_L)/(V/A)$	$(V_L/I_T)/(V/A)$
1	60/1	100/5
2	150/2.5	250/12.5
3	360/6	600/30
4	900/15	1 500/75
5	1 920/32	3 200/160

对于插针试验,波形 3 的正弦波频率采用飞机安装主谐振频率;如果该谐振频率未知,则采用(1.0±20%)MHz。

对于电缆束试验,波形 3 的正弦波频率采用飞机安装主谐振频率;如果该谐振频率未知,则采用(1.0±20%)MHz 和(10±20%)MHz。

如果未屏蔽的线束安装在飞机上时,在金属槽、导管中走线或有一个总的金属编织套,则波形 5A 以电压波形的形式出现。在这种情况下,相应的试验电平(V_T)为表 4-6 的波形 5A 电压极限值(V_L)。

应该注意,如果有一个源阻抗低的发生器就能获得合适的响应,则在这种情况下,当达到试验电平或极限电平中的一个时,该试验就完成。

试验波形图如图 4-31～图 4-35 所示。

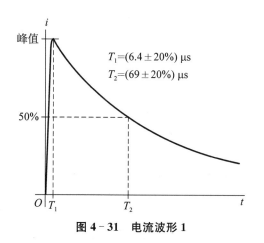

图 4-31 电流波形 1

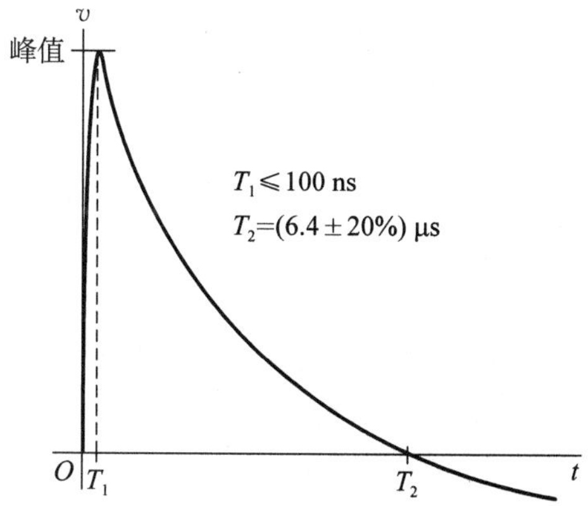

图 4-32 电压波形 2

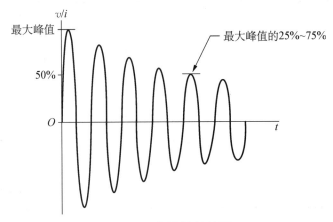

图 4‑33　电压/电流波形 3

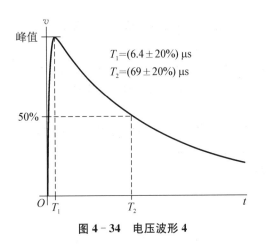

图 4‑34　电压波形 4

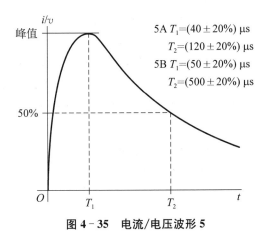

图 4‑35　电流/电压波形 5

4.7.1.3　试验要求

1) 受试设备配置要求

受试设备(EUT)须放置在接地平面上,除非个别设备规范另有规定,试验应按下列要求进行配置。

(1) 接地平面:紫铜、黄铜或铝质接地平面。紫铜和铝质接地平面厚度至少 0.25 mm,黄铜接地平面厚度至少 0.5 mm,应使用最小深度(前后)0.75 m、面积不小于 2.5 m² 的接地平面。当使用屏蔽室时,应将接地平面与屏蔽室壳体进行搭接,搭接点的间隔应不大于 1 m,接地平面的两端也要搭接。推荐的直流搭接电阻应不超过 2.5 mΩ。

(2) 冲击和振动隔离装置:如果设备制造商有规定,则应将 EUT 紧固在带有冲击振动隔离装置的安装基座上,并把配置在安装基座上的搭接条连接到接地平面。当安装基座上无搭接条时,试验配置中不应使用搭接条。

(3) 电搭接:仅在 EUT 设计和安装说明中有规定时才能使用电搭接(如屏蔽体、安装基座和接地平面的搭接)。设备、连接器和电缆束的电搭接应体现飞机上的实际安装状态,并符合设备制造商的最低性能需求。

对于采用不同于安装方法中提供的搭接方式接地的设备,应放置在绝缘垫上,试验报告应描述所用的搭接方法。

(4) 外部接地端子:当 EUT 外部有接地端子时,除非有针对这些试验的其他规定,否则都应把外部接地端子连接到接地平面,以确保试验期间的安全操作条件。应使用设备安装说明中规定的接地线长度,如果没有规定长度,则应使用大约 30 cm 长的典型导线或搭接条。

除非安装说明另有规定,否则接地线不应与受试电缆束组成相互平行的电流通路。如果对地注入试验时受试设备上有接地线,则应把接地线连接到 EUT 底架上,否则注入试验必须在远端实施。

(5) 互联导线/电缆束:电缆束试验时,所有 EUT 互联导线(如屏蔽导线和双绞线等)、电缆束和射频传导线应以类似于飞机上安装的方式捆扎。除非在更具代表性的飞机安装要求中规定(记录在试验报告中)了更高的高度,否则电缆束最低点应被支撑在接地平面上方 50 mm 处。支撑材料必须具有非吸收性、非导电性和非反射性。对于复杂电缆束的布局,所有电缆束和互联负载应尽可能按实际情况互相分开放置,以使电缆之间的耦合效应降到最低。

除非另有规定,否则电缆束长度应至少为 3.3 m。当互连电缆束的长度比试验工作台更长时,应把超出部分以 Z 字形放置在试验工作台的后部,并位于接地平面上方约 50 mm 处。

对于某些特殊安装要求,可能需要很长的电缆束,以至于其不能被布置在试验工作台上,所以推荐用于这些试验的互联电缆束长度应不超过 15 m。当电缆束长度为匹配的或规定特殊长度用于相位匹配或类似原因时不受此限制。

(6) 电源线:电缆束试验时,电源线和回线通常与控制/信号线捆扎在一起,直到电缆束延伸出试验区域时将其分离出来,并把它们连接到线性阻抗稳定网络(LISN)。

当实际的飞机电缆束布局未知或当电源线/回线与控制/信号线分开敷设时,应在靠近 EUT 电缆连接器处的电缆束中把电源线和回线分离出来,并把它们分开引向 LISN。在这种情况下,除非设备使用规范另有规定,否则连接到 LISN 的电源线长度应不超过 1 m。

当回线是本地接地时(长度小于 1 m),可把这种回线直接连接到试验工作台,使之符合适用的安装和接口文件要求。

（7）接口负载和辅助设备：理想的电缆束试验应在设备处于全功能工作状态下进行，EUT 使用实际的接口设备。

在只能使用模拟接口设备时，模拟负载的电气/电子和/或机电特性应体现装机状态。为防止电缆束中电压和电流分布的变化，电气/电子负载应模拟闪电条件下实际负载的线对线和线对地阻抗（包括杂散电容和非线性器件）。

应注意，任何试验配置、模拟负载或监测设备都不应更改 EUT 的敏感性和抗扰性。为了避免辅助设备的失效和损坏，可能需要防护措施，以免其受到施加瞬态信号的影响。

（8）假天线或负载：为了达到试验目的，天线电缆可用阻抗等于电缆特性阻抗的负载或假天线端接。如果使用假天线，则应把它屏蔽起来，且具有逼真的、模拟实际使用天线的电气特性。它还含有用于实际天线的配套电气部件，如滤波器、晶体二极管、同步机和马达。

2）测试设备配置要求

测试设备按下列要求配置和布局。

（1）搭接：测试设备应搭接并接地，使接地环路最小并确保人身安全。把高电平的电流施加到电缆束时应小心谨慎，确保这些电流能安全地从屏蔽层转移到屏蔽室墙壁，并在屏蔽室外部进行合适的搭接和屏蔽，把对人身的危险性降到最低。

（2）线性阻抗稳定网络（LISN）应串联接在每一根主电源输入线和回线中。对于飞机上安装本地接地的电源回线时，不需要串接 LISN，应把 LISN 外壳搭接到接地平面。

（3）监测和注入探头：探头应具有必要的功率容量、带宽和动态范围，以复现试验波形。波形 3 试验时应使用静电屏蔽探头。

4.7.1.4　试验程序

插针注入试验主要用于损坏性评估，它涉及瞬态信号直接注入 EUT 的接口电路。

电缆束试验可以确定当设备及其互联电缆暴露于施加的瞬态信号时，设备是否出现功能失效或部件损坏。试验方法和程序适用于由 EUT、互联电缆束和负载组成的布局配置。

对于处在复杂系统中的 EUT，由于系统中各种电缆会暴露在差别很大的环境中，所以不同的电缆束可能需要不同的试验电平等级，并以 Z 类标记。

1）插针注入试验

插针注入试验是一种将瞬态波形直接施加到 EUT 连接器引脚上的试验，通常施加在每一根引脚和外壳地之间。这种试验方法通常用于评估设备接口电路的绝缘耐压或损毁容忍度。

绝缘耐压试验或高电压试验可以替代插针注入试验，以验证电简单器件，如激励器、线性可变差分变压器（LVDT）和速度传感器对插针试验的符合能力。这些电简单器件必须是无缘的,无 EMI 滤波器或瞬态电压抑制器(或其他类似的经外壳与飞机结构相连的电路元件)。另外,高电压试验适用于在电气上与机箱和本地飞机地绝缘的器件。在这些情况下,接口信号线及其回线在实际安装中必须敷设在一起(如双绞线),使线与线之间的感应电压可以忽略。高电压(hi-pot)试验电压电平至少要达到插针试验的峰值电平。可以把试验电压施加在每一根引脚与外壳之间或同时施加在所有引脚与外壳之间。

试验中 EUT 都应加电,除非只含有无源部件(如机电器件、温度传感器、水阀等)。工作电压和相应电流不能算作部件失效的因素。

对加电设备试验时,必须使用合适的方法,确保瞬态信号发生器不对供电电源或信号线产生额外的加载。另外,对加电设备电源线进行试验时,须使用隔离器件,确保瞬态信号直接施加到设备接口,而不施加到供电电源或其他负载。

为了降低可能出现的试验困难,输入电源激励下的插针试验也可以通过电缆感应试验来完成,试验时需要选用合适的插针试验波形和电平。采用这种方法时,应去掉受试主电源线上的所有屏蔽措施。

当 EUT 具有相同电路设计的引脚组(不少于 4 个)时,可以只选择 3 个典型的引脚进行插针试验,其余引脚采用相似性说明。

如果施加的试验电压幅度和波形保持在校准时的开路电压和波形的容差内,则可以对多根引脚同时进行试验。这种方法只适用于在闪电状态下(试验期间)仍呈现高阻抗的输入/输出引脚试验。

当设备安装要求规定了远端引脚与远端飞机地之间的远端负载阻抗特性时(包括远端负载的绝缘强度特性能够承受瞬态发生器开路电压的情况),只要该负载没有使用会引起其短路的保护性器件,就可以把远端负载阻抗串联在信号发生器和EUT 之间。为了解释电缆的特性阻抗效应,在进行波形 3 试验时,最大串接阻抗应限制到 75 Ω,从而得到 100 Ω 的源阻抗。当把对飞机地的远端负载串接在试验线路中时,试验类别标识记为 Z。试验方法、远端负载阻抗和绝缘强度应记录在试验表格和试验报告中。

如果实际安装时信号地要连接到设备外部结构,则试验时应同样把信号地连接大地。

(1)信号发生器校准。

进行加电引脚注入试验时,为了避免信号发生器的低源阻抗短路 EUT 电流,应在信号发生器输出端配置一个电源阻断器件,该电源阻断器件应作为校准配置的一部分。

进行由外部电源供电的电源引脚试验时,必须提供一种旁路供电电源阻抗的途径,确保在校准点上获得瞬态信号波形,这种旁路电路也用于保护供电电源。

典型的插针注入校准装置如图 4-36 所示。

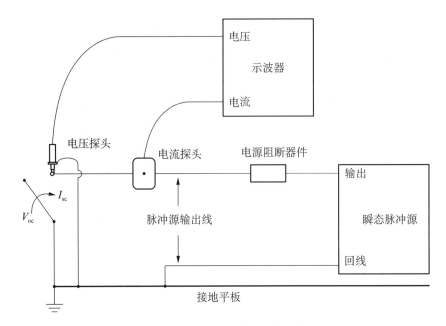

图 4‑36　典型的插针注入校准装置

注 1：应当使用阻抗等于发生器源阻抗的无感或低电感电阻器来校核发生器阻抗，一个具有适当功率和短引脚的碳合成膜电阻器能够满足插针试验波形要求。

注 2：交流电源电路的有源试验可能需要用变压器将施加的瞬变耦合到电源线，该瞬变应与交流波形的波峰同步。

（2）试验步骤。

a. 用短的低电感导线把校准点连接到指定的 EUT 引脚。

b. 如果需要，则给 EUT 供电。

c. 按照确定的瞬态信号发生器设置，对选定的引脚施加 10 个单独的瞬态信号；检测每一个施加的瞬态信号波形有无非预期变化；每个施加的瞬态信号之间的最大时间间隔不超过 1 分钟。

d. 对 EUT 每一个连接器的每一个指定引脚重复步骤 c。

e. 翻转瞬态信号发生器的输出极性，重新校准瞬态信号发生器，并重复上述步骤。

f. 对每一种试验波形，重新校准瞬态信号发生器并重复上述试验步骤。

g. 确定对产品性能规范的符合性。

典型的插针注入试验装置如图 4‑37 所示。

2）电缆束试验

电缆束试验是一种通过电缆感应或对地注入法向电缆（束）施加瞬态信号的试验，用于验证机载设备能否承受外部闪电环境产生的内部电磁效应而不引起功能失效或部件损坏。无论是电缆感应还是对地注入，试验都必须在受试产品处于全配

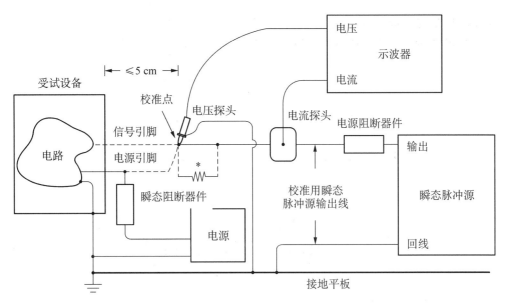

图 4‑37 典型的插针注入试验装置

注：本试验程序假定雷电瞬变在所有插针和机壳之间以共模出现。如果预期安装采用本地电源和/或信号回流线通过内部或外部连接到机壳或飞机结构，则该试验应在回流线连接到机壳情况下进行。

置、全功能，接通全部互联电缆束和接口负载的状态下进行。通过对互联电缆束单独或同时施加规定的波形和极限电平来满足试验要求。

如果分别对单根导线进行试验，则芯线上的试验电流不必超过插针试验的短路电流电平。

对于多击和多脉冲试验，通过设置瞬态信号中各个脉冲之间和各个脉冲组之间的时间间隔来获得随机间隔效应。

进行电缆束试验时，通常电缆束中的所有屏蔽电缆两端均接地。如果需要的试验电平(IT)高于电平 5，而受试电缆又太长以至于在电缆上达不到需要的 IT，或者如果需要满足系统安装者的要求，那么允许屏蔽层不接地而直接对芯线进行脉冲试验。选择这种试验方法时，应把试验期间功能性检测不需要的屏蔽层在所有终端处断开。试验期间功能监测所需的屏蔽电缆应保持原样，对芯线的脉冲试验可借助于断路盒进行或按系统安装者的规定对每根单根导线分别进行。无论哪种情况，屏蔽层上的电流和芯线上瞬态信号电平之间的关系都必须由评估转移阻抗来确定。

电缆束单击试验可与多击试验结合起来进行，这种情况下，多击的第一个瞬态信号试验电平应由单击试验电平代替。

进行电缆束试验时，应以重复频率 1.0 MHz 和 10 MHz 施加波形 3。

对于每一个波形，V_T 表示以伏为单位的试验电压电平，I_T 表示以安培为单位的试验电流电平。V_L 和 I_L 表示极限电平，以防止对 EUT 施加超过要求的电平。如果试验电平先于极限电平达到,则试验结果是可以接受的。

典型的用于电缆感应试验的发生器性能校核装置如图 4‑38 所示。

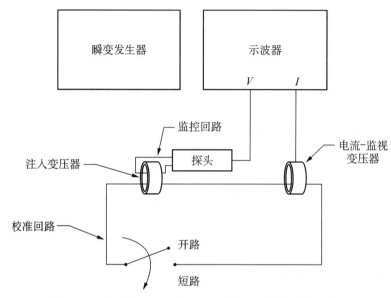

图 4‑38 典型的用于电缆感应试验的发生器性能校核装置

注:可以用一个串联的电流‑监视电阻器代替电流‑监视变压器。

典型的电缆感应试验装置如图 4‑39 所示。

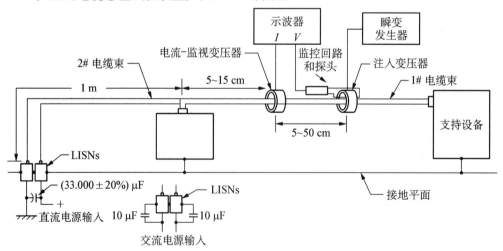

图 4‑39 典型的电缆感应试验装置

注 1:在电源输入端接电容器以提供一个到地的低阻抗,如图中所示。

注 2:可以用一个串联的电流‑监视电阻器代替电流‑监视变压器。

注 3:当试验电源线(2#电缆束)时,应注意确保单根导体中的电流不超过相应的插针试验电流电平。

本章节按照 RTCA/DO-160 最新版本 G 版进行描述，ARJ21-700 飞机研制过程中采用的是 RTCA/DO-160D 版，G 版相比于 D 版最主要的差异是对多脉冲试验进行了细分，分为 L 类和 M 类，其余内容差别不大。

4.7.2 全机级闪电试验

全机闪电间接效应试验的目的是确定飞机互联线缆和设备接口处的闪电实际瞬态感应电平(ATL)，并根据设备鉴定试验及系统级闪电间接效应试验确定的设备/系统耐受闪电瞬态电平的能力，判别设备/系统在遭遇该实际瞬态电平的情况下，是否仍能保持相应的功能而不影响飞机的安全飞行和着陆，以支持飞机的适航取证。全机闪电间接效应试验也可测量飞机导管上的感应电平，如燃油管路、液压管路和通气管路，以支持飞机燃油系统和结构的闪电防护设计和取证。

全机闪电间接效应试验的方法主要有两种，比较常用的是低电平闪电电流注入法，该法将幅值缩小的闪电电流注入飞机和回路导体网络构成的回路，测量执行关键功能的系统的互联线缆和导线上的感应电平，再将所测得的感应电平线性外推，获得全幅值闪电电流注入的情况下，线缆和导线上的实际瞬态电平。另一种方法是扫频法，通过获得飞机的传递函数，确定飞机内部线缆在遭遇闪电环境时的频域响应，再通过傅里叶反变换，获得其时域响应。

全机闪电间接效应试验的试验机应该是一架功能完整的飞机，或一个完整的发动机组件。被试飞机或发动机应未安装试飞电缆，如果安装有试飞电缆，则应确保试飞电缆两端断开，且在试验中确保连接器和屏蔽层与结构隔离。试验前，局方应对试验飞机和发动机进行制造符合性检查。试验过程中，系统不上电，电源接触器、断路器需闭合以确保电路连续。

本试验没有明确的通过/失败标准。本试验的目的是确定机上安装的导线和电缆上感应的 ATL，并用其和设备的瞬态设计电平(ETDL)相比较。如果对 ETDL 的信息知道得比较清楚，那么在全机试验期间可以通过对导线或者电缆束的屏蔽进行改进来减小 ATL；如果对 ETDL 的信息不了解，那么在全机试验的初期要采取一些措施，可能需要对其进行再测试。一个一般性的指导原则是 ATL 与 ETDL 之间应该有 6 dB 的裕度。

ARJ21-700 飞机的闪电间接效应试验布置如图 4-40 所示。

4.7.2.1 试验方法

飞机将被注入模拟的闪电电流脉冲，波形与 ARP5412 中定义的电流分量 A 波和 H 波相似，波形见图 4-41 和图 4-42。应用于机身的峰值电流将不大于 2 kA，以防止对飞机结构造成性能下降。通过放置在飞机内部或附近的示波器测量和记录在互联导线和电缆中感应的电压和电流瞬态，然后将被测数据线性外推，

图 4‑40　ARJ21-700 飞机闪电间接效应试验布置

获得飞机受到 200 kA 闪电作用时出现在互联导线上的实际瞬态电平(ATL)。

　　然后将外推到实际闪电强度作用下得到的电压和电流电平与机载设备的瞬态设计电平(ETDL)相比较。如果 ATL 比 ETDL 大,或者两者之间所具有的裕度比确保应有的性能所要求的值小,那么必须对系统安全的影响进行评估。如果发现存

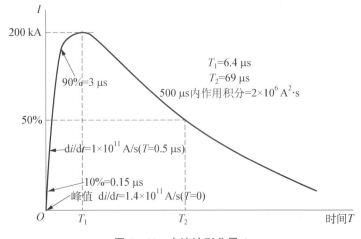

图 4‑41　电流波形分量 A

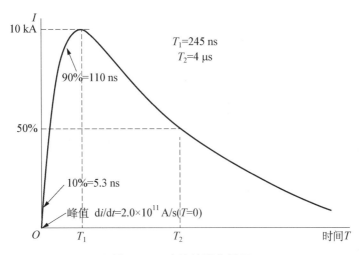

图 4‑42　电流波形分量 H

在潜在的危险,那么必须寻求一些措施以减少闪电间接效应的敏感性。对机上的一些电路做防护改进,例如修改屏蔽,并在试验期间对其进行检验。任何此类的设计改进和验证都应有适当的备案。

4.7.2.2　试验飞机构型

试验时,采用一种与飞机相适应的回路导体阵列/地平面,飞机起落架应放置在由合适绝缘材料制成的绝缘垫上,绝缘垫应能承受从飞机到测试场地的大地之间的 35 kV 的绝缘电压。试验期间,飞机的电子/电气系统不应加电。

试验用信号发生器将放置在机身闪电电流注入点的附近。围绕飞机或放在飞机下部的回路导体网络构成电流回路阵列。此回路阵列网络用于分配回路电流以及环绕飞机更好地分配与电流回路相关的磁场。回路阵列网络的示意图如图 4‑43 所示。

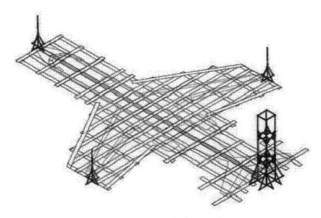

图 4‑43　回路阵列网络

4.7.2.3　闪电模拟

对于试验中所用的测试电流信号描述如下所示。

（1）电流分量 A 波：一种双指数电流脉冲，波形的上升和下降时间与电流波形分量 A 相同（6.4×70 μs）。试验信号幅值比电流波形分量 A 小，约为 1 000～2 000 A。电流的幅值和上升沿速率减小了相同的倍数，例如，对于一个 1 000 A 的试验电流，电流幅值和变化速率将只是实际电流波形分量 A 的 1/200。由幅值为实际电流波形分量 A 的 1/200 的信号电流感应出的瞬态，通过乘以缩小因子 200 可外推到由 200 kA 电流波形分量 A 所感应出的实际电平。

（2）电流分量 H 波：一种双指数电流波形，波形的上升和下降时间与电流波形分量 H 相同（0.25×4 μs）。试验信号的幅值比电流波形分量 H 小，约为 100～150 A。电流的幅值和上升速率减小了相同的倍数，例如，对于一个 100 A 的试验电流，电流幅值和变化速率将只是实际电流波形分量 H 的 1/100。由幅值为实际电流波形分量 H 的 1/100 的信号电流感应出的瞬态，通过乘以因子 100 可外推到由 10 kA 电流波形分量 H 所感应出的实际电平。

对于一些尺寸较大的飞机，由于其具有较大电感，因此可能导致测试信号波形的上升速率比所要求的值低。出现这种情况时，外推过程需要利用一些基于测试信号的幅值和上升沿速率的个别外推值。脉冲信号发生器由一组电容、充电电源和产生合适波形的开关器件构成，这些器件应能承受一定量的电感，并能维持所需波形的上升沿速率。

4.7.2.4　闪电电流路径

测试电流从飞机在空中时表面所具有的典型闪电进入/流出附着点注入和引出飞机。选择一些特定的闪电进入/流出附着点作为测试电流在机身上的传导路径以使机内所有电缆束都处于最恶劣的闪电环境中。表 4-8 列出了所有试验期间使用的测试电流进入/流出点。

表 4-8　飞机试验电流附着点

附着点	缩写	附着点	缩写
机头（Nose）	N	左翼梢小翼（Left Wingtip）	LW
左发动机（Left Engine）	LE	前起落架（Nose Gear）	NLG
垂尾（Vertical Tail）	VT	机尾（Tail）	T
左主起落架（Left Main Landing Gear）	LMG		

4.7.2.5　测量方法和设备

1）基本测量类型

需要做下列三种基本类型的测量：

（1）出现在单个导体上，导体远端接地，测量端开路，导体开路端与邻近地之间的感应电压(叫作开路电压 V_{oc})。

(2) 出现在单个导体上的感应电流,导体两端都接地(叫作短路电流 I_{sc})。

(3) 电缆束的电流(也就是电缆束上总的感应电流)。

有了前两个测量数据,就可根据每个被测飞机电路的任意负载上的实际电压确定戴维南等效电路。

下面几节描述了测量感应电压和电流的基本程序。

2) 带记录功能的示波器

试验中的测量和记录仪器有一台示波器和打印机/绘图仪。当示波器或测量探针离测量点非常近时,所得的感应电压测量数据是最好的。一般使用高阻抗电压探针,示波器要采用比较好的屏蔽保护。这要求尽可能地将示波器放置在飞机内部,示波器采用隔离电源;或者如果示波器放置在飞机外部则必须采用光学数据链路传输测试数据。示波器用电可由低压电池或电池驱动的逆变器供应。

示波器应放在金属屏蔽盒内,屏蔽盒放在飞机内或飞机附近。如放在飞机内,则应放在绝缘垫上;如放在飞机外和飞机附近,则应放在桌子上。

当示波器放置在飞机内时,在测量点附近选择一个参考点作为地参考点,参考点一般为机身的电路地。使用一张铝箔或金属编制屏蔽层将示波器的屏蔽盒与所选择的参考地相连。该铝箔/金属编制屏蔽不应与机身结构上的其他导电部件相接触。可使用塑料薄膜或橡胶泡沫将铝箔/金属编制屏蔽和其他导体隔绝起来。模拟的闪电电流不允许流到铝箔/金属编制屏蔽上。

如果示波器放置在飞机内,那么使用光纤数据链就不需要采取上述的措施,特别是在那些难以接近的区域。

3) 电流和电压探针

使用 $10\times$ 或 $1\times$ 的高阻抗电压探针测量开路电压。如果地点合适,那么一些测试可以将一个探针与测量点相连,另一个探针与电路参考点相连。此程序可以减少在探针引线上感应的噪声影响。

短路电流和电缆束电流的测量需使用电流互感器和分流电阻。可使用电流互感器进行高频、短放电时间的单个导线的电流和电缆束电流测量。

电压和电流测量都可以使用光纤数据链完成,飞机外的计算机可以通过光纤数据链对示波器进行控制和数据下载。

4) 仪器噪声检查

定期做噪声测试以检查测量系统的噪声抑制能力。

(1) 电压探针:噪声测试时,探针从飞机电路导体上移除,放置在附近的相同位置处。用电路短接的跳线将两个探针与参考地相连。试验信号发生器工作,通过示波器记录感应进入测量系统的噪声。理想状态下,噪声电平应不到预期的感应电压或电流信号的 5%,但如果该值达到 10% 也是可接受的。如果通过使用噪声测量能将噪声与实际的信号分离出来,那么即使噪声电平更高也是可以接受的。

如果测得的噪声电平不可接受,那么应确定噪声的来源。这可以通过去除示波器上的所有连接,然后一次增加一个测量系统的部件,重复该噪声试验,直到噪声再现的方法实现。

大多数噪声检查可以通过将电压探针短接或者与上文所述的参考地相连来完成。在差分测量中,将两个探针与飞机的电路导体相连和检验共模抑制是有意义的。同样,应对其中的一个通道做单独观察,确保该通道的量程不被超过,从而导致放大器的饱和。如果一个或两个通道都进入饱和状态,那么输出不再是两者的差。

(2) 电流互感器:通过将电流互感器(CT)从待测导线或电缆束上移除,闭合电流互感器,并将其以测量时相同的方向放置在测量点附近来检查 CT 的噪声。如果观察到噪声,那么将 CT 从电缆上移除,并用一个短路电缆代替 CT,来确定噪声是来自于电缆还是 CT。

定期做仪器系统噪声检查,特别是当仪器被移到机上不同位置时。

4.7.2.6 测量程序

对所有与飞行关键/重要系统相关的导线都进行感应电压和感应电流测量是不切合实际的。因此,在实际中只需选择一些典型的导线进行测量,这些导线是那些敷设在飞机上,遍布整个飞机的飞行关键和重要系统的导线。在许多情况下,每个系统应选择一根以上的线,且这些线里应包括屏蔽线和非屏蔽线。

大多数测量点在驾驶舱或电路的仪表板端,被测电缆束在远端终端接地到机身地。此方法可以使所有的感应电压出现在电路的被测端,其要求电缆束远端的连接器与器件断开,并将与待测导线相连的插针通过接地线与邻近的机身地相连。测量期间,电缆束的所有屏蔽在线束的两端都与地相连。

在一些情况下,一些特别的连接器、插针或者电路配置难以接近。因此,在测试过程中可能需要对一些已被选的测试导线做一些少量的修改。对测试程序的所有修改都将由工程技术人员和指定的试验目击人员一起协力进行审查和评估。

所有的示波器测试数据都应打印,以备及时查阅和评估之需,波形图也应存储成电子文件。试验人员应制作一个手写的试验日志用于记录相关的测试参数和观察到的结果。下列数据参数应记录在试验日志中:①试验日志编号;②试验大纲的引用号;③测试电流在飞机上的附着点;④施加的波形和幅值;⑤测量的电流和电压的峰值;⑥相关布置细节或在导线/电缆上出现的特殊的响应的注释性描述。

1) 电缆束电流测量

根据下列步骤执行电缆束电流测量,电缆束电流测量布置如图 4 - 44 所示。

(1) 安装电流测量探针,仪器电缆和带记录功能的示波器。

(2) 检验带记录功能的示波器和电流互感器的标定。

(3) 检验测试设备与试验场地的大地之间的连接以及将充电电源和示波器的

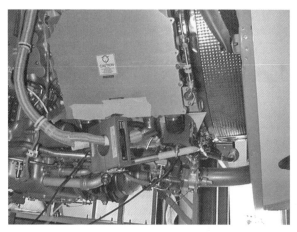

图 4 - 44 电缆束电流测量布置

地与试验场地的大地相连。

（4）将脉冲信号发生器的安全地（机壳地）与脉冲信号发生器的地相连。

（5）将脉冲电流互感器安装在待测试电流的导线上。

（6）对脉冲信号发生器进行充放电，并记录下试验电流分量波形；记录试验电流的幅值，并检验试验电流波形的上升和衰减时间参数。

（7）在飞机电缆束上安装脉冲电流互感器。

（8）对充电电源进行设置，以产生所需的电流分量 A 波形或者电流分量 H 波形以测试电流的幅值。

（9）对脉冲信号发生器进行充放电，并记录下被测电流的波形和幅值。

2）插针/导线电压和电流测量

根据下列步骤执行插针/导线的开路电压和短路电流测量，典型的开路电压和短路电流的测量布置如图 4 - 45、图 4 - 46 所示。

图 4 - 45　典型 V_{oc} 测量布置

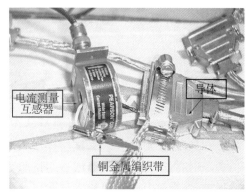

图 4 - 46　典型 I_{sc} 测量布置

（1）安装电流测量探针、仪器电缆和带记录功能的示波器。

（2）检验带记录功能的示波器和电流互感器的标定。

（3）检验测试设备与试验场地的大地之间的连接以及将充电电源和示波器的地与试验场地的大地相连。

（4）将脉冲电流互感器安装在待测试电流的导线上。

（5）对充电电源进行设置，以产生所需波形的脉冲信号输出。

（6）对脉冲信号发生器进行充放电，并记录下试验电流分量波形；记录试验电流的幅值，并检验试验电流波形的上升和衰减时间参数。

（7）对每一个附着点施加信号波形，测量 V_{oc} 和 I_{sc}。

（8）记录下被测电流的波形和幅值。

4.7.2.7 安全

尽管试验中使用的电平是经过缩小的较低电平，但模拟的闪电试验涉及一些高压设备的使用和操作，例如电容组和电弧开关，其使用方式和涉及的电气能量都超过了引起人员伤害的电平。因此，一定要采取安全预防措施并严格按照试验程序执行，确保在做试验期间没有人员会与测试电路中任何带电的部件相接触。

需关注大量流经机身包含燃油的区域的电流。需确定可能存在燃油蒸气的那些区域是否会出现电弧。

下面几节将给出在试验期间应遵循的相关规定的详细细节。

1）电气安全

开始正式做试验前，所有在试验场地工作的人员、分配有试验任务的人员以及通常在试验场地邻近区域工作的人员都应召集到一起，做一个简要的安全告知使其了解试验过程。

在试验时，飞机、试验用信号发生器、波形生成电路、高压电源以及电容组都将不时地被加注能量到危险的电平。因此，这些东西都要安置在试验场地的区域内，这些区域应用栅栏或绳子圈起来，不允许任何人进入被栅栏或绳子限制的区域并触摸上面所列的设备和东西。未经试验操作人员的许可，任何人都不许进入试验区域。

只有指定的和有资质的人员才可操作高压试验设备。试验开始前，试验操作员和观察员应站在试验场地的外部。从他们的观察位置进行检查，两人应确定没有人站在试验场地内。如果两者中的任意一个人因为视野阻挡而不能看见整个试验场地，则根据需要，需要第三个观察员站在试验场地的边界上。

一旦试验场地清场后，试验操作人员开始进场，取下接地插针，然后回到其工作位置，开始做试验。当一个或一组试验完成后，操作人员关闭高压电源，然后进入试验场地，在允许其他人员进入试验场地之前将所有可能带有能量的点接地。将飞机上电流流入/流出点处的接地杆悬空。

2）燃油安全

如果试验飞机是一架使用过的飞机,那么在油箱、管路和通风口处将有残余的燃油存在。由于燃油-空气的混合蒸气容易燃烧,因此,油箱中的油应排干,通过加注干燥的氮气来排空内部所有的燃油蒸气。由于飞机的固有设计以及燃油系统的设计特性都会减少燃油蒸气区域的点火源,因此这个试验是一个低风险的试验项目。

试验经常在机棚中做,由于机棚内温度的变化,油箱内的燃油蒸气可能会进入飞机周围的区域。这时,一种推荐的方法是通过使用一根小的软管将逃逸出来的燃油蒸气排出到远离飞机的区域,如果可能则最好将燃油蒸气排到机棚的外部。

理想状态的试验应使用一架没有加注过燃油的飞机,这样就可避免处理油箱残留的燃油所要采取的一些措施。

飞机周围的所有电火花都应限制或封闭起来,包括信号发生器开关的火花隙。然而,一些试验可能会产生明弧,特别是当机身没有采取很好的电搭接时。因此,所有人员都应了解和密切注视在试验区域漏出的燃油或燃油蒸气,这是十分重要的。如果在试验区域有燃油溅出或泄漏,则不应继续做试验。只有当溅出或泄漏的燃油被清除且泄漏处被修好时,试验才能重新开始。在试验场地中的任何燃油蒸气或燃油泄漏源都必须确定,并在继续进行试验前得到处理。

3）操作安全

模拟的闪电试验涉及高压下电容中电能的存储以及通过试验电路的能量泄放。电压和电流对于与带电的设备或传导电流的导体相接触的任何人都是致命的。因此,在试验期间下列程序应予以执行,并作为试验程序的一部分。

（1）试验设备、试验对象以及周围的区域都应用绳子围出,并设置警告标识,在试验期间防止人员进入并触摸工作中的设备。

（2）充电电源、脉冲信号发生器和带记录功能的示波器都应用金属容器包起来,并接地到试验场地的地。

（3）在设备操作中,只有经过训练的有经验的人员才可以操作充电电源和脉冲信号发生器。

（4）参与和目击试验的其他工作人员的数量应有限制,并参加安全程序的介绍。

（5）试验时所施加电流的电平应缩小,以减小对人员的危害(但不消除)。

4.7.2.8　试验结果分析

将测得的 ATL 与设备鉴定试验中采用的设备瞬态设计电平(ETDL)相比较,若 ATL 比 ETDL 小一半以上,即至少有 6 dB 的裕度,则可认为被测设备的闪电间接效应防护设计满足要求,反之则需对试验结果进行评估分析;若经分析后认为被测设备的闪电间接效应防护设计不能满足要求,则需对现有设计进行改进。

1) 试验结果对比

外部闪电环境通过电场或磁场耦合,在飞机内部形成内部闪电环境,内部闪电环境表现为在设备接口和互联线缆上感应的瞬态电压和电流,这些瞬态电压和电流的波形为波形1、波形2、波形3、波形4、波形5A/5B或波形6H,或上述几种波形的组合形式。

如果某个设备在全机级试验中测得的实际瞬态电平值(ATL)为开路电压200 V/波形4,短路电流为24A/波形1,电缆束电流为50 A/波形3;而该设备的设备瞬态设计电平(ETDL)为A3J3L3,则根据RTCA/DO-160G第22章定义的插针试验电压波形4的峰值为300 V,电流波形1的幅值为60 A,电缆束试验电流波形3的最大值为120 A可计算得到相应的对比值。

ATL与ETDL之间的对比值为,电压波形4:300 V/200 V=1.5,裕度为3.5 dB;电流波形1:60 A/24 A=2.5,裕度为8.0 dB;电缆束电流波形3:120 A/50 A=2.4,裕度为7.6 dB。

一般情况下,裕度若大于6 dB,则可认为该设备的闪电间接效应防护设计满足要求;反之,如上例中的开路电压值不满足6 dB的裕度要求,则需进行进一步的评估分析。

2) 试验结果分析方法

对于裕度不满足6 dB要求的测试点,需进行进一步的分析,以确定是否需要对现有设计进行更改。分析主要可通过以下几方面开展。

(1) 考虑被测导线两端设备的负载。

由于在试验过程中,被测导线与两端设备均断开连接,且导线直接接地与机身构成导电回路,未将两端设备的负载加载到回路中,因此试验测得的开路电压和短路电流与实际感应到被测导线上的瞬态电压/电流值有差异。

根据试验测得的开路电压(V_{oc})和短路电流(I_{sc})可建立两个等效的戴维南源电路,即一个与源阻抗并联的电流源和一个与源阻抗串联的电压源,如图4-47所示。

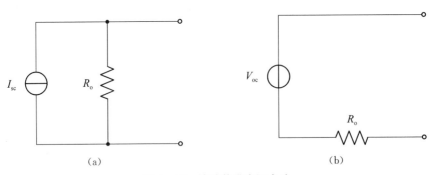

图4-47　等效戴维南源电路

(a) 电流源　(b) 电压源

根据戴维南等效电路理论,理想电压源可以等效为电压源与其内阻的串联形式;理想电流源可以等效为电流源与其内阻的并联形式。图 4-48 中,电流源为试验测得的短路电流 I_{oc},电压源为试验测得的开路电压 V_{oc},其内阻 $R_o = V_{oc}/I_{sc}$。

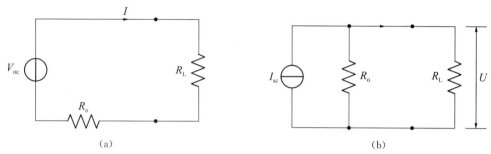

图 4-48 电压/电流源接负载电路图

(a) 电压源接负载 (b) 电流源接负载

若将被测导线两端的负载 R_L 加载到电压源与电流源上,则被测导线上实际感应的瞬态电流为

$$I = \frac{V_{oc}}{R_o + R_L} < \frac{V_{oc}}{R_o} = I_{sc} \qquad (4-1)$$

被测导线上实际感应的瞬态电压为

$$U = I_{sc} \frac{R_o R_L}{R_o + R_L} < V_{oc} \qquad (4-2)$$

由此可知,被测导线上实际感应的瞬态电压/电流值要比试验测得的开路电压/短路电流值小,而且负载 R_L 越大,两者相差也就越大。将计算得出的实际瞬态电压/电流值与 ETDL 相比较,若两者之间有超过 6 dB 的裕度,则可认为该测试点满足设计要求。

(2) 安装瞬态抑制器的影响。

瞬态抑制器(TPD)是电子设备闪电防护中一种常用的装置,其作用是将窜入电源线、信号线的瞬时过电压限制在设备或系统所能承受的电压范围内,或将强大的闪电瞬态电流泄流入地,保护设备或系统不受闪电瞬态的冲击而损坏。

瞬态抑制器按工作原理可分为限压型、分流型和扼流型,较为常用的是分流型,即器件与被保护的设备并联,对闪电瞬态脉冲呈现为低阻抗,而对正常工作频率呈现为高阻抗。图 4-49 是一种典型的瞬态抑制器的原理图。

瞬态抑制器可有效降低出现在设备接口处的闪电瞬态电平,使设备不受损坏,

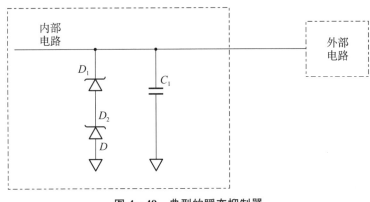

图 4 - 49　典型的瞬态抑制器

瞬态抑制器的防护程度需根据瞬态抑制器不同的型号参数进行具体分析计算。

（3）考虑远端设备的隔离设计。

远端设备的隔离设计也可称作单点接地设计，即远端设备不在邻近结构接地，而是通过信号回线（通常采用双扭绞的方式）返回到控制端，如图 4 - 50 所示。这种设计形式可有效降低由安装在严酷闪电区域的设备带来的对内部敏感电子设备的闪电瞬态危害，通常应用于电简单设备，如马达、作动器、传感器和外部照明灯等。

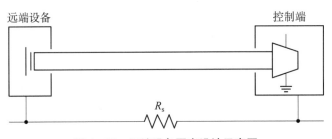

图 4 - 50　远端设备隔离设计示意图

由图 4 - 50 可知，远端设备内部电路与设备壳体绝缘，通过信号回路返回到控制端接地，这种方式与远端设备内部电路在本地接地的方式相比，消除了由结构阻抗 R_s 产生的电压耦合，若该结构为高阻的复合材料或远端设备与控制端相距较远，则耦合的电压会比较大。

远端设备内部电路与设备壳体绝缘，通常该绝缘层能耐受几百到几千伏的电压（绝缘层的耐压能力由该设备的绝缘耐压试验确定）。全机闪电间接效应试验过程中，由于被测导线与两端设备断开且在邻近结构接地，这种构型相当于是远端设备壳体被击穿后的构型，因此在这种构型下测得的短路电流会远大于在正常构型下感应到被测导线上的闪电瞬态电流值,通常会相差 $1\sim2$ 个数量级。试验测得的开路电压与设备本身的绝缘耐压试验电平相比,决定了远端设备壳体是否会被击穿,如果开路电压小于绝缘耐压试验电平,则可认为设备壳体不会被击穿,感应到被测导线上的瞬态电压/电流值会比试验测得的开路电压及短路电流小 $1\sim2$ 个数量级,据此分析实际感应瞬态电平与 ETDL 之间是否有足够的裕度。

(4) 被测导线本身具有高阻抗。

对于某些被测导线,可能其本身就具有比较大的阻抗,比较典型的是与风挡加温控制器(WHC)相连的电加热导体,在这种情况下测得的短路电流可能较小,而开路电压则会相对比较大。由于导线本身的高阻抗分担了绝大部分电压,因此出现在设备接口处的瞬态电压就只剩很小的一部分,而不至于对设备造成损坏。

通过以上几方面的分析,可大致确定实际感应到被测导线上并直接作用于设备接口处的闪电瞬态感应电平,并据此评估与 ETDL 之间是否有足够的安全裕度。如果经分析后,设备接口处的闪电瞬态感应电平还是过大,则需对现有设计进行改进,以增加闪电间接效应防护措施。

3) 设计改进

对现有设计的改进包含两方面的措施,一方面是提高设备本身的抗干扰能力,包括改进设备内部的电路设计或提高设备级闪电间接效应试验的电平,即提高ETDL;另一方面是提高飞机本身的闪电间接效应防护能力,以减少感应到互联电缆上的闪电瞬态电平,可以采用的措施主要有以下几种:

(1) 通过增加电缆屏蔽层或改进电缆的敷设路径改善电缆的屏蔽效能。

(2) 在设备接口处安装瞬态抑制器(TPD),以抑制过电压或将大电流分流入地。

(3) 将部件的内部电路与部件壳体隔离。

(4) 改善机身的电搭接及电磁屏蔽效能。

改进完成后,可进行局部补充试验,验证电缆上感应的闪电瞬态电平是否已限制在规定的限值以内。

4.8 外部安装设备闪电直接效应试验

本节所阐述的试验用以确定外部安装的电气和电子设备承受严酷闪电直接效应的能力。外部安装设备是指安装在飞机主蒙皮外的所有电子和电气设备,以及包括仅由介质蒙皮或整流罩覆盖的设备(介质整流罩是该设备的组成部分)。它还包括连接电缆和由设备制造商提供的作为设备组成部分的有关终端设备。

本节涉及的设备的例子有天线、外部照明、大气数据探头、外部传感器和安装在结构外部的防冰、除冰设备,即电加热防冰罩。暴露在直接闪击或扫掠闪击环境中的照明和安装在燃油箱中的油量探头等电子/电气设备也在本节包括的范围内。

本节不包含的设备有机械装置,例如加油口盖等作为飞机结构组成部分的设备(即加热或不加热的风挡、除冰系统为前缘结构组成部分或被前缘结构封闭的电除冰前缘),以及受飞机机头雷达罩或介质口盖保护的外部安装设备。机头雷达罩和介质口盖是特殊的飞机结构,它们不是这些外部安装设备的一部分,这一类部件,由飞机制造商规定或由其他的相关试验方法来验证。

通常,进行本节试验时,设备不加电即不工作。如果设备通电状态会改变其对闪电直接效应的敏感性或易损性,则该设备必须加电或模拟加电条件。在试验计划中应该说明这样做的需要。

4.8.1　试验类别

对外部安装设备,所采用的试验性质和试验电平取决于该设备被指定的类别,具体如下所示。

(1) 1A 类:位于飞机闪击区域 1A 的外部安装设备被指定为 1A 类,除非另外指定为 X 类。

(2) 1B 类:位于飞机闪击区域 1B 的外部安装设备被指定为 1B 类,除非另外指定为 X 类。

(3) 2A 类:位于飞机闪击区域 2A 的外部安装设备被指定为 2A 类,除非另外指定为 X 类。

(4) 2B 类:位于飞机闪击区域 2B 的外部安装设备被指定为 2B 类,除非另外指定为 X 类。

(5) 3 类:位于飞机闪击区域 3 的外部安装设备被指定为 3 类,除非另外指定为 X 类。

对于预期用于燃油气区域的设备,除了那些适用于相应的闪击区非燃油气区域设备的要求外,还必须有附加的试验要求。按此要求测试的设备,在区域分类后还有一个附加的类"F",它表示该类设备可以用于燃油气区域。例如 2AF 类明确了该设备用于闪击区 2A 的燃油气区域[12]。

4.8.2　试验方法

具有完整介质罩的设备首先应进行高电压试验,以确定表面飞弧或穿孔路径。如果一个设备(如刀形天线)的保护绝缘在高电压试验时未穿孔,则通常需要进行一个大电流试验来验证设备在热效应和声效应中的正常工作的能力,这种热效应和声效应产生的原因是设备靠近沿飞弧路径的大电流弧,该飞弧路径在高电压试验过程中被示明。表 4-9 列出了对应每个试验类别的电压波形。

表 4 - 9 高电压试验类别和试验波形

高电压试验类别	试验类型	高电压波形	
		A	D
1A	初始先导附着试验		X
1B	初始先导附着试验		X
1C	扫掠通道附着试验	X	
2A	扫掠通道附着试验	X	
2B	扫掠通道附着试验	X	
3	扫掠通道附着试验	X	

所有无介质覆盖的设备必须接受大电流试验以确定其将这些电流安全地传送到飞机结构并且确保过电流或过电压不会沿着有关互联线缆导入飞机和互联的设备中的能力。

被介质部分覆盖的设备首先应对被介质覆盖的那些部件进行高电压试验,其次还应对包括紧固件在内的所有暴露的导电部件进行大电流试验,适用于所选择的类别的电流波形按照表 4 - 10 执行。

表 4 - 10 大电流试验波形

大电流试验类别	试验类型	大电流波形						
		A	A_h	A/5	B	C	C	D
1A	电弧引入试验	X			X	X		
1B	电弧引入试验	X			X		X	X
1C	电弧引入试验		X		X	X		
2A	电弧引入试验				X	X		X[①]
2B	电弧引入试验				X		X	X[①]
3	电弧引入试验			X	X	X		

① 首先施加电流分量 D。

4.8.2.1 初始先导附着试验

本试验适用于指定为高电压放电附着试验类别 1A 和 1B 的设备,试验用于确定设备上可能产生的闪电附着位置,以及在设备被绝缘体覆盖的情况下,确定掠过或穿透电介质覆盖物的击穿路径。

将受试对象和试验夹具安装到如图 4 - 51 所示的导电接地平板上。通常搭接到飞机机架的受试对象的所有导电部件都应搭接到与高电压发生器的一端连接的接地平面上,高电压发生器的另一端应连接到如图 4-51 所示的大型平板电极上,接地平面和电极需有足够尺寸的圆弧形棱边。配置传感和记录设备,其中包括高电压分路器、记录示波器、拍摄闪络的照相机,另外还需包括测量放电电流、拍摄受试对象内部和背后流光的其他设备。

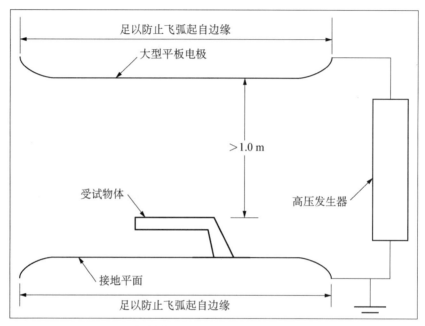

图 4-51　初始先导附着试验配置——导电接地平板

按下列要求和步骤开展试验:

(1) 用金属箔将受试对象覆盖,并将金属箔与接地平面连接。

(2) 选择初始极性并对金属箔进行试验,同时测量施加的电压。

(3) 如果波形不符合高电压波形 D 的要求,则必要时需要调节信号发生器参数或电极间距,以获得规定的波形。

(4) 移走受试对象上的金属箔。

(5) 对受试对象放电,同时测量放电电压并拍摄闪络路径痕迹照片。

(6) 每个极性至少放电 2 次。

4.8.2.2　扫掠通道附着试验

本试验适用于指定为高电压放电附着试验类别 1C、2A、2B 或 3 的设备。试验用于确定受试设备上可能产生的闪电附着位置,在设备被绝缘体覆盖的情况下,确定掠过或穿透电介质覆盖物的击穿路径。

受试对象和试验电极位置的典型试验布局如图 4-52 所示,如果受试件的尺寸

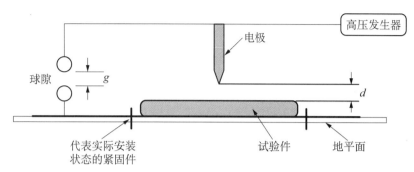

图 4 - 52　扫掠通道附着试验配置

大于 0.25 m,则通常需要从若干电极位置进行试验。

按下列要求和步骤开展试验:

(1) 设置高电压发生器,使之产生电压波形 A。

(2) 将图 4 - 52 中两个球体之间的间隙设置为 g,并将球体间的间隙调整为电压高于所需电压的 120%～130% 时放电。调节高电压发生器,使得在球体间隙中产生闪络,记录球体间隙的击穿电压,必要时调整球隙间距,以获得规定的波形。

(3) 将高压发生器的输出端连接到高电压试验电极。

(4) 将受试对象安装在试验电极下面,使电极处在某个试验位置的上方。用金属箔将受试对象覆盖,并将金属箔接地至高电压发生器回线端。电极应放置在离受试对象表面不超过 50 mm 处。

(5) 开启高电压发生器,记录试验电极的击穿电压。必要时调整电极与受试件的间距,使电极在所需的电压范围内击穿空气。

(6) 移走受试对象上的金属箔。

(7) 对受试对象放电,同时测量放电电压并拍摄闪络路径痕迹照片。

(8) 每个极性至少放电 2 次。

4.8.2.3　大电流物理破坏试验

本试验适用于指定为大电流物理破坏试验类别为 1A、1B、1C、2A、2B 和 3 的设备。试验用于评价对可能遭受闪电电流直接注入设备造成的损坏。

受试对象和试验电极位置的典型试验布局如图 4 - 53 所示。

按下列要求和步骤开展试验:

(1) 将一个假受试对象放在电极下方的受试夹具上或将一个导电棒放在受试对象上方,以使波形的校准不损坏受试对象。假的受试对象或导电棒应具有与受试对象大体相同的尺寸和电导率。

(2) 将试验夹具或导电棒连接到信号发生器的回线。

(3) 对假受试对象/导电棒开始放电,同时测量施加的电流波形。

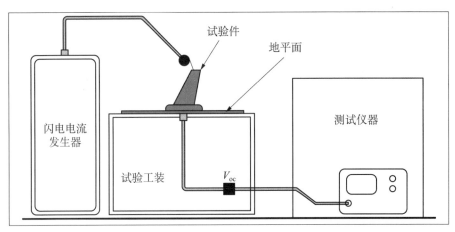

图 4-53　大电流物理破坏试验的典型试验布局

（4）如果电流电平或波形不符合要求，则调节发生器的参数，直至电流参数符合要求。

（5）移走假受试对象/导电棒，将受试对象安装到试验夹具上。

（6）对受试对象进行放电。

（7）检查受试对象并记录试验结果。

（8）如需要，则再调整放电位置，重复上述步骤。

试验完成后，应对受试对象进行详细鉴定，确定与设备性能使用规范的符合性。

4.9　闪电防护维修和保证计划

闪电防护维修的目的是为了降低可能引起单点故障的原因以及发生共因故障的原因（如环境恶化或偶然损伤），这些原因通常会影响闪电的防护，影响飞机的持续安全飞行和着陆。

为了保证飞机在实际运行过程中对闪电环境所采取的防护设计能持续有效，以保证飞机关键功能在遭受到闪电环境时不会受到不利影响，定期的维修检查是必需的。而闪电防护维修分析，是为了确定闪电防护部件的维修间隔和维修任务，通过分析确认的维修项目作为维修大纲的输入，是后续飞机运行过程中维修检查的基础。

闪电防护保证计划是对维修大纲的一个工程评定，用以支持飞机持续适航。闪电防护保证计划介绍了飞机闪电防护的一般方法、维修检查的类型、受监控飞机的数量、受监控检查的间隔和整个监控计划的持续时间，其中应该包括预期可接受或者检查通过/失败的评判标准。防护保证计划应该作为飞机适航认证的一部分来证明飞机符合持续适航的要求，其执行的结果可以用来调整定期和非定期的维修计划。

4.10　ARJ21-700飞机闪电防护设计与验证概述及典型案例

ARJ21-700飞机闪电防护设计和验证工作以CCAR-25.581和25.1316为基础,依据咨询通告AC-20-136中对民机系统闪电防护适航符合性验证工作的要求,全面地开展了飞机闪电防护设计和验证。

ARJ21-700飞机闪电防护设计和试验验证,主要包括了防护设计、仿真计算和试验验证三个方面。通过确定系统安全性等级、开展飞机闪电分区和预估飞机内部闪电环境,制订了完整的飞机闪电防护设计需求。采用仿真计算的方法,计算闪电分区和典型舱室内部的闪电环境;进行必要的需求确认,以保证闪电防护设计需求的正确性。针对不同的设备/系统等级,确定验证方法和流程,完成从设备、系统到飞机三个层级的符合性验证(包括试验、分析)。ARJ21-700飞机是国内第一次严格地按照CCAR-25/FAR-25的要求进行闪电防护的设计和验证,在型号研制和取证过程中,逐步摸索并形成了一套完整的飞机HIRF防护符合性验证方法和流程。这些方法和流程为飞机、系统/设备的闪电防护设计和验证提供了技术支撑,填补了国内的技术空白。

在ARJ21-700飞机闪电防护验证过程中,也遇到了一些设计不满足指标要求的问题。在解决问题过程中,其分析思路和方法值得借鉴。以下内容作为典型案例分享。

ARJ21-700飞机全机闪电间接效应试验测试了在L电源分配组件(PDA)与L组合驱动发电机(IDG)相连导线上感应的开路电压和短路电流,导线从L PDA的1端到L IDG的T1端(图4-54中方形框部分),测试端为L PDA。

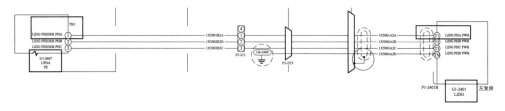

图4-54　L PDA与L IDG连接线路图

试验测试了3种不同的构型状态,试验编号分别为1、2、3。其中,测试点1的附着构型为N-LENG,即电流从机头进,到左发动机出,导线远端未在T1接地,而是通过G4-2409(图4-54中虚线圆圈标注)在机身内部接地;测试点2的附着构型为N-T,即电流从机头进,到机尾出;测试点3的附着构型为N-LENG,导线远端在T1接地。

三种构型的测试值如表4-11所示。

表 4 - 11　测试结果汇总

试验编号	电流分量 D		电流分量 H	
	电压/V	电流/A	电压/V	电流/A
1	1 200	8	920	11.5
2	430	5	313	—
3	1 800	240	820	15

从表 4 - 11 中可以看出,导线上感应的最大开路电压值为 1 800 V,短路电流最大值为 270A。根据试验的判据,导线上测得的开路电压和短路电流的最大值必须小于设备鉴定试验电平的一半(即需要至少 6 dB 的安全裕度)。

PDA 的设备鉴定试验等级为 A3E3,即在插针试验时注入的峰值电平为,波形 3:600 V/24 A;波形 4/1:300 V/60 A。

因此,从试验结果看,该测试点显然不能通过试验。

对于未通过试验的测试点,可通过以下几种优化设计方案加以解决:

(1) IDG 做绝缘耐压试验,电平≥5 kV。

(2) 增加电缆屏蔽层,并将屏蔽层两端接地,这样可以使感应电平减少 12～20 dB。

(3) 将导线靠近低阻抗导体敷设,这样可以使感应电平减少 6～12 dB。

就上述几种方案,主制造商可综合考虑成本、周期等因素,选择一种或几种适当的方案对设计进行优化。

4.11　小结

飞机闪电防护设计与验证是民机适航取证工作中的重要组成部分,闪电防护贯穿了飞机整个生命周期。本章节从适航条款的要求出发,着重描述了闪电防护设计的符合性流程、设计措施和验证方法,基本涵盖了民用飞机整个设计过程中所需开展的所有闪电防护相关的工作内容。

参 考 文 献

[1] FAA. AC-20-136B Aircraft Electrical and Electronic System Lightning Protection [S]. 2011.

[2] SAE ARP 5414A Aircraft Lighting Zoning [S]. 2005.

[3] SAE ARP 5412A Aircraft Lightning Environment and Related Test Waveforms [S]. 2005.

[4] SAE ARP 5415 Users Manual for Certification of Aircraft Electrical/Electronic System for the Indirect Effects of Lightning [S]. 2002.

[5] SAE ARP 5416 Aircraft Lightning Test Methods [S]. 2013.

[6] RTCA/DO-160G Environmental Conditions and Test Procedures for Airborne Equipment

［S］. 2010.

［7］ Franklin A F，Plumer J A，Rodney A P. Lightning Protection of Aircraft，2nd ed. ［M］. Lightning Technologies Inc. ，2004.

［8］ 陈伟华. 电磁兼容使用手册［M］. 北京：机械工业出版社，2000.

［9］ 陈穷. 电磁兼容性工程设计手册［M］. 北京：国防工业出版社，1993.

［10］ GJB1389A—2005 系统电磁兼容性要求［S］. 2005.

［11］ 牛春匀. 飞机复合材料结构设计与制造［M］. 西安：西北工业大学出版社，1995.

［12］ HB 6167. 22—2014 民用飞机机载设备环境条件和试验方法　第 25 部分：雷电直接效应试验方法［S］. 2014.

5　高强度辐射场防护

5.1　概述

　　与自然界产生的闪电不同,高强度辐射场(HIRF)是由人类活动造成的电磁环境问题,其具有频带宽(10 kHz～40 GHz)、作用时间长(远大于闪电的作用时间)的特点,已成为影响飞机安全的重要因素之一。在飞机的研制过程中,应采取措施对飞机的电子/电气系统进行防护,以免高强度辐射场对飞行安全带来不利影响。

　　高强度辐射场对飞行安全带来的影响日渐严重。首先,从飞机本身来看,执行关键功能的传统机械或机电控制及机电指示系统,已逐渐被电子飞行控制系统、电子显示指示系统和全权数字式发动机控制器等所替代,而这些电子/电气设备对外部电磁环境的敏感程度显然高于传统的机械系统。其次,随着导电性能低的复合材料越来越多地应用到新型飞机上,使得飞机对外部电磁环境的屏蔽效能大大降低。最后,从外部环境来看,现在射频发射机的数量和功率都大量增加了,工作方式更加多样化(如地面雷达、通信广播发射台、舰载和机载射频发射机等),使得空间电磁频谱更加复杂、电磁能量更加强大,电磁环境也更加恶化[1]。

　　由于外部高强度辐射场引起的飞行安全事故时有发生,例如在外部高强度电磁辐射环境的影响下,飞行操控系统不稳定、控制舵面错误运动、发动机转速突然发生变化、导航指示器的航向、高度等重要参数显示错误等,从而导致飞机坠毁等严重的飞行安全事故。

　　1967 年 7 月 29 日,美国的"福莱斯特"号航空母舰在越南沿海执行任务。一架 F-4"鬼怪"战斗机上的"祖尼"火箭点火装置的屏蔽电缆连接器没有接好,而屏蔽电缆接口恰好受到舰上雷达的照射引起点火装置误动作,导致其自动发射,击中了停在"福莱斯特"号航空母舰甲板上的一架 A-4"天鹰"攻击机。强烈的碰撞使机腹的油桶和一枚 4 536 千克重的炸弹脱落,导致大量的 JP5 喷气推进燃料溅到甲板上,并引起大火、炸弹爆炸。当时甲板上停着许多满载燃料和弹药准备起飞的飞机,于是一连串的爆炸在所难免;更为严重的是,汽油和弹片从甲板上的舱口炸入下层,使下层甲板也燃起熊熊大火。这次事故导致 134 名人员丧生,64 人受伤。

　　20 世纪 80 年代初,美国导弹驱逐舰上的舰载直升机执行任务后回航,当在舰的上空盘旋进行缓慢着舰时,由于受舰上大功率天线的辐射的影响,使直升机的桨叶伺服机构失效而坠毁,导致舰上的设备和人员都有不同程度的损伤,经济损失达 75 万美元。20 世纪 80 年代中期,美国海军(用)飞机,由于电磁干扰导致高度表显示错误而坠毁[2]。

　　1990 年 4 月 15 日,一架 Industries Airship-600 飞艇在美国北卡罗来纳州飞越美国之音(VOA)射频天线的高方向性波束时遭遇了双发完全失去动力的情况,导致其在被迫着陆过程中撞到树和山上。美国国家运输安全局(NTSB)在事故调查报告中声明,这次事故的原因是飞艇遭到了严重的电磁场干扰[3]。

　　1999 年 3 月 2 日,一架某型直升机遭遇一个广播电台发出的高频电磁波,直升机的通信系统、无线电导航系统以及内部通话装置都受到影响,发动机和转子指示仪表都显示它们的工作状态下降。事后调查发现,两起事故(包含 1990 年发生的)的可能原因都是因为受到电磁波和辐射场的影响,并且它们都缺少电磁防护[3]。

　　据国外文献报道,飞机在飞行时许多设备或仪表受到了电磁干扰。例如,由于电磁环境效应使飞机在飞行过程中出现控制翼面错误动作、操纵控制系统不稳定、航向指示器出错、导航指示器故障告警失效、导航雷达数据显示出错以及发动机转速发生变化等威胁飞行安全的电磁干扰现象。这种高强度电磁辐射场(HIRF)干扰具有普遍性,在军机和民机上都可能发生。

　　因此,如何有效避免 HIRF 环境对飞机电子/电气系统造成不利影响,是现代飞机所关注的内容。由于飞机不是一个完整的金属屏蔽体,因此不能隔绝电磁能量的进入,只能通过尽可能降低 HIRF 环境耦合到飞机内部的量值,并提高机载电子/电气设备的抗扰度,实现飞机 HIRF 防护的目的。本章重点介绍 HIRF 防护所需遵循的适航规章及工业标准要求、符合性验证要求及流程、防护设计和验证方法等。

5.2　适航要求

　　欧美国家成立了专门的机构,对高强度辐射场(HIRF)防护进行了多年的研究,经历了一个长期的过程。

　　1987 年,FAA 与国防部电磁兼容分析中心(ECAC,现联合光谱中心 JSC)签订合同,研究和定义美国 HIRF 环境,并将其用于飞机审定和建立技术标准规定(TSO)。

　　1988 年 2 月,FAA 和欧洲联合航空局(JAA)委托国际自动机工程师学会(SAE)和欧洲民用航空设备委员会(EUROCAE)编写指导材料和可接受的符合性方法(AMC)文件,以支持 FAA 和 JAA 建立 HIRF 审定要求。

　　SAE 评审并修改了 ECAC 定义的 HIRF 环境,公布了用于固定翼飞机的 HIRF

环境,并准备了咨询材料以支持 FAA 的立法工作。

　　早在 20 世纪 90 年代,FAA 和 JAA 就致力协调 JAA 和 FAA 的适航要求,FAA 和 JAA 认为 HIRF 审定要求提议被采纳之前需要进一步的国际协作。因此,FAA 在运输类飞机和发动机问题纪要(57 FR 58843,1992 年 12 月 11 日)中提出在航空立法咨询委员会(ARAC)下建立电磁效应协调工作组(EEHWG),与 JAA 协调飞机 HIRF 审定要求。EEHWG 将已有的 ECAC 和 SAE 建立的 HIRF 环境进一步扩展应用范围,适用于 23、25、27、29 部飞机审定。

　　1994 年,FAA 委任海军航空作战中心飞机分部(NAWCAD)进行 HIRF 电磁场调查研究,以支持 EEHWG 的工作。EEHWG 也接收了欧洲政府提供的欧洲发射机电磁环境数据,修改了美国和欧洲的数据,形成了一套协调一致的 HIRF 环境数据,以备 AC/联合航材咨询(AMJ)草案和协调的 FAA 的 HIRF NPRM 和 JAA 的 HIRF 制定修正案公告(NPA)草案使用。

　　1997 年 7 月,FAA 和 JAA 联合发布了建议的咨询通告《飞机电子电气系统高强度辐射场环境符合性验证》;1997 年 11 月,EEHWG 的 HIRF 环境被 FAA、JAA 和工业部门同意并采纳;EEHWG 同意 HIRF 环境纳入本次修正案的提议中;另外,最终发布的 NPRM 中的信息是基于之前发布的 NPRM 和 NPA 草案编写的。

　　1998 年 4 月,FAA 发布了通告 N8110.71《飞机高强度辐射场环境的符合性验证指南》;于 2006 年 2 月 1 日颁发了建议规章制定公告(NPRM/71 FR 5553);同时,FAA 起草并颁发了咨询通告草案,并根据收到的反馈意见进行了相应的修改,最后定稿颁发了名为《在 HIRF 环境中应用的飞机电子和电气系统合格审定——The Certification of Aircraft Electrical and Electronic Systems for Operation in the High Intensity Radiated Fields（HIRF）Environment》的咨询通告 AC-20-158[3]。2007 年 8 月 6 日,FAA 发布了修正案 25-122,提出了增加高强度辐射场防护的 FAR-25.1317 条款。

　　在 2003 年以前,中国民航适航等部门未曾提出过高强度辐射场防护的问题,国内 HIRF 防护设计、预测分析、试验验证技术方面基本处于空白状态。随着新型支线飞机项目的启动,中国民用航空局(CAAC)适航司依据 FAA-N8110.71 通告以及 AC/AMJ-20.1317 咨询通告,颁布了针对新型支线飞机的 HIRF 专用条件(SC SE001 HIRF 专用条件)和问题纪要,为国内针对 HIRF 防护设计与验证工作的开展提供了契机。

　　国内随着新型支线飞机的研制与取证工作的开展,在 HIRF 设计防护技术、预测分析技术、适航符合性验证等方面有了一定的技术积累,逐步缩小了与国外在 HIRF 防护设计与验证方面的技术差距。2011 年,CAAC 在更新 CCAR-25《中国民用航空规章第 25 部运输类飞机适航标准》R4 版本时也增加了 CCAR-25.1317 条款,与 FAR/CS-25.1317 条款要求一致。目前国内正在研制的大型飞机项目,其在适航符合性验证过程中也必然会遇到 HIRF 的防护问题，即必须满足 CAAC 的 HIRF 防护适航条款要求。

在 CCAR 25.1317 条款颁布之前，CAAC 在 2006 年 8 月 7 日颁布了咨询通告 AC-21-1317《航空器高强辐射场（HIRF）保护要求》，该咨询通告提出了建议的 HIRF 专用条件。ARJ21-700 飞机型号合格审定活动中参考 AC-21-1317 制定了专用条件。

SC SE001 高能电磁辐射场（HIRF）：执行关键功能的每个电子和电气系统必须被设计和安装成当航空器暴露于航空器外部 HIRF 环境下时，确保执行关键功能的这些系统的运行和运行能力不会受到不利的影响。

这里所说的关键功能是指故障将触发或引起阻止飞机继续安全飞行和着陆的故障条件的那些功能。根据本专用条件，申请人应符合下面（1）或（2）：

（1）申请人可以验证飞机暴露于表 5-1 的 HIRF 环境时安装且执行关键功能的电子和电气系统的运行和运行能力不会受到不利影响。

（2）申请人可以由一个系统试验室试验进行验证，执行关键功能的电子和电气系统能够经受住 10 kHz～18 GHz 频率范围内 100 V/m（均方根值）的电磁场强度。

（3）任何一个验证都可以使用表 5-1 中规定的个别频率范围表明符合性。

（4）就像许多试验室仪表指示幅值那样，为 HIRF 环境和试验室试验水平所使用的场强值均以测量调制周期峰值的均方根值表示。

表 5-1　SC SE001 中的 HIRF 环境

频　率	场强/（V/m）	
	峰值	平均值
10～100 kHz	50	50
100～500 kHz	50	50
500 kHz～2 MHz	50	50
2～30 MHz	100	100
30～70 MHz	50	50
70～100 MHz	50	50
100～200 MHz	100	100
200～400 MHz	100	100
400～700 MHz	700	50
700 MHz～1 GHz	700	100
1～2 GHz	2 000	200

（续表）

频　率	场强/（V/m）	
	峰值	平均值
2～4 GHz	3 000	200
4～6 GHz	3 000	200
6～8 GHz	1 000	200
8～12 GHz	3 000	300
12～18 GHz	2 000	200
18～40 GHz	600	200

场强以峰值的均方根值（RMS）给出

　　该专用条件要求 A 级系统和设备在暴露于 HIRF 审定环境下时，系统的运行和运行能力不会受到不利影响。

　　ARJ21-700 飞机的高强度辐射场（HIRF）防护设计和符合性验证工作是以 SC SE001 高能电磁辐射场（HIRF）为基础，依据咨询通告 AC-20-158 中对民机 HIRF 适航符合性验证工作的要求开展的。在 ARJ21-700 飞机项目后期，基于 CCAR-25-R4 中的 CCAR-25.1317 条款对飞机高强度辐射场（HIRF）防护的适航要求，分析 HIRF 专用条件和 CCAR-25.1317 条款的差异，确认 ARJ21-700 飞机满足最新 HIRF 条款的要求。

　　CCAR-25.1317 条款的具体描述如下。

　　（a）除本条（d）规定以外，对于其功能失效会影响或妨碍飞机继续安全飞行和着陆的每个电气和电子系统必须设计和安装，以符合以下要求：

　　（1）当飞机暴露于 HIRF 环境 I 时（HIRF 环境 I 的定义见表 5-2）和暴露后，其功能不会受到不利影响。

　　（2）飞机暴露于 HIRF 环境 I 后，系统及时地自动恢复其功能的正常运行，除非系统的这种功能恢复与该系统其他运行或功能要求相冲突。

　　（3）当飞机暴露于 HIRF 环境 II 时（HIRF 环境 II 的定义见表 5-3）和暴露后，系统不会受到不利影响。

　　（b）对于其功能失效后会严重降低飞机性能或飞行机组对不利运行条件的反应能力的电子和电气系统必须设计和安装，当提供这些功能的设备暴露于 HIRF 设备测试水平 1 或 2 时，系统不会受到不利影响。

　　（c）对于其功能失效后会降低飞机性能或飞行机组对不利运行条件的反应能力的电子或电气系统设计和安装，当提供这些功能的设备暴露于附录 L 中描述的 HIRF 设备测试电平 3 时，系统不会受到不利影响。

(d) 在 2012 年 12 月 1 日前,如果其功能故障后会妨碍继续安全飞行和着陆的电子或电气系统的设计和安装,那么在符合以下要求时可以不满足(a)条款的规定:

(1) 系统先前已经符合 2011 年 12 月 7 日前颁布的 CCAR-21.16 规定的专用条件。

(2) 自从表明符合专用条件后系统的 HIRF 抗干扰特性没有改变。

(3) 提供以前表明符合专用条件的数据。

CCAR-25.1317 条款共有 4 个子条目,但实际对飞机 HIRF 防护的要求只有3 条,即 25.1317(a)、25.1317(b)和 25.1317(c),分别针对执行其功能失效可引起灾难性后果的电子/电气系统和执行其功能失效可引起危险的和较严重的后果的电子/电气系统。25.1317(d)不是要求,只是规定了 HIRF 专用条件与本条款的时间及有效性的关系。

CCAR-25-R4 的 25.1317 条款对外部 HIRF 环境有明确的定义,CCAR-25-R4 中的附录 L《HIRF 环境和 HIRF 设备测试水平》给出了详细的内容。该附录注明了用于第 25.1317 条中电子和电气系统的 HIRF 环境和 HIRF 设备测试水平。HIRF 环境和 HIRF 设备测试水平的场强都用调制周期内峰值的均方根表示。

(a) HIRF 环境 I 如表 5 - 2 所示。

表 5 - 2　HIRF 环境 I

频　段	场强/(V/m)	
	峰值	平均值
10 kHz～2 MHz	50	50
2～30 MHz	100	100
30～100 MHz	50	50
100～400 MHz	100	100
400～700 MHz	700	50
700 MHz～1.0 GHz	700	100
1.0～2.0 GHz	2 000	200
2.0～6.0 GHz	3 000	200
6.0～8.0 GHz	1 000	200
8.0～12.0 GHz	3 000	300
12.0～18.0 GHz	2 000	200
18.0～40.0 GHz	600	200

表中,较高的场强适用于频段边沿。

(b) HIRF 环境Ⅱ的定义如表 5-3 所示。

表 5-3　HIRF 环境Ⅱ

频　段	场强/(V/m)	
	峰值	平均值
10～500 kHz	20	20
500 kHz～2 MHz	30	30
2～30 MHz	100	100
30～100 MHz	10	10
100～200 MHz	30	10
200～400 MHz	10	10
400 MHz～1.0 GHz	700	40
1.0～2.0 GHz	1 300	160
2.0～4.0 GHz	3 000	120
4.0～6.0 GHz	3 000	160
6.0～8.0 GHz	400	170
8.0～12.0 GHz	1 230	230
12.0～18.0 GHz	730	190
18.0～40.0 GHz	600	150

表中,较高的场强适用于频段边沿。

(c) HIRF 测试水平 1

(1) 10 kHz～400 MHz 内,用连续波形(CW)且调制深度为 90% 或更大的 1 kHz 方波做传导敏感测试。传导敏感电流必须最小从 10 kHz 处的 0.6 mA 开始,然后频率每增加 10 倍电流幅值增加 20 dB,到 500 kHz 处电流最小为 30 mA。

(2) 500 kHz～40 MHz 内,传导敏感电流至少为 30 mA。

(3) 40～400 MHz 内,做传导敏感测试,传导敏感电流必须最小从 40 MHz 处的 30 mA 开始,然后频率每增加 10 倍电流幅值下降 20 dB,到 400 MHz 时电流最小为 3 mA。

(4) 100～400 MHz 内,用峰值最小为 20 V/m 的连续波(CW)且调制深度为 90% 或更大的 1 kHz 方波做辐射敏感测试。

(5) 400 MHz～8 GHz 内,用峰值最小为 150 V/m、占空比为 4% 且脉冲重复频率(PRF)为 1 kHz 的方波做辐射敏感测试。

（d）HIRF 测试水平 2

HIRF 设备测试水平 2 是表 5-3 中的 HIRF 环境 Ⅱ 经过可接受的航空器传输函数和衰减曲线降低后的结果。测试必须覆盖 10 kHz～8 GHz 频段。

（e）HIRF 测试水平 3

（1）10 kHz～400 MHz 内，做传导敏感测试。传导敏感电流必须最小从 10 kHz 处的 0.15 mA 开始，然后频率每增加 10 倍电流幅值增加 20 dB，到 500 kHz 处电流最小为 7.5 mA。

（2）500 kHz～40 MHz 内，传导敏感电流至少为 7.5 mA。

（3）40～400 MHz 内，做传导敏感测试，传导敏感电流必须最小从 40 MHz 处的 7.5 mA 开始，然后频率每增加 10 倍电流幅值下降 20 dB，到 400 MHz 时电流最小为 0.75 mA。

（4）100 MHz～8 GHz 内，做场强最小为 5 V/m 的辐射敏感测试。

SC SE001 和 CCAR-25.1317 是确定 ARJ21-700 飞机高强度辐射场（HIRF）防护设计和验证的基本要求，依据咨询通告 AC-20-158 以及相关的工业标准，确定飞机 HIRF 防护目标，选择合适的符合性方法，对机载设备/系统和飞机进行 HIRF 防护符合性验证，以满足适航条款的要求。

5.3　HIRF 符合性验证要求及流程

为了表明飞机 HIRF 防护设计的有效性、正确性和充分性，飞机主制造商（OEM）需要进行相关的适航符合性验证工作，以表明飞机满足 HIRF 防护适航要求。

5.3.1　HIRF 符合性验证要求

对 HIRF 防护符合性验证而言，应包含以下步骤[4]：

（1）确定需评估系统的功能等级。

（2）建立适用的外部 HIRF 环境。

（3）建立安装系统的试验环境。

（4）选择 HIRF 符合性验证的适用方法。

（5）验证 HIRF 防护的有效性。

5.3.1.1　确定需评估系统的功能等级

确定要求进行 HIRF 评估的飞机系统的过程与 25.1309 表明符合性的过程相似。应定义系统中完成一项功能的各个部件，同时考虑系统中的冗余或备份设备。这些部件因遭遇 HIRF 环境而导致或促使影响飞机安全飞行的任何系统故障时，必须评估确认受影响的飞机及系统安全可能受影响的程度。系统运行应评估独立的、综合的，或与其他系统关联的状态。评估应包括：

（1）所有正常飞机运行模式、飞行阶段以及运行条件。

（2）所有失效状态及其对飞机运行和飞行机组的后续影响。

（3）需要的任何纠正措施。

为了建立并对设备或系统故障条件进行分类，应进行 HIRF 相关的安全性评估。表 5-4 中提供了相应的失效状态分类和系统 HIRF 验证等级。只有那些确定其故障会导致灾难性、危险性或较大失效状态的系统才需要遵守 HIRF 规章。如表 5-4 所示，基于安全性评估所建立的失效状态分类，系统应确定适当的 HIRF 验证等级。安全性评估必须考虑 HIRF 的共因影响，特别是高集成度系统和冗余设计的系统。更多的安全性评估指南见 AC-25.1309、SAE ARP 4754、SAE ARP 4761 和 SAE ARP 5583。

表 5-4　HIRF 失效状态和系统 HIRF 验证等级

HIRF 要求（引自 25.1317）	失效状态	系统 HIRF 验证等级
其功能失效会影响或妨碍飞机继续安全飞行和着陆的每一电气和电子系统	灾难性的	A
其功能失效后会严重降低飞机性能或飞行机组对不利运行条件的反应能力的每一电气和电子系统	危险性的	B
其功能失效后会降低飞机性能或飞行机组对不利运行条件的反应能力的每一电气和电子系统	较大的	C

安全性评估必须考虑由于系统失效、故障或错误信息引起的所有潜在不利影响。安全性评估可能表明某些系统在不同的飞行阶段有不同失效状态。因此，在不同飞行阶段适用于系统的 HIRF 要求可能是不同的，例如，自动飞行控制系统在自动着陆阶段可能会出现灾难性失效状态，而在巡航阶段时可能会出现危险的失效状态。

5.3.1.2　建立适用的外部 HIRF 环境

目前民机遵循的外部 HIRF 环境，来自于 FAA 和 NASA 对美国、西欧 50 000 部以上电台、电视台、雷达以及其他类型发射机的研究和测试，通过几年的时间建立了详细的环境模型，并基于此建立了标准 HIRF 环境，用于飞机研制过程中的 HIRF 验证。目前规定了四种 HIRF 环境：

（1）固定翼恶劣 HIRF 环境（不用于 HIRF 合格审定中）。

（2）合格审定 HIRF 环境（HIRF 环境 I）。

（3）正常 HIRF 环境（HIRF 环境Ⅱ）。

（4）旋翼机恶劣 HIRF 环境（HIRF 环境Ⅲ）。

适用于民用固定翼客机的外部 HIRF 环境在 CCAR-25-R4 附录 L 中，已定义了 HIRF 外部环境，分别为 HIRF 环境Ⅰ和 HIRF 环境Ⅱ。

5.3.1.3 建立系统的试验环境

建立每一系统的试验环境即建立内部 HIRF 环境，内部 HIRF 环境是外部电磁场、飞机和装在飞机上的系统间的复杂电磁相互作用的结果。外部 HIRF 环境将穿透飞机，对安装于内部的电子/电气系统建立内部 RF 环境。内部环境是多种因素综合的结果，如结构缝隙和开口、飞机内部结构和导线的再次辐射影响以及飞机共振特性等。

A 级系统的内部 HIRF 环境是由飞机对 HIRF 环境Ⅰ、Ⅱ或Ⅲ的衰减决定的。衰减是针对飞机和特定的区域，通过飞机级试验、分析或相似性来建立的。

B 级系统的内部 RF 环境在规章中定义，设备级 HIRF 试验电平 1 或 2。

C 级系统的内部 RF 环境在规章中定义，设备级 HIRF 试验电平 3。

5.3.1.4 选择 HIRF 符合性验证的适用方法

表 5-5 概述了 HIRF 规章中的飞机性能要求与 HIRF 环境和试验电平之间的关系[4]。

表 5-5　HIRF 验证要求概述

HIRF 失效状态（来自 25.1317 的规定）	性能要求	环境或适用等级适用的项目	HIRF 环境或试验电平
其功能失效会妨碍飞机继续安全飞行和着陆的每一电气和电子系统必须设计并安装以使—	在……中和之后每一功能不会受到不利影响	飞机/旋翼飞机	暴露于 HIRF 环境Ⅰ
	在……之后，每一电子/电气系统能及时地自动恢复其功能的正常运行	飞机/旋翼飞机	暴露于 HIRF 环境Ⅰ，除非系统的这种功能恢复与该系统其他运行或功能要求相冲突
	在……中和之后每一电子/电气系统不会受到不利影响	飞机/旋翼飞机	暴露于 HIRF 环境Ⅱ
	在……中和之后，目视飞行规则条件下运行要求的每一功能不会受到不利影响	旋翼飞机	暴露于 HIRF 环境Ⅲ（只适用于 27 部和 29 部飞机）

续　表

HIRF 失效状态(来自 25.1317 的规定)	性能要求	环境或适用等级适用的项目	HIRF 环境或试验电平
其功能失效后会严重降低飞机性能或飞行机组对不利运行条件的反应能力的每一电气和电子系统必须设计并安装以使—	当……时系统不会受到不利影响	提供这些功能的设备	暴露于设备级 HIRF 试验等级 1 或 2
其功能失效后会降低飞机性能或飞行机组对不利运行条件的反应能力的每一电气和电子系统必须设计并安装以使—	当……时系统不会受到不利影响	提供这些功能的设备	暴露于设备级 HIRF 试验电平 3

建立与适用的 HIRF 规章性能标准有关的每一系统特定 HIRF 符合性通过/失败判据。这些通过/失败判据必须得到审查组的批准。申请人必须确定与判据有关的监控系统性能的方法,并得到审查组批准。所有通过/失败判据的影响必须是对系统单独和交互运行特性可识别和可追踪分析的结果。系统分析需评估可能对系统性能不利的单一失效和组合失效。应包括可能使系统内冗余无效的故障或者可能影响执行同一功能的多个系统的故障。

5.3.1.5　验证 HIRF 防护的有效性

选择适用的 HIRF 符合性验证方法。HIRF 符合性验证的适用方法包括验证试验(飞机级试验、系统级试验、设备级试验)、仿真分析(一般用于飞机设计前期,用来发现不足之处,以减少风险)以及相似性分析(一般用于改进、改型的设备)。

通过验证,需要表明由 HIRF 环境产生的系统/设备线缆上的 RF 电流和系统周围的 RF 场强比设备或系统 HIRF 鉴定试验电平低。

5.3.2　HIRF 符合性验证流程

贯彻落实 HIRF 的适航要求,不仅要在飞机设计阶段进行,而且要贯穿飞机的全寿命周期。在开展 HIRF 符合性验证之前,应建立一个全面的 HIRF 合格审定计划以明确识别和定义对 HIRF 验证的要求、HIRF 防护设计以及预期作为符合性验证工作一部分的设计、试验和分析工作。这一计划应提供飞机系统的定义、安装以及 HIRF 符合性防护设计的评估。HIRF 合格审定计划应与审查组讨论,并在执行前提交给审查组,获得其批准。

进行 HIRF 符合性验证可以选择不同的方法。对于 A 级系统的适航符合验证流程如图 5-1 和图 5-2 所示。

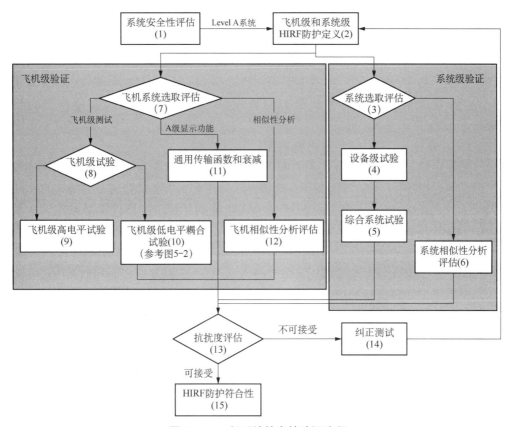

图 5-1 A 级系统符合性验证流程

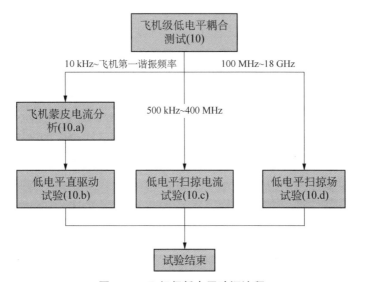

图 5-2 飞机级低电平验证流程

5.3.2.1 A级系统HIRF符合性验证步骤

1) 步骤1——系统安全性评估

采用系统安全性评估确定机载系统失效状态分类。对于分类为灾难性的失效状态的系统(A级系统),需遵循下列步骤2到15(见图5-1和图5-2)。对于分类为危险性的或较大的失效状态的系统(B级和C级系统),需遵循步骤见5.3.2.2节。

2) 步骤2——飞机级和系统级HIRF防护定义

基于飞机及其A级系统适用的HIRF环境,将HIRF防护要素结合到飞机和系统设计中。设备、系统和飞机HIRF防护设计通常在飞机级试验实施并确定真实的内部HIRF环境之前。因此,设备、系统和飞机的HIRF防护设计需要基于预估的内部HIRF环境。

3) 步骤3——系统选取评估

确定将要执行综合系统HIRF试验的A级系统,或是基于先前相似系统已实施的综合系统HIRF试验的系统验证。

4) 步骤4——设备级试验

在进行步骤5综合系统试验室试验之前,需要进行RTCA/DO-160(或最新版本)20节中规定的辐射和传导射频敏感性试验来建立对设备HIRF抗扰度的自信度。设备级试验的试验电平(线缆感应电流和射频场强)应按照RTCA/DO-160 20节或飞机和设备安装相对应的外部HIRF环境分析得来的电平。

5) 步骤5——综合系统试验

A级系统需要执行综合系统辐射和传导射频敏感性试验室试验。基于飞机外部HIRF环境衰减的评估(步骤10、11或12),确定试验的HIRF场强和线缆感应电流。在许多情况下,综合系统试验在飞机评估之前完成,这种情况下,综合系统试验的场强和电流应基于预估的飞机衰减或传递函数。

综合系统试验室试验的安装细节应与飞机上的安装相似。因此,试验室综合系统台架在进行符合性验证试验前应完成局方制造符合性检查。

综合系统试验应处于系统运行状态,且连接包括显示器、传感器、激励器和其他设备。设置系统多种运行模式以确定综合系统运行过程中极限的敏感性。

试验电平的选择应基于飞机试验确定的预期飞机内部HIRF环境(见步骤10)、通用传递函数(仅适用于A级显示系统)和衰减(见步骤11),或者飞机相似性分析,以及采用适当的外部HIRF环境。综合系统试验程序详见SAE ARP 5583A/EUROCAE ED-107A。

基于系统安全性评估和适用的HIRF规章,定义系统合适的通过/失败判据。任何系统敏感性,包括系统故障,如显示危险的错误指示信息、功能受扰或损坏,应该根据先前定义的通过/失败判据来记录和评估。

6) 步骤 6——系统相似性分析评估

如果以前在一个飞机型号上已对系统进行综合系统级 HIRF 试验,则可以用来验证相似系统。即使系统可能使用以前验证项目的设备和安装技术,考虑采用相似性方法的每个系统也都需要单独评估。应对每一考虑采用相似性方法验证的系统进行单独评估,即使它使用的设备和安装技术是以前完成验证的内容。

用作相似性验证基础的系统必须已顺利完成综合系统 HIRF 试验。相似性评估要求对 HIRF 抗扰度有不利影响的设备和安装差异进行对比。分析评估应分析新系统与已完成 HIRF 验证系统的差异以及组成系统的设备电路接口、线缆、接地、电搭接、连接器和导线屏蔽处理。

如果分析评估发现待验证的新系统与已完成 HIRF 验证系统只存在很小的差异,且已完成 HIRF 验证的系统没有在飞机运营过程中有未解决的 HIRF 问题,则相似性分析可以用于系统级验证的基础,不需要进行额外的综合系统试验。如果两者差异存在不确定的影响,则应按需实施适当的补充试验和分析以解决不确定问题。补充的试验数量应与新系统和已完成验证系统之间的差异程度相匹配。如果发现有很大的差异,则相似性分析不能作为系统 HIRF 验证的基础。

7) 步骤 7——飞机系统选取评估

A 级系统需要飞机级评估,无论是选择采用飞机级试验还是相似性分析已有相似机型耦合/衰减数据的方法。飞机级评估应确定飞机内部 A 级系统安装区域的实际内部 HIRF 环境。仅限于 A 级显示系统,可以使用 AC-20-158 附件 1 中的通用传递函数和衰减。飞机级评估也可以是一个试验,它将运行 A 级系统的整个飞机暴露于外部 HIRF 环境Ⅰ、Ⅱ,以证明 A 级系统的性能满足要求。

飞机级 HIRF 评估的其他方法,例如分析,可以被接受。然而,射频场耦合到飞机结构的综合建模和分析是一项新兴的技术。因此,单独的分析来表明 A 级系统的 HIRF 符合性目前还不够充分,需要增加试验。

8) 步骤 8——飞机级试验

有多种飞机级试验程序可以用于收集数据支持 HIRF 符合性验证。飞机级试验的两种主要方法是飞机级高电平试验(见步骤 9)和飞机级低电平耦合试验(见步骤 10)。飞机级高电平试验是使用按 HIRF 规章要求适用的外部 HIRF 环境同等的试验电平照射飞机。飞机级低电平耦合试验是测试机体的衰减和传递函数,因此得到的内部 HIRF 电场和电流可以与综合系统试验电平进行对比。

考虑到飞机的尺寸和用适当外部 HIRF 环境照射整个飞机的可行性,飞机级低电平耦合试验可能比高电平试验更适合大型飞机。

9) 步骤 9——飞机级高电平试验

飞机级高电平试验要求在飞机外部产生与适用的外部 HIRF 环境同等的射频场。

　　在 400 MHz 以下频段,飞机与发射天线之间的距离应足够远,以保证外部 HIRF 环境均匀照射飞机。发射天线应放置在飞机周围,不少于 4 个位置。对固定翼飞机来说,天线典型的照射位置是机头、机尾和两个翼尖。在每一个位置用天线发射扫掠频率场照射飞机。分别用水平极化和垂直极化的发射天线方向进行扫掠频率。射频场应进行校准,需在飞机放置在试验场前测量试验场地中心位置的射频场强。

　　在 400 MHz 以上频段,射频辐射应局限于被测系统,射频场均匀地照射系统的所有部件和至少 1 个波长长度的交联线缆(如果线缆总长小于 1 个波长则取总长度)。可能需要采用反射平面对飞机底部和顶部的相关开口进行照射。

　　为了保证被测系统在其最大敏感性状态下运行,A 级系统应全部运行,飞机应置于多种模拟运行模式。

　　10) 步骤 10——飞机级低电平耦合试验

　　飞机级低电平耦合试验包括三个不同的试验,覆盖 10 kHz～18 GHz 的频率范围。频率在 400 MHz 以下,采用低电平直驱动试验(见图 5 - 2 的步骤 10. b)和低电平扫掠电流试验(见图 5 - 2 的步骤 10. c)方法;频率在 100 MHz 以上,采用低电平扫掠场试验(见步骤 10. d)方法。低电平扫掠电流试验和低电平扫掠场试验有一段重叠的试验频率,从 100 MHz 到 400 MHz。400 MHz 的分界点并不是绝对的,而是取决于什么时候 HIRF 穿透设备壳体。

　　(1) 步骤 10. a 和 10. b——飞机蒙皮电流分析和低电平直驱动试验。

　　低电平直驱动试验结合蒙皮电流分析用来确定蒙皮电流和单个设备线缆束电流之间的传递函数。低电平直驱动试验用于从 10 kHz 到飞机第一谐振频率的特定频率范围。为成功应用低电平直驱动试验,需要得到三维飞机模型用于飞机蒙皮电流分析。使用三维飞机模型可以推导出适用于外部 HIRF 环境的飞机蒙皮电流模型。在使用指南中有关于蒙皮电流分析的指导。如果无论是从飞机蒙皮电流分析还是从低电平扫掠电流试验都可以知道所有照射角度和极化形式下外部 HIRF 环境与蒙皮电流之间的关系,则蒙皮电流可通过直接注入机身而获得。

　　(2) 步骤 10. c——低电平扫掠电流试验。

　　低电平扫掠电流试验是用外部 HIRF 场对飞机进行照射以测量外部场与飞机和设备线束电流之间的传递函数。试验通常应用的频段为 500 kHz～400 MHz。传递函数在本质上是谐振的,与飞机结构或系统安装有关。因为传递函数把线束电流与外部场关联起来,所以感应线束电流注入试验电平也可与外部 HIRF 环境关联起来。

　　发射天线应放置在飞机周围,不少于 4 个位置。飞机与发射天线之间的距离应足够远,以保证外部 HIRF 环境均匀照射飞机。对固定翼飞机来说,天线典型的照射位置是机头、机尾和两个翼尖。在每一个位置用天线发射扫掠频率场照射飞机,频率范围是 500 kHz～400 MHz。分别用水平极化和垂直极化的发射天线方向进行扫掠频率,测量飞机线束上的感应电流。

计算出感应线束电流和天线照射场强间的比值,然后将其归一化到 1 V/m 时的数值。这种计算提供了以单位外部场强对应的感应电流所表示的传递函数。通过把传递函数乘以外部 HIRF 场强就可以得到适用 HIRF 环境的感应电流。对每条飞机线束在所有发射天线位置计算得到的 HIRF 电流进行评估,生成每条线束最坏情况下的感应电流。最坏情况下的感应电流可以与综合系统试验中的试验电流进行比较。

(3) 步骤 10. d——低电平扫掠场试验。

低电平扫掠场试验应用频率范围是 100 MHz~18 GHz。低电平扫掠场试验的试验程序与低电平扫掠电流试验相似,然而在低电平扫掠场试验中,测量的是设备附近的内部 RF 场,而不是线束电流。为了保证测得设备附近最大的内部场,可以采用多种技术。基于飞机的尺寸和飞机客舱、驾驶舱和设备舱的尺寸,可以采用多位置测量或搅拌方式测得设备附近的最大内部场。

11) 步骤 11——通用传递函数和衰减——仅 A 级显示系统

A 级显示系统包含将系统信息直接显示给飞行员的功能。对 A 级显示系统,可通过对通用衰减和传递函数进行分析以确定飞机衰减数据。这种方法不能用于其他的 A 级系统,如 A 级控制系统,因为相比较于显示系统失效和故障来说,控制系统的失效和故障会更直接、更突然地引起灾难性故障事件,因此,其他的 A 级系统要求使用更严格的 HIRF 符合性验证程序。

步骤 5 要求的综合系统试验电平可以从不同机型的通用传递函数和衰减得到。通用传递函数曲线显示的是在 1 V/m 的外部 HIRF 环境中,一般机型内部预估感应的峰值电流包络。电流电平线性乘以适用的 HIRF 环境Ⅰ、Ⅱ,以确定综合系统试验的电平。

内部 HIRF 电场电平是在线性单位上外部 HIRF 环境除以适当的衰减。例如,20 dB 或者 10 倍衰减意味着试验电平比适用的外部 HIRF 环境电场强度降低了10 倍。

A 级显示系统的内部 HIRF 环境也可以在飞机上通过真实系统安装的低电平耦合测试(见步骤 10)获得。试验程序应提供更精确的信息,试验电平可以比按最坏情况估算的通用传递函数或衰减要低。

12) 步骤 12——飞机相似性分析评估

已取证飞机的飞机衰减和传递函数试验可以用来支持相似机型的飞机级验证。飞机采用基于相似性的验证方法,必须具备先前完成的 HIRF 符合性验证,采用已验证飞机试验所得到的 HIRF 衰减和传递函数。

新飞机的相似性分析评估应该考虑飞机的差异可能会影响 A 级系统和相关线缆的内部 HIRF 环境。比较应考虑设备和线缆的安装位置、机体材料和组成以及开口对外部 HIRF 环境的衰减影响。

如果分析评估发现已验证的飞机和待验证的新飞机只存在很小的差异,且已完成 HIRF 验证的飞机没有在运营过程中有未解决的 HIRF 问题,则相似性分析评估可以用于确定飞机衰减和传递函数,不需要进行额外的飞机级试验。如果两者差异存在不确定的影响,则按需进行适当的补充试验和分析以解决不确定问题。补充的试验数量应与新飞机和已验证飞机之间的差异程度相匹配。如果发现有很大的差异,则相似性分析评估不能作为飞机级验证的基础。

13) 步骤 13——抗扰度评估

将步骤 5 综合系统试验的试验电平与飞机级低电平耦合试验(见步骤 10)、通用传递函数和衰减(见步骤 11)或飞机相似性分析评估确定的飞机内部 RF 电流或 RF 场进行比较。实际飞机内部 RF 电流和 RF 场应比综合系统试验的试验电平低。HIRF 审定计划中应包含比较的方法,该方法应能够对系统试验电平和飞机内部设备或系统周围的 HIRF 环境进行直接比较,电流的频率是 10 kHz~40 MHz,电场的频率是 100 MHz~18 GHz。

如果用于综合系统试验(见步骤 5)的传导 RF 敏感性试验的试验电平比飞机感应电流(步骤 10. b、10. c、11 或 12)低很多,则需要纠正测试(见步骤 14)。如果综合系统试验(见步骤 5)的辐射 RF 敏感性的试验电平比飞机内部场(步骤 10. d、11 或 12)低很多,则需要纠正测试(见步骤 14)。

当低电平扫掠电流试验(步骤 10. c)测得的电流和综合系统试验(步骤 5)的电流进行比较时,可能是不同的。这些不同是由于实际飞机安装和综合系统试验室布置的差异,如线束长度、屏蔽和接地以及线束组成造成的。最坏状态下,特定线束的电流特征应比作感应电流在特定试验电平或设备故障超过不连续的频率范围,如 50 kHz~500 kHz、500 kHz~30 MHz 以及 30 MHz~100 MHz。因为综合系统试验和飞机试验的响应频率可能不一样,所以这种比较应分成不连续的频率范围。

如果 A 级系统表明试验中试验电平源自适用的 HIRF 环境 I 且没有不利影响,那么也证明了系统在 HIRF 环境 II 中的符合性。

检查飞机上实际系统安装和综合系统试验(见步骤 5)的系统构型,如果发现有重大的构型差异,则需要纠正测试(见步骤 14)。

14) 步骤 14——纠正测试

如果系统不能满足 HIRF 抗扰度评估(见步骤 13),则应采取纠正测试。如果要求的飞机、设备、系统或系统安装发生变化或更改,则补充试验需要验证更改的有效性。完整或部分的 RTCA/DO-160 最新版本 20 章设备试验、综合系统试验和飞机级试验,需要重复以表明 HIRF 符合性。

15) 步骤 15——HIRF 防护符合性

作为飞机型号合格审查或补充型号合格审查的一部分,提交试验结果和符合性报告给审查组批准。

5.3.2.2 B级和C级系统HIRF符合性验证步骤

对于 B 级和 C 级系统的适航符合验证流程如图 5-3 所示。

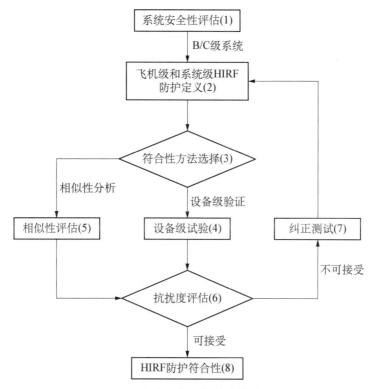

图5-3 B级和C级系统符合性验证流程

1）步骤 1——系统安全性评估

采用系统安全性评估确定机载系统失效状态分类。对于分类为危险性或较大的失效状态的系统（B级和C级系统），需遵循下列步骤 2 到步骤 8。符合性验证步骤如图 5-3 所示。

2）步骤 2——飞机级和系统级 HIRF 防护定义

基于飞机及其 B 级和 C 级系统适用的 HIRF 环境，将 HIRF 防护要素结合到飞机和系统设计中。设备、系统和飞机 HIRF 防护设计通常在飞机级试验实施并确定真实内部 HIRF 环境之前。因此，设备、系统和飞机的 HIRF 防护设计需要基于预估的内部 HIRF 环境。

3）步骤 3——符合性方法选择

确定 B 级和 C 级系统选择执行设备 HIRF 试验，或者选择基于相似系统已完成的设备试验来表明符合性。

4) 步骤 4——设备级试验

B 级或 C 级系统不需要与 A 级系统进行同样程度的 HIRF 符合性试验,即不需要进行飞机级试验;应使用 RTCA/DO-160 最新版本 20 章试验室试验程序,使用规章中定义的设备级试验电平。使用的试验电平应取决于系统被划分为 B 级还是 C 级系统。设备 HIRF 试验电平 1 或 2,适用于 B 级系统。RTCA/DO-160 20 章 RR 类(辐射敏感性采用可选的模式)满足设备 HIRF 试验电平 1 的要求。设备 HIRF 试验电平 3 仅用于 C 级系统。RTCA/DO-160 20 章 TT 类满足设备 HIRF 试验电平 3 的要求。

基于系统安全性评估和适用的 HIRF 规章,定义适用的系统通过/失败判据。在设备级试验过程中发现的任何敏感性,包括设备故障、受扰或损坏,应参照定义的通过/失败判据进行记录和评估。

5) 步骤 5——相似性评估

以前在一个飞机型号上已对系统进行设备级 HIRF 试验,则可以用来验证相似系统的符合性。即使用的设备和安装技术与以前完成验证的内容相同,也应对每一考虑采用相似性方法验证的系统进行单独评估。

用作相似性验证基础的系统必须已顺利完成设备级 HIRF 试验和在以前其他机型上的 HIRF 符合性验证。相似性评估要求对 HIRF 抗扰度有不利影响的设备和安装差异进行对比。分析评估应分析新系统与已完成 HIRF 验证系统的差异以及组成系统的设备电路接口、线缆、接地、电搭接、连接器和导线屏蔽处理。

如果分析评估发现已完成 HIRF 验证系统与待验证的新系统只存在很小的差异,且已完成 HIRF 验证的系统没有在飞机运营过程中有未解决的 HIRF 问题,则相似性分析可以用于系统级验证的基础,不需要进行额外的设备级 HIRF 试验。如果两者差异存在不确定的影响,则按需进行适当的补充试验和分析以解决不确定问题。补充的试验数量应与新系统和已完成验证系统之间的差异程度相匹配。如果发现有很大的差异,则相似性分析不能作为 HIRF 符合性验证的基础。

6) 步骤 6——抗扰度评估

审查设备级试验的结果,确定是否满足通过/失败判据。设备级 HIRF 试验过程中观测到的 HIRF 敏感性不是预期的或是试验大纲的通过/失败判据。如果结果不会导致或引起 HIRF 条款规定的飞机功能或系统的不利影响,则通过/失败判据可以调整。任何通过/失败判据的更改都需要提供一个评估和原因支持材料,并得到审查组的批准。如果 HIRF 敏感性不能接受,则需要纠正测试(见步骤 7)。

检查飞机上实际系统安装和设备级试验(见步骤 4)的系统构型,如果发现有重大的构型差异,则需要纠正测试(见步骤 7)。

7) 步骤 7——纠正测试

如果系统不能满足 HIRF 抗扰度评估(见步骤 6),则应采取纠正测试。如果要求的设备、系统或系统安装发生变化或更改,则补充试验需要验证更改的有效性。完整或部分的 RTCA/DO-160 最新版本 20 章设备试验,需要重复以表明 HIRF 符合性。

8) 步骤 8——HIRF 防护符合性

作为飞机型号合格审查或补充型号合格审查的一部分,提交试验结果和符合性报告给审查组批准。

5.4 HIRF 环境预测分析

随着导电性能低的复合材料越来越多地应用到新型飞机上,使得飞机对外部电磁环境的屏蔽效能大大降低,而飞机内部执行关键功能的传统机械或机电控制及机电指示系统,已逐渐被电子飞行控制系统、电子显示指示系统和全权数字式发动机控制器等所替代,而这些电子/电气设备对外部电磁环境的敏感程度显然高于传统的机械系统。这些都会影响飞机 HIRF 设计,而且需要很大的成本。如果均采用试验验证的方法,则很难全面地完成飞机设计和试验验证。

民用飞机项目在研制初期,为了准确定义和确认 HIRF 防护设计的指标和要求,需要开展飞机内部 HIRF 环境的分析和计算。全面详细的分析可以识别系统安装和电气设计问题,从而可以有计划地在试验过程中重点集中测试这些范围。分析和计算的主要内容是确定飞机内部 HIRF 环境,内部 HIRF 环境是外部 HIRF 环境、飞机机体和机内线束系统间的复杂电磁相互作用的结果。外部 HIRF 环境将穿透飞机,对安装内部的电子/电气系统建立内部 RF 环境。主要的内部 RF 环境是多种因素综合的结果,如飞机的结构材料和搭接、特定区域的尺寸和几何模型、接缝和开口的位置和尺寸、从飞机内部结构和导线的再辐射以及飞机谐振特性等。

针对 HIRF 仿真分析方法在现代计算电磁学发展成熟后出现了新型的符合性方法。计算电磁学自 20 世纪 60 年代兴起,发展至今,拥有众多的数值计算方法。主流的算法包括时域有限差分法(FDTD)[5]、矩量法(MOM)[6]、有限元法(FEM)。除了这三种主要的方法外,数值计算方法还有边界元法(BEM)、传输线法(TLM)、格林函数法(矩形腔)、线方法(ML)等。这些数值方法中,频域方法有有限元法、矩量法、差分法(FDM)、边界元法和线方法等;时域方法有时域有限差分法、传输线法、有限积分法(FIT)等。依照解析程度由低到高排列,依次是:时域有限差分法、传输线法、时域有限积分法(FITD)、有限元法、矩量法、线方法、边界元法[7]。

由于民用飞机结构的复杂性以及计算电磁学本身的特点,在全机的 HIRF 防护仿真工作中,需要选用几种计算电磁学方法相结合的方式来完成仿真工作。仿真分析有多种数值计算方法,每种数值计算方法都有其特点和应用领域,数值仿真方法的选取没有强制性,一般选用适合工程需要的方法进行计算。一般在低频段(10 kHz~70 MHz)采用传统的矩量法;在中间频段(70 MHz~1 GHz)采用多层快速多极子法;在高频段(1~18 GHz)采用物理光学法。

根据适航条款 CCAR-25.1317 及 AC-20-158 的要求,HIRF 考察的内容主要包括两个部分,即传导敏感度和辐射敏感度。在 10 kHz~400 MHz 频段内,外部 HIRF 环境穿透飞机后影响电子/电气系统的主要表现是电缆端口处的感应电流;在 100 MHz~18 GHz 频段内,影响电子/电气系统的主要表现是设备位置处的电场。由于 HIRF 所考虑的频段范围非常宽,在 HIRF 频段范围内飞机的尺寸在 0.001λ 到 $20\,000\lambda$ 之间变化,所以采用单一的电磁计算方法无法满足仿真计算需要。因此根据各种电磁算法的特点将 HIRF 频段分成多个频段进行计算。

飞机高强度辐射场(HIRF)防护设计的验证,不仅通过试验的方法,同时也需要使用分析的方法。全面高质量的电磁防护危害分析是现代飞机设计和研制过程中的一个重要部分。全面的分析评估能降低飞机取证的不利影响,通过分析,可以定义和选择合适的试验方法,也可以评估试验结果的完整性和有效性。有效的设计流程中应包含分析和试验,采用较低费用的分析来减少较高费用的试验,能在研发初期就识别潜在的设计缺陷,从而使纠正设计错误的花费更少,为最终的适航符合性验证试验奠定基础。

5.5　HIRF 防护设计

飞机 HIRF 防护设计需要把系统电磁防护要求综合到飞机/系统设计中,全面综合考虑系统功能和电磁防护的设计要求。HIRF 防护设计的主要方法是电搭接、屏蔽、滤波等。本章仅对 HIRF 防护适用的防护设计方法进行介绍,详细的内容见第 8 章。

5.5.1　基本理论

当飞机遭遇高强度辐射场(HIRF)环境时,电磁能量主要通过机身谐振、驾驶舱风挡、旅客舷窗、舱门缝隙、机翼前后缘、垂尾、复合材料区域等电磁薄弱区域进入飞机内部。飞机内部射频能量再通过设备之间的线缆和设备壳体上的缝隙进入设备内部,进而影响设备的正常工作。

HIRF 环境覆盖了 10 kHz~40 GHz 的频段,由于不同频段内的电磁波波长不同,因此对于飞机的影响也不同。表 5-6 按照不同的频段,对 HIRF 环境影响飞机的主要耦合路径进行了描述。

表 5 - 6　HIRF 环境主要耦合路径

频　　率	耦 合 路 径
10~100 kHz	机身和电缆——非常弱的耦合
100 kHz~1 MHz	机身和电缆——弱耦合
1~50 MHz	机身和电缆——在与机身和电缆谐振时发生最大耦合
50~400 MHz	机身、电缆和设备——中度耦合
400 MHz~40 GHz	通过紧靠设备的电缆部分以及机身和设备孔缝耦合——弱耦合

由于在不同舱室之间存在机械连接和线缆敷设、舱门和维护口盖与机身蒙皮之间造成的不连续性以及复合材料的应用等造成了飞机内部电磁环境的恶化,因此在进行 HIRF 防护设计时,需要重点考虑以下因素。

(1) 舱门和口盖:在舱门和口盖的四周应做防射频搭接,以降低电磁能量通过缝隙进入机身内部的可能性。

(2) 开口:类似于驾驶舱风挡、旅客舷窗、复合材料结构、空气进出口等开口将允许电磁波直接耦合进入机身内部,关键设备的安装应尽量远离开口。

(3) 线缆和金属管路:从非气密区到气密区的线缆和金属管路将携带在外部耦合的电磁能量。

(4) 防护设计的降级:最初的 HIRF 防护设计可能满足防护要求,但是在飞机投入运营之后,长期的航线运营过程中防护设计有可能下降。

5.5.2　HIRF 防护设计概述

5.5.2.1　电搭接

电搭接的目的是在两个技术物体之间建立一条电流流动的低阻抗通路,这个通路可以作为故障电流的回流通路和信号电流的通路,也可以作为闪电和静电电流的通路[8]。搭接的目的不同,对于搭接电阻值的要求也不同。HIRF 防护的电搭接要求是防射频搭接,相对于其他搭接设计,在更宽的频带内(通常为直流到 3 GHz)要求更低的阻抗,一般情况下为 2.5 mΩ。防射频搭接设计主要应用如下:

(1) 设备和安装支架的搭接最优方法是使用面面搭接,只有在面面搭接不可实现的情况下才考虑使用搭接条进行搭接。推荐的搭接条长宽比不大于 5∶1,且长度应尽量短。

(2) 舱门和口盖,特别是为电子/电气系统提供屏蔽防护的舱门和口盖,需要进行电搭接,目的在于维持结构提供的屏蔽特性。

(3) 导线/线束屏蔽层和设备壳体之间通过尾线夹及连接器壳体进行搭接,尽量避免使用屏蔽引线。而且屏蔽层只有两端接地才能构成电磁屏蔽。

(4) 从非气密区进入气密区的带有线束屏蔽层的线束,在穿过气密隔框时,线束屏蔽层应该在气密隔框处采用金属穿墙件进行 360°屏蔽端接。

5.5.2.2　屏蔽

电磁屏蔽的作用是减弱由某些辐射源所产生的某个区域(不包含辐射源)内的电磁场效应,有效地控制电磁波从某一区域向另一区域辐射而产生的危害。切断电磁波的传播途径,从而消除电磁干扰。在解决电磁干扰问题的诸多手段中,电磁屏蔽是最基本和最有效的[9]。

飞机机身并非一个理想的屏蔽体,机上安装的风挡玻璃、旅客舷窗、孔缝、复合材料以及未进行搭接处理的穿墙导体都会破坏机身电磁密封性,针对常见的电磁防护薄弱区域,推荐的防护设计方法如下:

(1) 对于安装于敷设在非气密区的电缆束采用线束屏蔽,并在进入气密区前进行 360°屏蔽端接。

(2) 如有必要,则在舱门和口盖四周采用导电橡胶,可以在满足气密性能的同时,提高屏蔽性能。

(3) 对于因通风要求而在机身蒙皮上存在的孔缝,必要时,可采用金属网或蜂窝状结构提高屏蔽性能,单个金属网格和蜂窝的尺寸应尽可能小。

(4) 机上复合材料结构,在考虑 HIRF 防护要求时必须使用敷设金属网或金属喷涂等方式确保复合材料具有一定的屏蔽性能,并保证金属网或金属喷涂与结构有良好的搭接。

5.5.2.3　滤波

分离信号、抑制干扰是滤波器广泛和基本的应用。在这种应用中,让所需要频率的信号顺利通过,对不需要频率的信号进行抑制。现代电子设备中,广泛地使用了各种各样的滤波器。从解决 HIRF 问题的角度来说,典型的滤波器有:①离散滤波器组件;②滤波插针连接器;③连接器滤波插入;④印刷电路板 EMI 滤波器。

滤波器的使用应遵循以下规则:

(1) 理想的滤波器安装位置应尽量靠近需要保护的电路。

(2) 所有的滤波器与地之间都需要一个低阻抗通路。

(3) 不要将经过滤波和没有经过滤波的电缆混合捆绑在一个线缆束中。

(4) 串联电感是有效的低通滤波器,适用于源阻抗或负载阻抗低的场合。

(5) 高通滤波器是基于电容的并联,适用于源阻抗或负载阻抗高的场合。

(6) 通常瞬态滤波器不能并联安装,否则其中某个滤波器率先开启会带入电流,导致部件故障。

(7) 电源线上的瞬态滤波器可能需要串联一个保险丝以保护电源的完整性不受瞬态滤波器故障短路的影响。

5.5.2.4 光纤电缆

光导纤维数据传输网络的使用日益广泛,特别是在需要进行抗电磁干扰、避免接地环路或高传输速率的情况下。光纤电缆具有以下特点:①不受环境电磁场的干扰;②不辐射电磁场;③不受地电势差的干扰;④不受闪电干扰;⑤对交叉干扰不敏感。

在飞机上应用的光纤的典型要求包括可靠性、安全性、可用性、可维护性及性价比。而在航空领域,光纤系统的可靠性及安全性主要依赖于环境要求。即使光纤自身已提供最好的抗扰度,但位于发射机和接收机的数字组件必须进行有效的设计,以对发射或敏感度提供有效的 EMI 隔离。

因此从 HIRF 防护角度考虑,在安装上必须注意以下几个方面:

(1)将光纤发射机和接收机安装于良导体金属壳内,去除金属壳体上非必要的孔缝。

(2)将电源线和数据 I/O 线进行双层屏蔽或者金属导管屏蔽,并在两端就近接地。

(3)在屏蔽无法达到要求的情况下,加装瞬态抑制器或滤波器。

(4)使用高传导性的 I/O 连接器,或者使光纤在一个小尺寸的金属管内敷设一段距离,使 HIRF 能量衰减。

5.5.2.5 系统架构

当系统的某一部分失效时,为了不让系统功能,尤其是关键功能受到不利影响,系统备份之间应采用非相似设计。非相似性设计包含以下方法:①不同的硬件设计(技术、电子器件、电路设计等);②不同的软件;③不同的数据源;④不同的安装位置;⑤不同的线缆敷设路径和长度;⑥避免通道间和组件间的信号公共点或路径。

5.5.2.6 硬件设计

将模拟组件与数字组件分开是很重要的。模拟电路对 HIRF 的 CW 和 AM 调制波敏感,而数字电路敏感于闪电感应瞬变和 HIRF 的脉冲调制波。在连接器中按 ARINC 规范保持模拟信号和数字信号分区,模拟信号常用滤波电容加固,而数字信号常用导线屏蔽的方法保护。

5.5.2.7 软件设计

标准软件设计技术可增加系统对 HIRF 环境的抗扰度,这些技术包括:①数据通信;②中断;③定时器;④多处理器;⑤余度;⑥非相似程序;⑦处理程序;⑧故障容错。

5.5.2.8 设备布局及线缆敷设

飞机上各舱室内的电磁环境由舱室尺寸、壁板材料、孔缝设计、线缆等因素确定,因此各舱室内的电磁环境存在差异。在设备布局及线缆敷设时应考虑以下原则：

（1）执行关键功能的设备优先考虑安装在电磁屏蔽较好的舱室。

（2）所有设备，特别是执行关键功能的设备应尽可能远离机身蒙皮上的孔缝区域。

（3）设备之间的线束尽可能短。

（4）线束在进行敷设时，尽可能靠近金属结构。

5.6　HIRF 试验验证

为了保证那些执行飞机持续安全飞行和着陆功能的电子/电气系统不受 HIRF 的影响，需要通过必要的试验验证来表明其符合性。按本章 5.3 节所描述的 HIRF 符合性验证试验要求，对失效状态为灾难性的系统（A 级），要求进行设备级、系统级和飞机级的符合性验证；对失效状态为危险性的系统（B 级），要求进行设备级、系统级的符合性验证；对失效状态为较大的系统（C 级），仅要求进行设备级的符合性验证。

根据 AC-20-158 要求的 A、B、C 级系统/设备/飞机的 HIRF 试验要求，确定了飞机各等级设备适用的 HIRF 试验要求和电平，如表 5-7 所示。其中，设备级试验要求参考 RTCA/DO-160G 20 章射频敏感性合格鉴定试验项目进行简要介绍。需特别说明，ARJ21-700 飞机机载电子/电气设备射频敏感性合格鉴定试验以 RTCA/DO-160D Change 1 的要求进行了设备鉴定试验。

表 5-7　HIRF 试验要求

故障条件分类	等级	试验要求	环　　境
灾难性的	A 级控制功能	1) 设备级试验 2) 系统综合级试验 3) 飞机级低电平耦合试验	1) 飞机级试验环境；（审定环境/一般环境） 2) 设备/系统综合试验环境；（RTCA/DO-160,20 章） CS: O/W 类；RS: D/F/G 类
	A 级显示和自动着陆	1) 设备级试验 2) 系统级试验	
危险的/严重的——主要的	B	设备级试验，包括传感器或模拟传感器的激励	设备级试验环境；（RTCA/DO-160,20 章） CS: R 类；RS: R 类
较大的	C	设备级试验	设备级试验环境；（RTCA/DO-160,20 章） CS: T 类；RS: T 类

5.6.1　HIRF 设备级/系统级试验验证

射频敏感性(辐射和传导)试验用于确定当 A、B、C 级系统/设备及其互联线缆暴露于特定 RF 功率环境中时,该设备的工作性能是否仍能满足其性能要求,特定 RF 功率环境是指按照 SAE ARP 5583A 标准中定义的指定量级的经调制的 RF 功率环境。该射频功率环境或者通过一个射频场,或者通过注入探头感应到电源线和接口电路布线来建立。

射频敏感性(辐射和传导)采用两种试验程序:

(1) 10 kHz~400 MHz,射频信号通过注入探头耦合到受试系统/设备的电缆束。

(2) 从 100 MHz 到上限频率,将设备置于射频辐射场。这两个试验程序在 100~400 MHz 频段重叠。

5.6.1.1　设备级试验验证要求

本节将对设备级试验的一般要求进行详细介绍[10,11]。

1) 被试设备(EUT)情况说明

EUT 应布置在接地平板上(试验台),试验台配置应考虑以下内容,并对此进行记录:

(1) 记录接地平板的材料和厚度以及与屏蔽室之间的电搭接关系。

(2) 如果设备带有减震器,则记录减震器安装架的安装要求,并对设备的电搭接要求进行描述。

(3) 电搭接设计需要按照 EUT 的安装说明书以及安装接口文件的规定进行安装。

(4) 如果 EUT 上配有外部接线端子,则试验时应将该端子连接到接地平板上以确保满足安全操作条件。

(5) 互联线束均应按照安装接口文件的要求以及实际安装情况进行安装;互联电缆束长度至少应为 3.3 m;当互联电缆束的长度大于试验台时,应将超出部分在试验台后面以"Z"字形排列;其连接电缆的最大长度推荐值为 15 m。

(6) 通常电源线和回线与控制线/信号线绑扎在一个线束中,在靠近测试区域时尽可能把电源线和回线从电缆束中分离出来,将其连接到线路阻抗稳定网络(LISN)上。

(7) 记录模拟天线或负载的设置要求。

2) 屏蔽室和试验设备情况说明

屏蔽室和试验仪器设备应按以下准则设置和运行:

(1) 试验设备应进行搭接和接地,以确保人员安全。

(2) EUT 每一根不接地的电源线都应接入线路阻抗稳定网络 LISN,LISN 机箱应与接地平板进行搭接。

（3）天线在屏蔽室中的定向和定位，应考虑天线和 EUT 的尺寸；如果天线的波束宽度[①]不能完全覆盖 EUT，则应进行多区域扫描。上述要求对混响室试验方法测量设备的辐射敏感性不适用。

（4）注入探头应具备必要的功率容量和频率范围。

（5）应尽可能地减小屏蔽室对设备和试验装置的影响；当在屏蔽室内进行辐射试验时，应使用射频吸波材料减小电磁能量的反射，从而提高试验精度和可重复性。如果使用混响室进行辐射敏感性试验，则上述要求不适用。

测试设备和传感器可使用光纤接口，以避免监测过程中的发射敏感性；测试辅助设备、监视器和负载模拟器的设计和防护应确保测试设备接口电路对射频电流的适当模拟、隔离和抗扰度。

3）试验电平要求

试验时施加的试验电平与试验类别的定义有关，一般用完整调制的均方根包络的峰值表示，幅度测量时应采用峰值检波方式。测试仪器应具有快速时间响应，以便能测得信号幅度的变化，测量可使用频谱分析仪。测量仪器的检波、分辨率和视频带宽应大于调制频率。

4）试验频率的排除

在敏感性试验过程中，射频接收设备可能会在带内接收频率上出现敏感现象。根据接收机最低工作性能标准（MOPS）要求，高灵敏度的接收设备出现带内接收频率敏感现象属于正常。因此在试验过程中这些频率应排除，或者降低这些频率的试验电平。

5）频率扫描速率

根据 EUT 的响应时间、敏感度带宽和监测设备响应时间来选择扫描或步进速率。

设备级试验分两部分：传导敏感性（CS）试验和辐射敏感性（RS）试验。

（1）传导敏感性（CS）试验。

进行传导敏感性（CS）试验时，对 EUT 及其互联线束施加相应分类的试验电平，同时监测电缆束上的感应电流。EUT 连接到飞机系统中其他设备或接口单元的所有线束及其分支均应进行该项试验。

在进行传导敏感性（CS）试验前，需要按图 5-4 配置信号发生器、射频功率放大器、定向耦合器、衰减器、幅度测量仪器、校准装置，将注入探头支撑并置于校准装置中间进行探头校准。将信号发生器调至 10 kHz，不加调制，增加通过定向耦合器输入到注入探头的放大器输出功率，直到在幅度测量仪器 1 上测得的电流

---

① 天线的波束宽度是指天线的 3 dB 波束宽度，即天线波束功率下降一半对应的波束宽度。

或功率达到预期实验类别的值,该数值为注入校准装置所产生的电流或功率。记录幅度测量仪器 2 上监测到的信号发生器、射频功率放大器注入探头的正向功率。

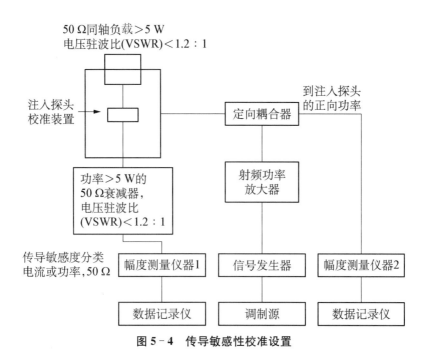

图 5-4 传导敏感性校准设置

按图 5-5 布置 EUT、线缆、相关的接口电路和试验设备。感应电流的监测探头应布置在距离 EUT 5 cm 处。注入探头应放置在离监测探头表面 5 cm 处。

确定电流探头位置,完成测试软件安装,对 EUT 工作方式进行记录,并对其稳定性进行描述,所有的试验设备、监视电路以及试验负载准备安装到位。将信号发生器调至 10 kHz,调整并控制正向功率,使线束上的感应电流达到所选类别的电平,必要时将正向功率限制在校准值的 6 dB 范围内。监测并记录电缆束感应电流和施加的正向功率。试验时,根据实际情况,频率扫描可增加对内部调制频率、数据频率、时钟频率和其他关键频率点的驻留。

在扫描过程中对 EUT 的工作状况进行评估并记录,根据设备的工作状态结合试验合格判据,判定设备的符合性。

(2)辐射敏感性(RS)试验。

进行辐射敏感性(RS)试验时,对 EUT 及其互联线束施加相应类别的射频辐射场。该项试验有两种方法:微波暗室方法和混响室方法[10]。

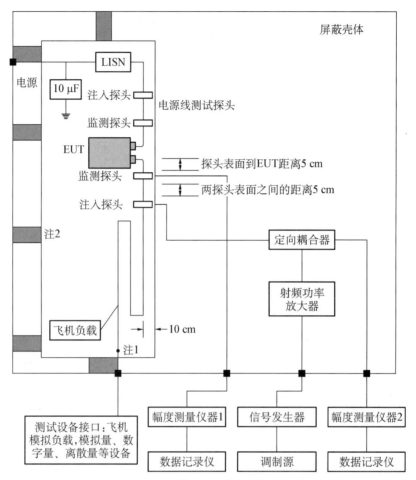

图 5-5 传导敏感性试验设置

a. 微波暗室方法

微波暗室方法大致流程如下。将 EUT 放置于暗室之前应对暗室进行辐射场校准,以建立所选类别的校准场强。校准时使用三轴全向电场天线(全向探头)或具有相应频率响应的等同天线进行基准连续波场校准。在要求的试验频率范围内,辐射波不加调制地照射全向探头,调节发射天线的正向功率,使全向电场天线(全向探头)测量到的场强达到所选类别的目标场强,记录此时的正向功率,并在 EUT 辐射场试验过程中施加该正向功率。传统微波暗室如图 5-6 所示。

EUT、线缆、相关接口电路以及试验设备按图 5-7 进行配置。试验用的信号发生器、放大器、天线和探头产生的射频场,对 EUT 及其互联线束进行完全照射。试验时,对发射天线的极化进行更改,使得发射天线的垂直和水平两个极化方向都能对被测设备进行照射。

图 5 - 6　传统微波暗室

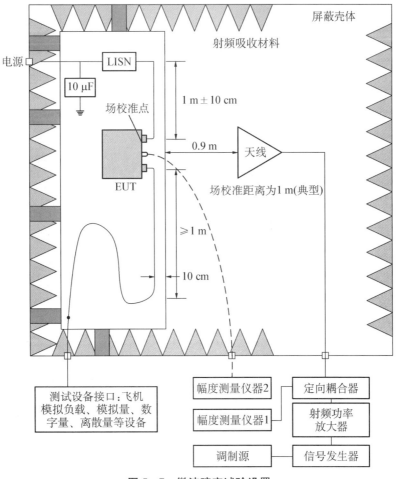

图 5 - 7　微波暗室试验设置

测试前,将天线和全向探头放置在合适的位置,并设置好测试软件、EUT 的稳定工作方式、试验设备和所有监视电路及测试负载。用全向探头验证发射路径的正确性,施加校准的正向功率,产生相应的射频场强。用校准时确定的正向功率进行试验,施加合适的调制,扫描到频率上限。必要时频率扫描可增加对内部调制频率、数据频率和时钟频率的驻留。

在扫描过程中对 EUT 的工作状况进行评估并记录,根据设备的工作状态结合试验合格判据,判定设备的符合性。

b. 混响室方法

混响室方法是进行辐射敏感性的替代方法。在混响室试验中,通过金属搅拌器的旋转改变 EUT 上射频场的极化和照射角度。搅拌器的每个步进按规定的驻留时间停留并施加射频场。试验需要搅拌器有足够的步数,以满足场均匀性的要求,如图 5 - 8 所示。

图 5 - 8　混响室实物图

使用混响室进行试验前,混响室需进行一次空室校准(没有 EUT),作为混响室性能和输入功率要求的原始基准。通过校准,完成混响室内场均匀性的确认,对接受天线进行校准,确定校准场强的归一化均方值,并确认混响室的最大负载。

微波暗室方法的测试要求基本适用于混响室方法,典型测试设置如图 5 - 9 所示。在每次测试之前,当 EUT 及其辅助设备已放置在混响室内时,需要确定 EUT 对混响室加载的影响。为了确保混响室的时间响应足够快,以适应脉冲波形测试,应确定混响室的品质因素 Q 和时间常数 τ。在场均匀性可接受的条件下,搅拌器应采用最小步数,这样可使测试时间最短,但在这种状态下,要达到期望的测试环境电平,所需要的输入功率最大。不同测试频率允许采用不同的搅拌器步数。整个测试频段内以合适的调整方式扫描到频率上限,必要时可增加对内部调制频率、数据频率和时钟频率的驻留。

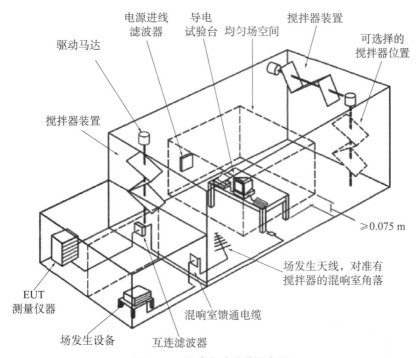

图 5‑9 混响室试验装置布置

在扫描过程中对 EUT 的工作状况进行评估并记录,根据设备的工作状态结合试验合格判据,判定设备的符合性。

5.6.1.2 系统/子系统综合试验

对于其功能失效会影响或妨碍飞机持续安全飞行和着陆的电子/电气系统(A级系统)需进行系统级 HIRF 试验验证。系统级试验与设备级试验的要求和方法基本一致。试验时应考虑以下因素:

(1)试验时,被测设备在试验室的安装环境应尽可能反映飞机安装的实际情况,如电缆线束的组成和敷设,电缆屏蔽终端的处理方法,设备的安装方式及搭接方法等。

(2)系统在进行测试时,需要使用传感器进行模拟输入。试验时的输入传感器应能够正常工作。输入传感器可以通过试验组件仿真,但是要求这些试验组件能精确地代表传感器的终端阻抗,并且其本身已经过评估,其性能和安装条件满足HIRF 试验要求。

（3）系统级 HIRF 试验同样分为两个部分：传导敏感性试验和辐射敏感性试验。传导敏感性试验(CS)的试验施加电平可以根据系统设备安装区域的电磁环境和线缆敷设的路径确定。辐射敏感性试验(RS)的试验施加电平根据系统设备及其连线的安装位置上飞机预期的衰减等级选择。线束上的试验电平应根据飞机上线束位置的最差情况决定；这些线束连接到的设备接口应在该接口的最差情况电平下试验，也就是说施加的试验电平是飞机内部最严酷的环境。

5.6.2　飞机级 HIRF 试验情况说明

5.6.2.1　飞机级 HIRF 试验目的

进行设备/系统级 HIRF 试验时，规定的试验电平时间往往在飞机设计的前期阶段，此时无法进行非常精确的定义，只能基于以往的型号经验。但是不同型号的飞机，其舱室的尺寸、复合材料的使用有所不同，内部电磁环境也会存在差异。因此设备级 HIRF 试验电平可能与飞机的实际 HIRF 环境存在偏差，而根据 CCAR-25.1317 的要求，飞机上 A 级系统的试验电平需要考虑飞机遭遇 HIRF 环境时，飞机内部最严酷的电磁环境。因此在所有设备完成装机后，需要进行飞机级 HIRF 试验，测量飞机遭遇 HIRF 环境时机内实际电磁环境，以验证前期制定的 A 级系统试验电平是否符合要求。

5.6.2.2　飞机级 HIRF 试验构型要求

飞机级 HIRF 试验前应对飞机的构型状态进行确认，被测飞机原则上要求是取证构型状态，以确保试验数据的有效性。在进行飞机级 HIRF 试验前，需要对飞机进行检查，以确认是否有合适的位置安放电流探头和场强测试装置。

飞机的功能状态要能代表飞行中最容易受 HIRF 影响的状态，即襟翼完全放下、舱门关闭、断路器处于接通状态、安定面和方向舵保持中间位置。试验时飞机断电，并与地面电源断开。

HIRF 试验测试设备放于临近飞机的设备测试车内。

试验场地应开阔，四周无高大建筑物、高压线、强电磁辐射源等环境。试验时，无关的金属支架和工作梯应远离试验现场。

5.6.2.3　飞机级 HIRF 试验方法

飞机级 HIRF 试验方法以 SAE ARP 5583A 文件规定的方法为依据，试验用的飞机必须为全构型状态，并且各系统可以正常工作，确保所有设备、电缆安装正确，以免对试验结果产生影响。SAE ARP 5583A 文件中推荐了低电平耦合试验和高电平试验两种方法。高电平试验需要在较大的范围内产生一个符合审定要求的 HIRF 环境均匀辐射场，试验设备复杂而且昂贵，另外需要有特殊的试验场地，以防止试验时产生的高场强环境对周围的电子设备产生干扰，同时还需要对测试人员进行特殊防护，避免高能量电磁辐射对人体健康的损害。因此通常情况下，采用低电平耦合试验方法对飞机的高强度辐射场防护效果进行验证。

低电平耦合试验又可分为低电平直接驱动试验(LLDD)、低电平扫掠电流试验(LLSC)、低电平扫掠场试验(LLSF)三部分。

1) 低电平直接驱动(LLDD)试验

LLDD试验的目的是测量设备电缆上感应到的电流与飞机蒙皮电流的关系,而飞机蒙皮电流与HIRF环境的关系可以通过计算仿真得到。LLDD试验的频率范围为10 kHz至飞机的1/10全波共振频率。

在对飞机蒙皮进行电流注入时,注入点和流出点推荐为从机头到机尾,从翼尖到翼尖。前者模拟的是电磁波从机身侧面照射,后者模拟的是电磁波从机头或者机尾进行照射。

LLDD试验的布置如图5-10所示,试验以适当的低电流[①]进行注入,电流卡钳安装位置距设备连接器末端约5 cm,测量所选机载设备线束上的感应电流,再根据所注入电流的大小与之前机身蒙皮电流的仿真值进行比较,线性计算得出在外界审定HIRF环境下,设备线束上感应电流的大小。

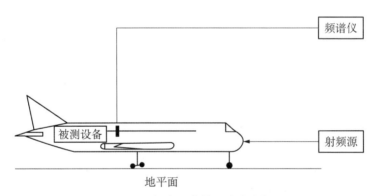

图5-10　低电平直接驱动试验布置

LLDD试验也可以由低电平扫掠电流试验的结果通过计算得到,在最差的情况下,从低电平扫掠电流试验的频率最低点每向下10倍频程,感应电流值下降20 dB。

2) 低电平扫掠电流(LLSC)试验

LLSC试验频率范围为飞机1/10全波共振频率至400 MHz,试验布置如图5-11所示。LLSC试验为了模拟外部场耦合到机身以及机内电缆,将用一个已知的外部场照射整个飞机,并测量机内待测电缆上感应到的电流。

开展LLSC试验时,首先需要确定飞机中心点与天线之间的距离以确保机身所

---

① 适当的低电流是指,施加的电流值慢慢加大,当电流卡钳能够在被测典型线缆上测量出明显电流信号时,此时施加到飞机蒙皮上的电流就为适当电流值。

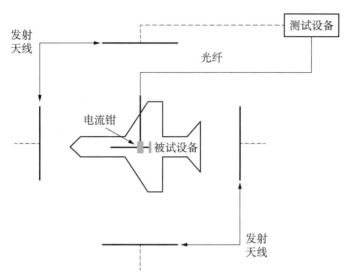

图 5 - 11　低电平扫掠电流试验布置

处的辐射场场强相差在 3 dB 以内,该距离最小值为 1.5 倍机身长度。试验用 4 组天线依次照射,分别位于机身的前后左右四个方向。飞机在外部场的照射下,测量待测线缆上的电流,进行归一化并取包络后线性计算得到对应 HIRF 环境下线缆上的感应电流值。

　　LLSC 试验一般分成三个大的步骤,分别是:试验前校准、试验测量和试验数据处理。下面对三个步骤进行分别说明。

　　(1) LLSC 的校准。

　　进行 LLSC 试验时,确定天线与飞机间的距离后需要进行场地校准,具体方法为:

　　a. 飞机拖离试验场地,将接收天线放置于预定的机身中心点位置。

　　b. 前后左右四个方向的天线依次以一定的功率进行发射,记录接收天线所接收到的场强以及所用的发射功率,以确保试验中飞机被一个已知的场照射。推荐使用的天线如表 5 - 8 所示。

表 5 - 8　LLSC 试验用天线

频 段 范 围	天　　线
0.5～25 MHz	偶极子天线(水平极化 15 m,垂直极化 7.5 m)
25～200 MHz	双锥天线,对数周期天线,圆锥对数天线
25～400 MHz	双锥对数天线
200～400 MHz	对数周期天线

c. 发射天线与功率放大器连接,由信号源激励。

d. 接收天线 D-dot 放置于飞机中心点位置,并与频谱仪连接,监测并记录外部场的大小。

e. 发射天线与接收天线的高度与机身中心点高度保持一致。

f. 每组天线校准时,生成一个校准文件,用于将实际测到的场强归一化到 1 V/m。

LLSC 试验校准布置如图 5-12 所示。

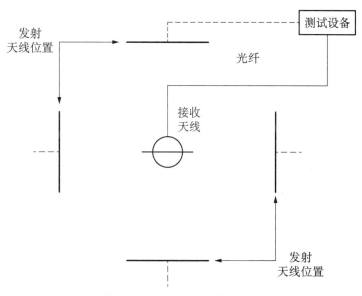

图 5-12　LLSC 试验校准布置

(2) LLSC 的测量。

LLSC 校准结束后,将飞机拖放到前期预定的位置,将电流钳安装于待测线束上,卡钳距离尾线夹约 5 cm 处。机身前后左右四组天线,分别以水平极化和垂直极化依次对飞机进行照射,每次照射都应与校准时的功率一致。根据前面测试状态的定义,每个线缆束将测得 8 组感应电流值。试验过程中的天线布置以及测试设备布置分别如图 5-11 和图 5-13 所示。

(3) 试验数据处理。

根据校准场强值将 LLSC 所测得的感应电流值归一化到 1 V/m,即得到外界环境与线束感应电流之间的传递函数,每个被测线束对应 8 组传输函数。将 8 组传输函数取最大包络可得到最终传递函数,再根据审定级 HIRF 环境和一般 HIRF 环境场强值,通过传递函数计算,便可得到飞机遭遇 HIRF 环境时,设备线束上感应的电

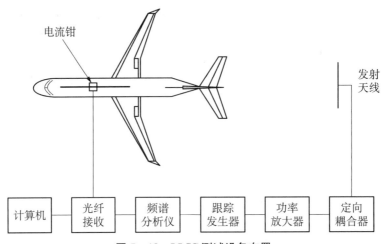

图 5‑13　LLSC 测试设备布置

流值。

3) 低电平扫掠场(LLSF)试验

LLSF 试验与 LLSC 试验方法类似,所不同的是 LLSC 试验是在外部环境照射下测量飞机内部设备电缆上感应的电流,而 LLSF 试验是在外部环境照射下测量飞机舱室内部的场强。LLSF 试验的频率范围为 100 MHz~18 GHz。

低电平扫掠场(LLSF)试验一般分成三个大的步骤,分别是:试验前校准、试验测量和试验数据处理。下面分别对三个步骤进行说明。

(1) 试验前校准。

进行 LLSF 试验时,确定天线与飞机间的距离后需要进行场地校准。在进行低电平扫掠场试验时,天线不需要均匀地照射整架飞机,只需要对被测的舱室的电磁薄弱区进行照射,例如舱门和舷窗等。天线需要离被测舱室足够远以确保对电磁薄弱区的覆盖,推荐校准距离为 10 m 以上。LLSF 校准布置如图 5‑14 所示。

LLSF 校准时,接收天线与频谱仪连接,监测并记录外部场强,连接尽可能使用光纤,在高频段可使用低衰减的同轴电缆。发射天线与放大器连接,由信号源激励;天线校准时,生成一个校准文件,用于将后期实际测到的场强归一化到 1 V/m。LLSF 试验推荐使用的天线如表 5‑9 所示。

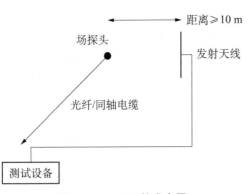

图 5‑14　LLSF 校准布置

表 5-9   LLSF 试验用天线

频率范围	天线	频率范围	天线
100 MHz～2 GHz	双锥对数周期天线	1～18 GHz	双脊喇叭天线

（2）LLSF 测量。

LLSF 校准后，将发射天线放置于预定的位置，对舱室进行照射。为了得到最差情况，需要从不同的方向对舱室防护薄弱处进行照射。以驾驶舱和 EE 舱为例，天线照射角度分布如图 5-15 和图 5-16 所示。

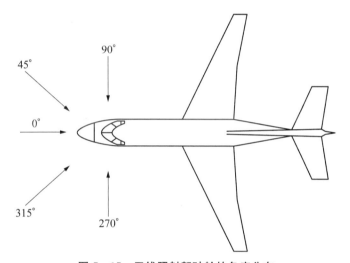

图 5-15   天线照射驾驶舱的角度分布

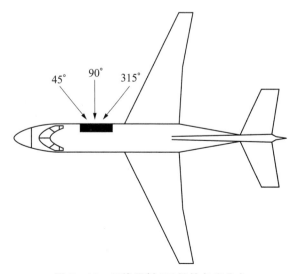

图 5-16   天线照射 EE 舱的角度分布

图 5 - 17　LLSF 试验用搅拌器

接收天线放置于舱室内部,靠近所关心设备安装位置的附近处。舱室的尺寸相对于大部分低电平扫掠场试验的频段,均属于电大尺寸,因此场强在舱室内部的分布是不均匀的。可以采用搅拌器将舱室内部电磁场混合均匀,以测到舱室内部的最大场强,常用搅拌器如图 5 - 17 所示。以驾驶舱为例,LLSF 试验详细布置如图 5 - 18所示。

以校准时的输出功率对天线进行激励,测量接受天线接收到的场强值。与低电平扫掠电流试验的数据处理相似,通过线性计算得到 HIRF 环境下,舱室内部的场强最大值。

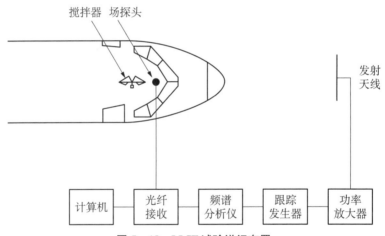

图 5 - 18　LLSF 试验详细布置

（3）试验数据处理。

LLSF 测量完成后,需要对试验数据进行处理。根据校准场强值将 LLSF 所测得的场强值归一化到 1 V/m,即得到外界环境与舱室内部场强之间的衰减曲线。对同一测试点的多次测量得到的衰减曲线取最大包络,可得到该测试点最终衰减曲线,再根据审定级 HIRF 环境和一般 HIRF 环境场强值,便可得到飞机遭遇 HIRF 环境时,设备安装位置的场强值。

（4）试验判据。

将低电平扫掠电流试验和低电平扫掠场试验的数据进行处理后,得到审定/一般 HIRF 环境下,电缆上感应到的电流值和舱室内部的场强值。将电流值与设备/系统级传导敏感性试验时的注入电流进行比较;将场强值与设备/系统级辐射敏感性试验的场强进行比较,如果飞机级试验得到的电流或场强值低于设备/系统级试验的电流或场强值,则表明原设备/系统级试验的环境符合要求,试验通过。反之,则可根据实际情况进行以下处理:

a. 检查连接器、设备、舱门的搭接是否符合要求,线束在穿过不同防护区域的时候,是否经过处理;如发现问题,则进行整改,整改后再对出现超标的部分进行重新验证。

b. 在设备装机的状态下,在超标的频段,根据飞机级试验得到的电平对系统进行电缆电流注入或辐射照射试验。

5.7　HIRF 防护维修和保证计划

高强度辐射场(HIRF)防护维修的目的是为了降低可能引起单点故障的原因以及发生共因故障的原因(如环境恶化或偶然损伤),这些原因通常会影响 HIRF 的防护,影响飞机的持续安全飞行和着陆。

为了保证飞机在实际运行过程中,对 HIRF 环境所采取的防护设计能持续有效,从而保证飞机关键功能在遭受到 HIRF 环境时不会受到不利影响,定期的维修检查是必需的。而 HIRF 防护维修分析,是为了确定 HIRF 防护部件的维修间隔和维修任务,通过分析确认的维修项目作为维修大纲的输入,是后续飞机运行过程中维修检查的基础。HIRF 防护维修分析流程可参考美国航空运输联合会(简称 ATA)维修指导小组-3(MSG-3)工作组编写制订的分析方法和分析逻辑。由于飞机 HIRF 防护是一门新兴的技术学科,其维修分析方法也是从 ATA MSG-3 2001版中才开始提出具体的要求,因此一直到 2013 版都还在根据实际的维修经验和运行状态进行不断的修改完善。

高强度辐射场(HIRF)防护保证计划是对维修大纲的一个工程评定,用以支持飞机持续适航。HIRF 防护保证计划介绍了飞机 HIRF 防护的一般方法、维修检查的类型、受监控飞机的数量、受监控检查的间隔和整个监控计划的持续时间,其中应该包括预期可接受或者检查通过/失败的评判标准。防护保证计划应该作为飞机适航认证的一部分来证明飞机符合持续适航的要求,其执行的结果可以用来调整定期和非定期的维修计划。

5.8　ARJ21-700 飞机高强度辐射场防护设计与验证概述及典型案例

ARJ21-700 飞机高强度辐射场(HIRF)防护设计和验证工作是以 SC SE001 高能电磁辐射场(HIRF)为基础,依据咨询通告 AC-20-158 中对民机 HIRF 适航符合性验证工作的要求,并将系统工程的方法引入到飞机的电磁环境效应防护设计验证中,属于国内首次完整而全面地开展了飞机 HIRF 防护设计和验证。

首先根据对飞机电子/电气系统的安全性评估,确定机载系统失效状态分类,并基于飞机需求分解对 HIRF 防护的需求进行分类定义,确定飞机 HIRF 设计需求。

在飞机设计初期,ARJ21-700飞机电磁环境效应设计团队根据飞机结构材料、舱室布局、系统安全性分析以及设备与线缆安装设计等因素,预估了飞机内部的HIRF环境,确定了飞机高强度辐射场防护设计需求。同时,参考工业标准SAE ARP 5583推荐的验证方法,结合预估的飞机内部HIRF环境,并按照RTCA/DO-160D第20章定义的试验类别电平制订适用于ARJ21-700飞机试验类别和试验要求。

以飞机HIRF设计需求为基础,采取自顶向下的方法对需求进行层层分解,并最终将设计需求落实到设备设计指标和安装布局上,形成设备级的设计要求。协同系统专业与各机载设备/系统供应商共同确定设备/系统HIRF防护设计指标以及设备级和系统级试验室试验的试验计划、试验方法和试验电平等。在项目初期,为确保HIRF防护指标需求制订的正确性,进行必要的需求确认。ARJ21-700飞机项目组织开展了机内HIRF环境的仿真计算,对机体内外电磁场特性、线缆上感应的电流进行了计算。计算结果与早期预估的HIRF环境以及确定的设备级/系统级试验电平指标进行对比分析,确认HIRF设计需求的正确性。

在HIRF设计需求分解过程中,飞机功能、系统功能应确保能够独立验证,且下一级需求必须确保上一级的需求得到完全的满足。待设备完成后又采用自下往上的方法逐级进行验证,验证应该涵盖所有层级的需求。根据咨询通告AC-20-158的要求,执行A级功能的系统需进行设备级、系统级和飞机级HIRF试验验证;执行B、C级功能的系统需进行设备级HIRF试验验证。

ARJ21-700飞机机载关键/重要的电子/电气系统的HIRF防护符合性验证,主要采用设计说明、分析和计算、试验室试验、飞机地面试验和设备鉴定这几类符合性方法。作为国内首次按适航规章来设计和验证的飞机,在型号研制和取证过程中,逐步摸索并形成了一套完整的飞机HIRF防护符合性验证方法和流程。这些方法和流程为飞机、系统/设备的HIRF防护设计和验证提供了技术支撑,也为其他飞机型号项目中的HIRF防护设计与验证积累了必要的工程经验,降低了型号研制和适航取证的技术风险。

5.8.1　设备/系统HIRF验证试验典型案例

(1) 起落架系统在进行设备HIRF试验时,位置指示作动系统在试验中出现了非正常响应。经故障分析,将试验电缆中的非屏蔽导线更换为屏蔽导线(机上实际安装导线为屏蔽导线),并确认了连接器壳体搭接之后,重新进行试验,非正常响应消失,试验通过。

(2) 在进行主飞控系统级闪电间接效应试验时,系统出现了报故和脚本错误,属于非正常响应。经供应商对试验出现的问题分析确认后,判断这些非正常响应不会对系统关键功能造成不利影响或出现非指令舵面运动,不会影响飞机安全飞行及着陆,满足适航条款要求。

5.8.2　全机 HIRF 试验验证典型案例

ARJ21-700 飞机高强度辐射场（HIRF）试验中，发现飞控系统水平安定面作动器电子控制装置（HS-ACE）与水平安定面配平作动器（HSTA）连接线束在 HIRF 环境下感应电流在 5～30 MHz 频率范围内超标，经排查发现其线束在穿过球面框时线束屏蔽层未做好屏蔽接地。为了确定增加线束屏蔽接地后是否能满足该系统的 HIRF 防护设计指标，设计人员采用了矩量法和传输线理论对 HIRF 环境下线束感应电流的计算分析方法，并用两种方法的相互验证，表明了更改后电缆的适航符合性。

5.9　小结

飞机高强度辐射场（HIRF）防护设计和验证是民用飞机适航取证的一项重要内容。HIRF 防护贯穿了飞机整个生命周期，在飞机研制初期确定 HIRF 防护需求、建立 HIRF 防护控制管理流程，并在研制过程中开展 HIRF 防护设计和验证，尽早发现问题，及时采取措施，保证飞机 HIRF 防护的最优化设计。

参 考 文 献

[1] SAE ARP 5583A Guide to Certification of Aircraft in a High-Intensity Radiated Field（HIRF）Environment [S]. 2010.

[2] Martin L S. A Study of Occurrence Rate of Electromagnetic Interference（EMI）to Aircraft with a Focus on HIRF（External）High Intensity Radiated Fields [R]. NASA Contractor Report 194895. 1994.

[3] FAA Notice of Proposed Rulemaking（NPRM）and JAA Notice of Proposed Amendment（NPA）. High-Intensity Radiated Fields（HIRF）Standards for Aircraft Electrical and Electronic System [S]. 2014.

[4] AC 20-158A The Certification Electronic Systems for Operation in the High-Intensity Radiated Fields（HIRF）Environment [S]. 2014.

[5] 王长清. 时域有限差分（FD-TD）法[J]. 微波学报，1989(4)：8–18.

[6] Harrington R F. Matrix Methods for Field Problems [J]. Proc. IEEE, 1967,55(2)：136–149.

[7] 吕英华. 计算电磁学的数值方法[M]. 北京：清华大学出版社，2006.

[8] 陈穷. 电磁兼容性工程设计手册[M]. 北京：国防工业出版社，1993.

[9] 杨士元. 电磁屏蔽理论与实践[M]. 北京：国防工业出版社，2006.

[10] RTCA/DO-160G Environmental Conditions and Test Procedures for Airborne Equipment [S]. 2010.

[11] HB 6167. 22–2014 民用飞机机载设备环境条件和试验方法第 22 部分：射频敏感性试验 [S]. 2014.

6 静 电 防 护

6.1 概述

飞机在飞行中容易产生静电放电现象,从而影响飞行安全。美国 FAR 第 123 修正案增加了 25.899 条款,中国民用航空规章也在第四版中增加了该条款(CCAR-25.899)。该条款明确提出了静电防护设计的要求,即不能对人员、燃油和电子系统产生危害。对静电积累、主搭接路径、次搭接路径和复合材料传导静电提出了设计要求。影响飞机的主要为外部的沉积静电和飞机内部的静电(其中以燃油系统的静电防护最为重要)。在飞机外部,当飞机在冰、雨、雪和灰尘的环境中飞行时,空气中的粒子和飞机表面在接触分离的过程中会发生电荷转移,从而使飞机表面产生沉积静电。

从静电产生的方式来讲,静电产生可以分为摩擦起电、接触起电、感应静电、光电效应、喷射起电等。对于飞机,其主要的起电形式是摩擦起电、接触起电、感应静电。静电放电现象可分为三种:电晕放电、流光放电和跳火。电晕放电是由于飞机与周围空气之间的电压不同而导致的,通常发生在机身上曲率半径比较小的地方,如机翼、升降舵尖端。当飞机的电位达到 100 kV 左右时,飞机尖端处的电场强度很高,足以使空气击穿,这种击穿称为电晕放电。绝缘体或介质表面(如雷达罩、风挡玻璃)受到微粒的冲撞,飞机的介质表面积累电荷时,其相对于飞机金属结构的电位随之上升。当电场强度变得相当高时,在介质表面就会发生空气的击穿现象,这种击穿形成流光放电。飞机充电后,飞机上绝缘的金属部件和飞机金属结构之间产生的电位差可能会产生电弧或跳火。电晕、流光和电弧放电引起的频谱,范围从 0.1 MHz 至 3 000 MHz,如图 6 - 1 所示。

本章重点介绍静电防护所需遵循的适航规章及工业标准要求、符合性验证要求及流程、防护设计和验证方法等。

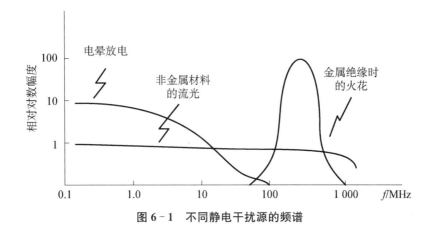

图 6‑1 不同静电干扰源的频谱

6.2 适航要求

CCAR-25-R4 中的 CCAR-25.899 条款明确了对飞机静电防护的适航要求[7]。CCAR-25.899 条款的具体描述如下：

（a）电搭接和防静电保护的设计，必须使得造成如下危害的静电积聚最小：

（1）人员电击受伤。

（2）点燃可燃蒸气，或

（3）干扰安装的电子/电气设备。

（b）通过如下方法，以证明符合本条（a）段的要求：

（1）将部件对机身可靠搭接，或

（2）采取其他可接受的方法消除静电，使其不再危及飞机、人员或其他安装的电子/电气系统的正常运行。

2007 年 12 月 10 日，FAR 第 25‑123 号修正案增加了本条款 25.899。2005 年 10 月 6 日美国联邦航空局公布了关于第 25.899 条的讨论意见。现有的第 25.581 条、第 25.954 条和第 25.1316 条包含了保护飞机及其系统免受闪电影响的要求，但是现有的要求没有提出可能由于静电积聚导致的危害。静电可对人产生电击危害、点燃燃油蒸气和引起飞机系统的电磁干扰等。这项条款要求电搭接和防静电被完全表述为一个设计标准是必需的。

在 ARJ21-700 飞机申请适航审查时，CCAR-25.899 还未曾颁布，因此审定基础文件中并没有包含该条款的内容。对于静电防护的设计和验证是基于 FAR 第 25.899 条以及相关的工业标准开展的。

6.3　适航符合性

咨询通告 AC-25.899-1 给出了 25.899 条款的符合性验证指南[11]，主要包括了以下几个方面。

1) 防止静电荷积累

(1) 概要：所有可能引起电击、可燃蒸气点燃、影响系统功能的部件都必须搭接至飞机主接地系统。

(2) 不连续的连接：金属和金属之间不能有不连续的连接存在。

(3) 高压加油和燃油传输：降低燃油速率(<7 m/s)、燃油中添加抗静电剂，并从材料性能、燃油纯度等方面进行控制。

2) 搭接路径

(1) 主搭接路径：能够承受闪电放电电流，路径要尽可能短，阻值尽可能小。将隔离的可能传输闪电电流的金属部件连接起来；将发动机连接至接地系统；将受气流冲击的金属部件搭接至飞机接地系统。

(2) 次搭接路径：除了主搭接之外的搭接。

3) 阻值以及电连续性测试

(1) 主搭接路径。

(2) 次搭接路径。

4) 复合材料的电性能

复合材料的表面防护方法可以传输闪电电流。需考虑防护方法的降级、材料损坏、屏蔽效能降低等。

(1) 传导消散沉积静电。

(2) 电流传输(除闪电电流之外)。

(3) 所有连接点(永久或非永久连接)都能够安全传输闪电电流。

(4) 为天线提供地平面。

推荐的飞机静电符合性方法主要有设计说明、分析计算、设备合格鉴定试验、地面试验和飞行试验。

6.4　静电防护设计方法

从上两节内容可以知道，飞机起电的方式主要是摩擦起电、接触起电和感应起电。飞机在飞行过程中，由于飞机外部的环境相对较为复杂，例如灰尘颗粒、雨、雪、云等，所以业界将飞机外部的静电环境叫作沉积静电[1,2]。

在飞机内部，静电起电的方式主要是摩擦起电，如液压油、燃油、空气等和金属/非金属管路之间的摩擦起电[10-12]。放电形式主要是火花放电。

在飞机外部，静电起电方式主要是在飞行过程中的外部粒子和飞机蒙皮之间的接触起电,放电形式则包括电晕放电、流光放电和火花放电。

6.4.1 设备的静电防护

设备壳体有可能通过接触起电或静电感应携带静电。如果设计安装不得当,那么在一定条件下,机载设备可能与人员、周围结构部件发生火花放电,对人员、设备、燃油安全都有可能造成危害。

一般的电子设备在产品设计过程中,如果内部电路板有静电敏感元件,则属于静电敏感设备。设备外部必须贴有"ELECTROSATIC SENSITIVE"标签,那么该设备在安装和维修时,人员必须通过相应的静电防护措施去掉身体上的静电。并且,设备研制过程中,必须按照 RTCA/DO-160《Environmental Conditions and Test Procedures for Airborne Equipment 机载设备环境条件和试验方法》进行第 25 章"Electrostatic Discharge 静电放电"测试并通过测试,须满足抗静电干扰的承受能力。

设备在安装过程中,必须将其壳体搭接到飞机结构,同时将设备的机架地(Chassis Ground)接地,以确保和飞机结构共地(同电位),从而避免发生火花放电。

6.4.2 飞机结构和部件设计

飞机外表面、结构、部件上的静电积累会导致电弧、电晕和流光,从而泄放静电[4]。静电放电会产生宽频带(高达数百 MHz)的射频能量。这些能量会对电子系统,尤其是通信、导航、无线电监视接收机形成干扰或降级。所以,需要对不同类型的静电采取必要的防护措施[2]。

6.4.2.1 暴露结构和部件的电搭接

电绝缘的导体结构或部件的静电充电有可能会和邻近的导体结构之间产生电弧,电弧可以通过将结构或部件搭接到邻近的结构进行防护。电搭接可以用面搭接、搭接条、搭接件或导体紧固件实现。防静电电弧的电搭接阻值应该小于100 kΩ。需进行防静电搭接的结构和部件如下所示。

(1)襟翼、副翼、反推力装置、前缘缝翼、方向舵、升降舵和其他的活动表面应该使用金属或者其外表面有导电涂层。这些活动表面或表面的导电涂层应该通过搭接条或导电紧固件搭接到主结构上。

(2)非导电的客舱窗户不会引起静电干扰问题。

(3)如果客舱窗户的密封剂是导电的,则应该将其和邻近的结构搭接在一起。

(4)客舱和货舱的舱门应使用搭接线搭接到结构上。

(5)用铰链连接的维修口盖应使用搭接线搭接到结构上。

(6)可拆卸的维修口盖应使用可拆卸的搭接线和垫圈等搭接到结构。

(7)对于翼尖、安定面尖端、外部照明灯等,如果采用金属材料则应搭接到飞机结构上;如果采用非导电材料则应在其表面涂覆导电涂层,导电涂层应该搭接到结构;由于放电器很容易被雷击,因此安装在翼尖和安定面尖端的放电器应该和结构之间有可靠的返回通路;用于防静电的导电涂层不能用作闪电电流回路。

（8）空速管、静压孔、总温传感器应通过面搭接或搭接线和结构连接。

（9）攻角传感器底座应该用面搭接或搭接线搭接到结构。

（10）机头雷达罩和闪电分流条如果设计不合理,则会成为静电干扰源;机头雷达罩的导电涂层必须搭接到飞机结构上;导电涂层的搭接一般是通过在雷达罩铰链处接的一根搭接线和结构连接起来的;闪电分流条必须有一个回到飞机结构的地回路以防止静电。

（11）如果驾驶舱窗户使用了防静电涂层,则必须搭接到飞机结构上。

（12）燃油箱口盖如果是金属的,则应该搭接到机翼结构;如果是非导电的,则应该应用导电涂层,并搭接到机翼蒙皮。

（13）机头和主起舱门或其导电涂层应用搭接线电搭接到飞机主结构。

（14）水平安定面导电涂层应该用搭接线搭接到主结构。

（15）机身整流罩的外表面应该涂覆一层导电涂层,导电涂层应该用搭接线电搭接到主结构。

（16）金属的机身蒙皮和机翼蒙皮采用了大量的紧固件,无论这些紧固件是否导电,是否采用了密封胶,都必须使机身蒙皮之间有良好的搭接。

（17）搭接处理控制要求应在每一个设计安装图中标出。

6.4.2.2 非导电的结构或部件

由玻璃钢、塑料、丙烯酸、玻璃或纤维构成的非导电结构或部件,当其暴露于静电放电环境时,其表面会产生静电聚积,直至发生电弧击穿。导电的涂层诸如金属薄片、嵌入导电金属线、低阻抗涂层和油漆可以用在这些暴露的部件表面上以防止电火花或击穿。非导电结构或部件的表面处理应该有小于 $300\ k\Omega/$方格的阻抗。

如果雷达罩和天线的表面阻抗小于 $300\ k\Omega/$方格,则可能会引起功能不正常。雷达罩表面涂层的阻抗应该在 $1\ M\Omega/$方格和 $100\ M\Omega/$方格之间。表面电阻率的范围不能严重地影响雷达罩和天线性能的降级。

如果导电涂层上覆盖有一层很薄的绝缘油漆,则导电涂层仍然可以将电荷泄放到邻近结构上。然而,若绝缘油漆的厚度达到一定程度,则会影响导电涂层释放电荷的能力。通常情况下,当油漆厚度超过 $100\ \mu m$ 时,就需要对导电涂层能否有效泄放电荷进行评估。非导电结构或部件的导电涂层应该和邻近的金属部件或结构进行电搭接,以避免部件之间产生电弧或跳火。

6.4.2.3 风挡和风挡加温系统

非导电的驾驶舱风挡很容易携带静电,这使得其表面有可能产生上万伏电压,如果该电压变得足够高,则积累的电荷将会在风挡和窗框结构间产生跳火。表面跳火放电会给系统带来危险,例如在风挡里面使用导电层当作加热元件时,静电放电会产生一个大的瞬变脉冲,通过加热元件和风挡外表面积累的电荷之间的电容耦合进入到系统连线中。在其他的情况下,表面电位会在窗户的表层和下面风挡加温元件之间产生故障和击穿,应该避免驾驶舱风挡表面发生跳火和击穿,可以在风挡加温玻璃外面增加透明的导电涂层进行防护。具体要求见 8.2。

6.4.2.4 导管和软管的搭接

具体要求见 8.2。

6.4.3 飞机外部沉积静电防护设计

飞机在冰、雨、雪和灰尘的环境中飞行时,空气中的粒子和飞机表面接触分离的过程中会发生电荷转移,从而使飞机表面产生沉积静电(属于摩擦起电/接触起电)。当该电荷积累到一定程度时,会发生静电放电现象,可能会影响飞机的无线电系统的正常功能甚至飞行安全。

6.4.3.1 电晕放电防护

电晕放电的发生是由于静电的尖端效应。尖端效应是指在同一带电导体上,与平滑部位相比,其尖端部位面电荷密度较大,尖端附近的电场强度较强,且容易由尖端向周围空气或邻近的接地体放电的现象。在带电导体尖端的强电场作用下,其附近空气中残存的离子发生激烈运动,并与空气分子猛烈碰撞,使空气分子电离,产生大量正、负离子,这些离子在电场作用下,又与其他空气分子碰撞并使其电离,如此循环,就形成了尖端放电。尖端效应容易影响机载无线电系统的功能。

电晕放电需要通过布置适当的静电放电器进行防护。静电放电器的放电阈值比飞机结构尖端低,从而可以平稳地泄放这些部位积累的电荷,放电电流小,不易对无线电系统产生干扰。飞机的充电电流如下。

$$I_t = I_c S_a v / 600 \qquad (6-1)$$

式中:I_t 为飞机总的静电充电电流,μA;v 为飞机速度,节;600 为公式中的常数,节;S_a 为飞机迎风面积,m^2;I_c 为充电电流密度,$\mu A/m^2$,I_c 是由各种云和降雪决定的,典型值是 200 $\mu A/m^2$。

$$I_t = q_p v c A_{eff} \qquad (6-2)$$

式中,

$$A_{eff} = k A_{pf} \qquad (6-3)$$

式中:I_t 为飞机总的静电充电电流,μA;q_p 为粒子的电荷,$C/$粒子;v 为飞机速度,m/s;c 为粒子浓度,粒子/m^3;A_{eff} 为有效充电面积,m^2;A_{pf} 为飞机迎风面的投影面积,m^2;k 为有效面积因子,不大于 1。

飞机的充电电流公式(6-1)和(6-2)来自标准 MIL-STD-464 和 SAE ARP 5672,属于经验公式。

飞机的速度包线中定义了飞机速度和迎角关系、飞机速度和飞机高度的关系。这就决定了在分析飞机充电电流时 q_p 和 c 的选取(见表6-1),以及在进行积分时点乘的计算。

表6-1 亚音速飞机可选用的沉积粒子参数

飞行阶段	参数	单位	范围
巡航	q_p	C/粒子	$(1\sim10)\times10^{-12}$
	c	粒子/m³	2×10^4
起飞降落	q_p	C/粒子	$(1\sim35)\times10^{-12}$
	c	粒子/m³	5×10^4

飞机的充放电关系为[3]

$$I_t - \sum I_d = \sum I_s = C\frac{dV}{dt} \tag{6-4}$$

式中：$\sum I_d$ 为放电器放电电流总和；$\sum I_s$ 为飞机尖端电晕放电电流总和；C 为飞机对地的电容；V 为飞机的电压。当飞机充放电的电流相等时飞机为瞬时恒等势体。

式(6-1)和(6-2)给出了评估飞机沉积静电充电的电流公式,那么飞机的放电器的数量可以由式(6-5)来确立：

$$N = \frac{I_t - \sum I_d - \sum I_s - C\frac{dV}{dt}}{I_t} \tag{6-5}$$

但是对于放电器的放电电流 I_d 的选择却具有很大的不确定性,根据 MIL-STD-9129F,放电器的连续放电电流为 $50\,\mu A$,最大放电电流为 $400\,\mu A$,而且飞机的电容和电压变化率也会影响放电器数量的估算,这两方面都给放电器数量的确定带来了一定的困难。此外,飞机总的充电电流也会受到飞行环境如温度、湿度、高度、速度等的影响,使得飞机的静电充电和放电过程都处于相对的非稳态。所以放电器的数量估算需经过地面试验、飞行试验甚至运营数据积累从而达到最优设计。

放电器一般布置在飞机机翼、方向舵和升降舵等后缘/尖端部位。对于放电器的安装,其底座若为金属底座,则该金属底座到飞机结构的最大搭接阻值为 $2.5\,m\Omega$[5]。

6.4.3.2 流光放电防护

流光的防护可以通过在介质表面涂覆一层非常薄的导电涂层来实现。导电涂层必须合适地搭接到飞机金属结构上,提供良好的导电通路,将电荷快速地泄放到结构上,防止电压上升,产生流光放电。

由玻璃钢、塑料、丙烯酸、玻璃或纤维构成的非导电结构或部件,导电层诸如金属薄片、嵌入的导电金属线、低阻抗涂层和油漆可以用在这些暴露的部件表面上以防止电火花或击穿。

非导电结构或部件的表面处理应该有小于 300 kΩ/方格 的表面电阻率。如果雷达罩和天线的表面电阻率小于 300 kΩ/方格,可能会引起功能不正常。雷达罩表面涂层的表面电阻率应该在 1 MΩ/方格 和 100 MΩ/方格 之间。表面电阻率的范围不能严重地影响雷达罩和天线性能的降级。如果导电涂层上覆盖有一层很薄的绝缘油漆,则导电涂层仍然可以将电荷泄放到邻近结构上。

防静电涂层分为 I 型和 II 型,I 型的表面电阻率在 1 MΩ/方格 和 100 MΩ/方格之间,涂层厚度(干膜厚度)为 $15 \sim 25~\mu m$,主要用于对雷达罩的表面防静电喷涂。II 型的表面电阻率在 $0 \sim 10^5~\Omega$ 之间,涂层厚度为 $10 \sim 20~\mu m$,主要用于其他绝缘表面的静电防护。

喷涂防静电涂层一般要经过表面准备、涂料混合、涂料喷涂、涂层固化几个步骤。在喷涂完成后,需要进行表面电阻率测量,测量不合格的需经过相应的措施进行处理。表面电阻率的测量方法如图 6-2 所示。取两条导电胶带,长度为 L,推荐为 10 cm,将两条胶带平行贴置,要求距离为 $0.1L \pm 5\%$,将胶带压紧,连接好探针,读取电阻数值,然后将读取数乘以 10 即是表面电阻率。

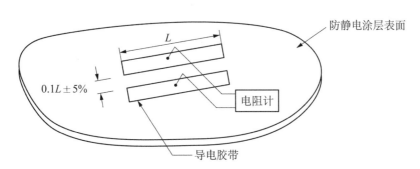

图 6-2 防静电涂层的表面电阻率测量方法

然而,若绝缘油漆的厚度达到一定程度,则会影响导电涂层释放电荷的能力。通常情况下,当油漆厚度超过 $100~\mu m$ 时,就需要对导电涂层能否有效泄放电荷进行评估。非导电结构或部件的导电涂层应该与邻近的金属部件或结构进行电搭接,以避免部件之间产生电弧或跳火。

非导电表面的防静电涂层需要搭接至飞机金属结构,一般步骤如下:按工程图样钻孔并锪窝孔、打磨去除面饰以显露防静电涂层、清洗所有的打磨表面和锪窝孔、在已清洗的打磨表面施加新的防静电涂层、清洗并安装紧固件、测试电阻、修整表面。典型的安装如图 6-3 所示。

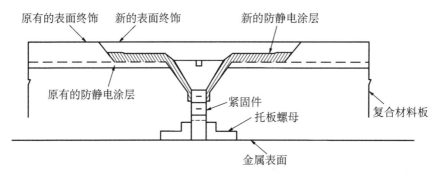

图 6-3　防静电涂层搭接至飞机金属结构

6.4.3.3　火花放电防护

为防止隔离导体和飞机结构之间跳火,应确保所有的气流冲击的导体部件和飞机结构之间有良好的电搭接[6,8]。搭接阻值小于 100 kΩ,即可防止电弧放电。

6.4.4　飞机静电放电器配置

对于已知飞机的翼展长,表 6-2 列出了后缘型静电放电器的最小数量。这个数值允许有 20% 的构型偏离。

表 6-2　放电器数量配置

翼展/m	后缘型放电器数量(最小构型偏离数量)/个	各区域的放电器数量/个	
		机翼后缘	安定面尖端
10	5(4)	1	1
20	10(8)	2	2
30	15(12)	3	3
40	24(20)	6	4
50	31(25)	8	5
60	44(36)	14	垂尾后缘 5 平尾后缘 6

对于更小的飞机,至少有一个后缘型的放电器布置在每一个翼尖和安定面端。对于较大的飞机,一般的静电放电器布置在机翼上的安定面上。第一个布置在机翼最外面的端头处,第二个距离第一个 0.5 m 或者更近。翼面上其他的放电器布置间距约为 0.5~1 m 之间。放电器的位置可以进行较小的变动或调整,向内或者向外,以适应安装的方便性。任何情况下都要避免放电器间距小于 30 cm,以防止互相屏蔽。

　　静电放电器一般在尖端的后缘处安装密度较高,例如小翼和翼尖等较小半径的位置;而向内曲率半径较大处,布置得就较少。端头型的静电放电器放在翼尖和尾端,目的是保护机翼和安定面的后缘。

　　ARJ21-700飞机静电放电器配置参考了相关机型,配置静电放电器24个,其中1型放电器22个,配置如下:①左机翼6个;②右机翼6个;③左升降舵3个;④右升降舵3个;⑤方向舵4个。

　　2型放电器2个,配置在垂尾翼尖整流罩处。

6.4.4.1　ARJ21-700飞机静电放电器布局

　　放电器一般布置在飞机机翼、方向舵和升降舵等后缘/尖端部位。第一个静电放电器布置在机翼最外的尖端处,第二个距离第一个0.5 m或者更近,其他的放电器布置间距约为0.5～1 m之间。对于放电器的安装,其底座若为金属底座,则该金属底座到飞机结构的最大搭接阻值为2.5 mΩ。ARJ21-700飞机静电放电器布局如图6-4所示。

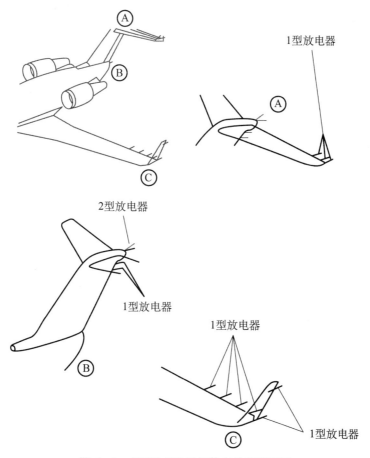

图6-4　ARJ21-700飞机静电放电器布局

6.4.4.2　ARJ21-700 飞机静电放电器类型

ARJ21-700 飞机安装了两种类型静电放电器,1 型放电器为后缘型;2 型放电器为端头型,如图 6 - 5 所示。

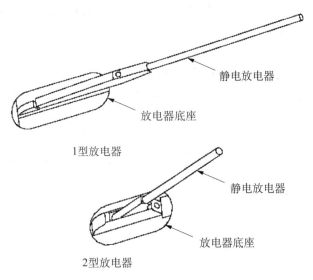

1型放电器

静电放电器

放电器底座

2型放电器

静电放电器

放电器底座

图 6 - 5　ARJ21-700 飞机 1 型放电器和 2 型放电器

6.5　静电防护试验验证

为了防止静电荷积累,确保飞机飞行过程中机载系统不受静电影响,需要通过必要的试验验证来表明其符合性。试验验证包括设备静电防护试验、飞机沉积静电地面试验和飞机沉积静电飞行试验(按需)。

6.5.1　机载设备静电防护试验

设备静电放电试验可按 RTCA/DO-160G 25 章的试验要求开展。需特别说明,ARJ21-700 飞机机载电子/电气设备射频敏感性合格鉴定试验以 RTCA/DO-160D 的要求进行了设备静电放电试验。

静电放电试验用于评估和确定电子设备可以承受 15 000 V 量级静电放电的能力,验证当被测设备和空气之间发生静电放电后,是否会出现永久性性能退化、是否可以执行其预期的功能[9, 13],试验布置如图 6 - 6 所示。

按照 RTCA/DO-160 20.3a 的通用要求布置被测设备。通过正确的安装和接口控制框图或图表按规定连接并确定设备方向。为最大限度减少静电放电发生器连接线缆二次辐射的影响,该线缆的敷设和接地必须慎重处理。

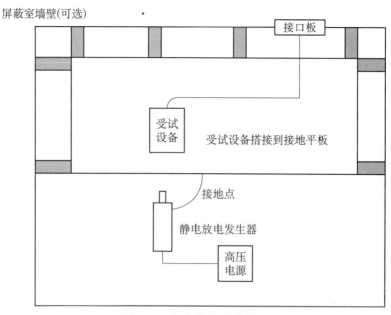

图 6‑6 静电放电试验布置

静电放电发生器原理见图 6‑7,由一个(330±20％)Ω 的放电电阻和一个(150±20％)pF 的能量储存电容组成。该发生器可以产生正负 15 000 V 的电压脉冲。为了产生正负 15 000 V(＋10％，－0％)的峰值输出脉冲,应对静电放电发生器进行校准,并记录发生器的设置过程。

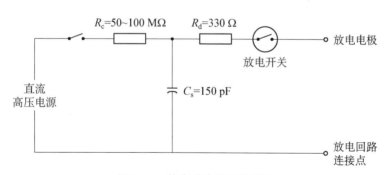

图 6‑7 静电放电发生器原理

EUT 工作模式应包含可以检测的 EUT 所有正常工作模式。静电放电用于正常工作期间 EUT 上人易接触到的接触点和接触面(包括飞机维护过程中的装配,如开关、旋钮、按钮、指示器、显示器、插槽、支架和连接器外壳以及其他操作人员易接触到的地方)进行测试。设置静电放电发生器的输出电压为已校准的数值,在对表面放电时,静电放电发生器垂直对着表面。发生器的回线应接地并保持和被测设备及其线缆相距至少 0.2 m。

试验时,向被测设备上被测点匀速(大约 0.3 m/s)移动静电放电发生器尖端直至发生放电或接触到被测设备。每次放电之后,从被测设备上移开静电放电发生器(放电电极)。发生器再重新充电准备下次放电。反复进行此过程直至在每个测试点的每个极性(正、负)均完成 10 次放电。

6.5.2 飞机沉积静电地面试验

沉积静电验证试验方法包括地面试验和飞行试验,目的是验证当沉积静电充电现象发生时,是否飞机表面任何位置处都不会产生对飞机的通信/导航系统造成不利影响的电气噪声。当地面试验程序不可施行时,才考虑进行飞行试验。

在进行地面验证试验过程中,向飞机外任何可能的表面施加电荷,同时检测飞机的通信/导航系统接收机。试验测试系统主要由高压激励源、高压电缆、高压探头(电晕球、集电盘和粒子流探头)以及电压表和电流表组成。

试验时飞机可以放置于机库或停机坪,将飞机接大地,试验系统接地。测试前先将测试系统的线缆、探头连接好,打开启动按钮,探头放置于待测位置,调整测试电压或电流进行测试,一般可以通过飞机机载接收机系统或者手持式接收机进行定性判断静电放电干扰。试验布置如图 6-8 所示。试验前飞机燃油箱应加满燃油,且

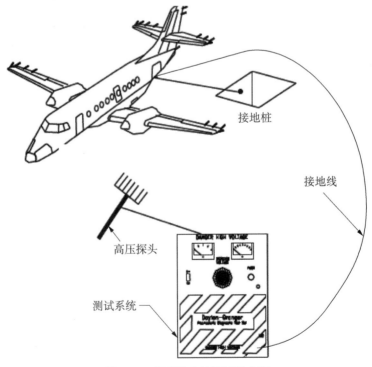

接地桩

接地线

高压探头

测试系统

图 6-8　沉积静电地面试验布置

尽可能保持较小的空间,减少燃油蒸气。试验过程中,要保持人员不能碰触任何高压探头部位或电缆,靠近飞机的台架等必须接地,且距离飞机不能小于0.3 m。

1) 搭接测试

用高压兆欧表(500 V)测量飞机左右机翼、左右升降舵、方向舵以及翼尖整流罩上每一个静电放电器的直流电阻。后缘型(Ⅰ型)放电器阻值范围是6~200 MΩ;尖端型(Ⅱ型)放电器阻值范围是6~120 MΩ。

用毫欧表或微欧表测量放电器底座、天线底座、舱门等结构部件到飞机结构之间的搭接电阻。

2) 电晕球测试

电晕球主要用于检查飞机外部金属设备/部件和飞机金属结构之间的搭接完整性。测试前,将电压源调到5~10 kV,用电晕球靠近并接触待测部位,扫描过程中,检测飞机的无线电系统是否有严重噪声。

3) 集电盘测试

集电盘主要用于对放电器和天线等具有尖端部位的部件进行测试,将集电盘放置于距离待测部件尖端5~7.5 cm处,调整激励源电压或电流(对于放电器,电压为25 kV;对于天线电流为5 μA),检查机载无线电系统(主要包括自动定向仪、HF、VHF通信以及甚高频导航)是否受干扰。

4) 粒子流探头测试

粒子流探头测试主要是对于飞机外表面非金属蒙皮部分的测试,例如雷达罩、共型天线、风挡等外表面。探头距离被测表面约5~7.5 cm,调整激励源电流至25 μA,监测机载无线电系统是否受干扰。

由于适航条款CCAR-25.899不是ARJ21-700飞机所需要符合的适航条款,因此ARJ21-700飞机并没有实施沉积静电适航符合性试验。但为了确定飞机静电防护设计的有效性,依据SAE ARP 5672,开展了飞机沉积静电地面研发试验,验证了ARJ21-700飞机的静电防护设计满足设计预期。

6.5.3 飞机沉积静电飞行试验

由于CCAR/FAR-25部新增了条款25.899"电搭接及静电防护",因此民用飞机的沉积静电防护以及验证技术将日趋完善,飞行试验验证也将作为审定适航验证的要求内容之一。国内对于飞行试验,目前仍处于研究标准(AC,SAE等)阶段。SAE ARP 5672在2009年颁布,提出了民用飞机的静电防护设计技术以及地面试验和飞行试验的验证流程。

沉积静电飞行试验仅当地面试验程序不可施行时,才考虑进行。飞行试验首先需要通过气象观察可用的试验环境即沉积静电环境,如雨雪天气等。飞行试验前,需要对飞机进行改装,将一种改装的静电放电器(可检测放电电流一般需要3个)安装在飞机机翼尖端等部位,并通过监视设备来观测和记录该放电器的放电电流。在记录放电电流的过程中,检查机载通信、导航系统的抗静电干扰能力是否在其功能允许的范围内。为了表明检测静电放电器的放电电流是否能达到或满足 SAE ARP 5672 或 MIL-DTL-9129 规定的放电器放电电流,一般有三种可以用于检测放电器放电电流的改装方法,包括无线传输、有线传输和数据存储后续读取等方式进行数据采集,分别有各自的优缺点。

试验时,在云、雨等沉积静电环境下,如果左右机翼尖端的检测放电器放电电流不小于 50 μA,则飞机以待机状态平稳飞行 5～10 分钟,设置 HF 系统通信模式为语音模式,与水平距离 500～1 000 mi(805～1 610 km)的地面塔台之间通信,在某一合适频点分别选用上边带(USB)、下边带(LSB)、调幅模式(AM)进行通信,并进行定性检查;再设置 VHF 系统通信模式为语音模式,用 VHF-1、2、3 分别与地面塔站台通信一次,进行定性检查;然后通过 ADF 接收地面塔台发送的信息(包括摩尔斯码),检查 ADF 的受干扰情况;最后再采用同样的方法检查甚高频导航的功能是否受干扰。试验前如果左右机翼尖端的改装放电器放电电流不能达到 50 μA,则可按需采用放下襟/缝翼、放下起落架、增加推力、增加攻角等操作进行调整以满足沉积静电环境要求,然后再进行试验。

6.6　ARJ21-700 飞机静电防护设计与验证概述及典型案例

为了避免静电对飞机及其机载系统产生损坏或干扰,ARJ21-700 飞机的静电防护设计主要涉及飞机结构/设备部件采用的防静电材料、静电防护电搭接和飞机静电放电器的安装布局。通过进行电搭接机上检查和飞机沉积静电地面研发试验,评估并确认了 ARJ21-700 飞机的静电防护满足设计预期,能保证飞机正常安全飞行。而作为国内首次开展的飞机沉积静电地面试验,试验所得的数据和工程经验为后续的适航验证奠定了基础,方法和流程也值得其他型号项目借鉴。

在 ARJ21-700 飞机研制过程中,曾经遇到过因静电防护不满足要求而产生的问题。在解决问题过程中,积累了经验,其分析思路和方法值得借鉴。以下内容作为典型案例分享。

ARJ21-700 飞机 104 架机在飞行试验过程中,ACP 多次出现通话功能丧失的故障。经过故障排查和原因分析,初步确认在飞行试验中,飞机穿越带电云层过程中,飞机机壳与 ACP 模块、音频插孔板(AJP)插线板之间产生静电感应电压。ACP 模块、AJP 插线板与飞机机壳未采取有效的搭接或未进行搭接等因素,导致静电感应电压在三者之间产生静电放电现象,对 ACP 模块的正常工作产生影响,引起 ACP 模块非正常性工作。

经过分析研究,认为需要进行两方面的分析计算:飞机穿越带电云层过程中的静电感应仿真分析和飞机静电放电过程等效电路仿真分析。首先根据带电云层电荷分布特性、飞机驾驶舱模型、ACP 及 AJP 结构模型建立 ARJ21-700 飞机静电感应仿真模型；其次，模拟飞机穿越带电云层的过程，分别进行飞机不断靠近、穿越、不断远离带电云层的静电感应仿真，获取飞机驾驶舱、ACP 模块及 AJP 插线板之间静电感应电压的准动态响应曲线；最后根据静电感应仿真模型，建立其静电放电等效电路模型，并将静电感应电压作为激励施加在等效电路模型中的不同位置处，采用电路仿真方法进行静电放电仿真分析，获取不同位置处的瞬态放电电压分布波形，并进一步分析其对 ACP 模块的影响。研究总体技术路线如图 6 - 9 所示。

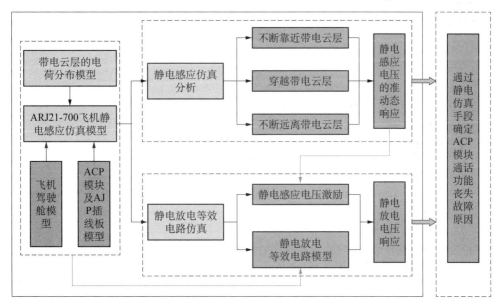

图 6 - 9 总体技术路线

1）飞机穿越带电云层过程中的静电感应仿真分析

建立 ARJ21-700 飞机的静电感应仿真模型，包括带电云层的电荷分布模型、ARJ21-700 飞机驾驶舱模型、ACP 模块及 AJP 插线板的仿真模型。

采用静电场仿真方法，模拟飞机穿越带电云层的过程，进行飞机穿越带电云层的准动态静电感应仿真，获取飞机不断靠近、穿越以及不断远离带电云层过程中飞机驾驶舱、ACP 模块及 AJP 插线板之间静电感应电压的准动态响应曲线。

2）飞机静电放电过程对 ACP 模块影响的仿真分析

根据飞机驾驶舱、ACP 模块、AJP 插线板之间的空间位置，分别计算它们之间的分布电容以及接地线的直流电阻和寄生电感等参数，建立三者静电放电等效电路模型。

将静电感应电压施加在等效电路模型中的不同位置处，采用电路仿真方法进行静电放电仿真分析,获取不同位置处的瞬态放电电压分布波形,并进一步分析其对 ACP 模块的影响。

6.7 小结

本章首先介绍了飞机静电的基本内容、适航要求和符合性验证思路。然后提出了飞机的静电防护设计方法,并给出了 ARJ21-700 飞机的静电放电器数量计算。对于飞机的静电验证,给出了设备级和飞机级的试验要求,并结合 ARJ21-700 飞机的实际型号经验提出了验证方法。最后通过典型案例,演示了静电防护设计仿真的技巧和思路。对于民用飞机沉积静电防护设计和实际工程排除故障具有参考作用。

参 考 文 献

[1] MIL-STD-464 Electromagnetic Environmental Effects Requirements for Systems [S]. 2010.

[2] SAE ARP 5672 Aircraft Precipitation Static Certification [S]. 2009.

[3] 李银林,施聚生. 飞机静电场特性及其探测原理[J]. 探测与控制学报,1999,21(4): 46 – 49.

[4] 王天顺. 静电效应及其防护[J]. 飞机设计,2001(2): 55 – 59.

[5] MIL-STD-9129F Dischargers,Electrostatic General Specification For [S]. 2008.

[6] SAE ARP 1870 Aerospace Systems Electrical Bonding and Grounding for Electromagnetic Compatibility and Safety [S]. 2012.

[7] CCAR-25-R4 运输类飞机适航标准[S]. 2011.

[8] NASA STD-P023 Electrical Bonding for NASA Launch Vehicles,Spacecraft,Payloads,and Flight Equipment [S]. 2001.

[9] RTCA/DO-160G Environmental Conditions and Test Procedures for Airborne Equipment [S]. 2010.

[10] SAE AIR 1662 Minimization of Electrostatic Hazards in Aircraft Fuel Systems [S]. 2013.

[11] AC-25.899-1 Electrical Bonding and Protection Against Static Electricity [S]. 2007.

[12] SAE AIR 5128 Electrical Bonding of Aircraft Fuel Systems [S]. 2012.

[13] HB6167.26-2014 民用飞机机载设备环境条件和试验方法　第 26 部分:静电放电试验 [S]. 2014.

7 电磁环境效应计算机建模与仿真

7.1 概述

计算机建模与仿真计算是科研工作的重要手段。在复杂系统,如飞机、舰船和卫星中,前期的建模和仿真计算可以大大降低技术风险。在电磁环境领域,测试和仪器设备非常昂贵,组织实施一个试验的成本巨大,而电磁环境效应仿真计算相较试验具有较大的优势,能够不受场地、仪器设备和外部电磁环境的影响,同时进行任意多次计算,花费成本较小。随着电磁计算学的进步,电磁环境效应仿真计算得到了快速的发展,应用越来越广泛。

在 ARJ21-700 飞机的设计中,同样大量采用了计算机建模和仿真技术,这些技术的采用为项目研制节约了大量的经费,保证了研制进度。但是计算机建模与仿真技术需要雄厚的数学基础与技巧,且工程实践经验对建模与仿真结果影响巨大。如建模过程中使用不恰当的模型简化,则可能导致完全错误的计算结果。

在电磁数值计算中,方法的运用、待求场函数的解答将最终归结为离散方程组的求解,此离散方程组在电磁场工程问题中,经常遇到的是线性代数方程组。为使电磁工程计算问题应用数值计算方法解决,必须将实际工程问题进行相关处理,如图 7-1 所示。

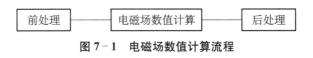

图 7-1 电磁场数值计算流程

图 7-1 中的"前处理"包括采用一定的方式将所研究的场域离散化,这种离散化的场域划分要适应实际问题"电磁建模"的需要,便于实际问题的电磁数学模型的建立。在"后处理"中人们可依待求问题的性质,给出各种形式的解答(原始数据显示、曲线图表显示、可视化数据图形、数据处理和特征提取等)。

7.2 数学基础

从电磁理论的角度来看,电磁环境效应仿真就是求解电磁场麦克斯韦方程问题。严格地说,如果考虑到场源的结构、媒质的形状分布和性质等因素,求解麦克斯韦方程是极其困难的。一般都将整个问题分解成几个独立的问题分别进行处理,同时加以理想化,即假设某些理想条件使具体问题得到简化和近似,以便于数学表达和处理。根据具体问题的不同,求解的方法也有所差异,通常可分为两类:一类是从麦克斯韦方程组直接求解的直接法;另一类是通过位函数求解的间接法。

7.2.1 近似法

在数理方法中主要的近似法有逐步逼近法、微扰法、变分发和迭代法等。近似法也是一种解析法,但不是严格解析法,它所得的结果一般都表示为级数。用这些方法可以求解一些用严格法不能解决的问题,用起来比较简便。

解析法包括严格建立和求解偏微分方程或积分方程。对偏微分方程的严格求解的经典方法是分离变量法;对积分方程的严格求解方法主要是变换数学法。解析法的优点是可将解答表示为已知参数的函数,从而计算出精确的结果,这个精确的解答还可以作为近似法和数值法解答的检验标准。在解析过程中以及解的函数式中,可以观察到问题的内在联系和各参数对结果所起的作用。解析法的缺点是它仅能用于少量的问题,事实上只有在参数不多的坐标系中才能分离变量,而积分法往往又求不出结果,只是分析过程困难而复杂。

在近似解析法中用于高频技术的几何光学法、物理光学法、几何绕射理论和物理绕射法发展较快。电磁辐射和散射问题的解析方法是通过满足严格边界条件的波动方程求目标问题的严格解。但是,在电磁学领域内,实际上只有极少数有实际意义的问题可用解析方法求解,这是因为只有那些几何形状和正交坐标系共形从而使波动方程成为可分离变量方程的问题才能求得严格解。因此,在过去的半个世纪中,随着计算机技术的发展出现了多种电磁场的数值解法。图7-2展示了电磁场数值计算方法的分类。

7.2.2 数值法

数值法与解析法相比较,在许多方面都有其独特的优点,这种方法的出现,使电磁场问题的分析研究,从解析的经典方法进入到离散系统的数值分析方法,从而使许多用解析法很难解决的复杂电磁场问题有可能通过电磁场的计算机辅助分析获得高精度的离散解,同时也可以极大地促进各种电磁场数值计算方法的发展。从电磁场数值计算方法中应用最早的有限差分法算起,40多年来,已经形成了各有特色的多种数值计算方法,它们已经成为电磁场理论中的重要部分。

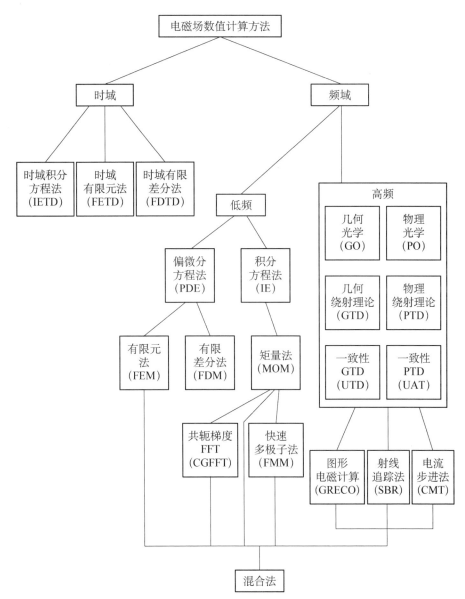

图 7‑2 电磁场数值计算方法分类

7.2.2.1 矩量法

1968 年，Harrington 提出了电磁学中的矩量法[1,2]，这是一种用于严格计算电磁问题的数值计算方法。矩量法的本质就是将一个算子方程（微分方程或积分方程）转化为一般的线性矩阵方法，然后求解该矩阵方程得到目标的电磁流分布，从而得到我们需要的解。利用矩量法求解电磁问题的主要优点在于它严格地计算了各个子系统间的互耦,而算法本身又从根本上保证了总体误差最小,而不产生数值色散。尽管矩量法可以快速而准确地求解几何形状和组成材料都很复杂的电磁场问题,但由于需要对矩阵进行求逆计算,需要耗费大量的计算时间和计算资源,以致极大地限制了矩量法所能解决问题的范围。因此,研究和发展快速而有效的矩量法成为当今计算电磁学界的热点之一。

由于矩量法是一个频域方法,并可用于计算任何形状物体的电磁场分布,因而对于电大尺寸目标的求解,矩量法也是非常好的选择;另外,矩量法的局限性催生了快速算法的研究,例如自适应积分法(AIM)、预校正快速傅里叶变换法(P-FFT)、快速多极子算法(FMM)以及多层快速多极子算法(MLFMM)等,从而更广地扩展了矩量法的应用范围。

矩量法已成功地用于求解许多实际的电磁问题。根据线性空间的理论,N 个线性方程的联立方程组、微分方程、差分方程、积分方程都属于希尔伯特空间中的算子方程,这类算子方程可以化为矩阵方程进行求解,这种方法称为矩量法。

矩量法是将算子方程化为矩阵方程,然后求解矩阵方程的方法。

通常,积分方程都写成如下的形式

$$Lf = g \qquad (7-1)$$

式中:L 为线形算子;g 为已知函数;f 为待定函数。将 f 用一组基函数$\{f_1, f_2, f_3, \cdots\}$的线形组合表示成

$$f = \sum_i a_i f_i \qquad (7-2)$$

式中:a_i 为系数。

然后再选取一组试函数$\{w_1, w_2, w_3, \cdots\}$,用每一个试函数与式(7-2)作内积,由算子 L 的线形性质可得

$$\sum_j a_i \langle w_j, Lf_i \rangle = \langle w_j, g \rangle \qquad (7-3)$$

式中:$j=1, 2, 3, \cdots$。这组方程可写成矩阵形式

$$\mathbf{A}\{a\} = \{g\} \qquad (7-4)$$

式中:$\{g\}$ 和 $\mathbf{A}$ 为

$$\{g\} = \{\langle w_i, g \rangle\} \qquad (7-5)$$

$$\mathbf{A} = [\langle w_i, Lf_i \rangle] \qquad (7-6)$$

如果矩阵 $\mathbf{A}$ 是非奇异的,那么其逆存在。$\{a\}$便可求出来

$$\{a\} = \boldsymbol{A}^{-1}\{g\} \tag{7-7}$$

于是 f 的解便由式(7-2)给出。

矩量法用于求解散射问题时，最后总会归结为求解矩阵方程，不管是用直接法还是迭代法，都要保存阻抗矩阵。由于阻抗矩阵是稠密满矩阵，因此对具有 N 个未知量的矩阵方程，存储量将达到 $O(N^2)$ 数量级。若应用高斯消元法直接求解矩阵方程，则需要 $O(N^3)$ 的计算量；而即使应用迭代法来求解，其计算复杂度也将达到 $O(N^2)$，所以，随着未知量 N 的增加，求解矩阵方程需要耗费大量的内存和运算时间。而计算机内存容量是有限的，因此，矩量法难以用于求解电大尺寸的问题。

快速多极子方法可以有效降低存储量和计算量。在相同的计算机上，用快速多极子方法可以求解的未知量个数，远大于用传统矩量法所能求解的未知量个数。快速多极子方法的基本思路是首先将未知等效电流分成小组，分组可按如下方式进行：首先用一个适当大小的长方体将物体刚好包住，然后将此长方体分成小长方体，将非空小长方体信息储存下来。此处非空小长方体是指其内有未知等效电流的小长方体，也就是与待分析的目标体边界相割的小长方体。对任何一个非空小长方体，其他的非空小长方体可分为两类：一类为近相互作用，一类为远相互作用。通常认为，两小长方体中心之间的距离小于半个波长的为近相互作用，否则为远相互作用。接下来分析两个小长方体 A 和 B 的远相互作用，不妨假设 A 和 B 内分别都有 10 个未知量，如果用传统的方式来执行它们之间的相互作用，则需 100×10 次计算机操作。而快速多极子方法是用一种新的方式来执行 A 和 B 内各未知量之间的远相互作用。用一句话概括就是将整个相互作用过程分解成三步：聚集、转移、发散。聚集就是将分布在小长方体 A 内的 10 个未知量所对应的等效电流聚集到 A 的中心，其目的是获得一组具有下列转移特性的新函数：A 内所有等效电流对远处的作用可由执行这组函数的转移完成。转移指的是将聚集过程中得到的一组函数由 A 的中心转移到 B 的中心。发散指的是将转移到 B 的中心的那组函数发散到 B 内所有的 100 个未知量所对应的等效电流上，从而完成 A 和 B 之间未知量的远相互作用。完成新函数从 A 中心到 B 中心的转移，只需要小于 100 次的计算机操作，由此可以极大地减少远相互作用的计算机操作次数。作用过程的分解来源于积分方程中格林函数的多极子展开，故此项技术称为快速多极子方法。由于格林函数的多极子展开在近相互作用时很难达到满意精度，因此这种新作用方式只适用于远相互作用。

7.2.2.2 有限元法

有限元方法作为近似求解边值问题的一种数值计算方法，其思想最早产生于力学计算中，并逐步地推广到其他的应用领域。其基本的思想就是将由偏微分方程表征的连续函数所在的封闭场域划分成有限个小区域，每个区域用一个选定的近似函数来代替,于是整个场域上的函数被离散化,由此获得一组近似的代数方程,并联立求解,以获得该场域中函数的近似数值。有限元法的理论基于伽辽金法或者变分原理,它通过寻找使系统能量达到极值的场解或者位解的方法来求解问题,因此其解是稳定可靠的。其次,有限元法的网格剖分自由度比较大,通常三维空间被离散成多面体组合,而二维问题则被剖分成多个三角形面片组合,这一点使得整个场域的划分很方便,尤其是对不规则的边界形状的处理基本上可以做到自适应的网格剖分。另外,有限元法还适合于场域内函数变化距离程度差别较大的情况,特别是对于那些场域内介质种类较多,交界形状复杂的情况,交界条件能自动满足。故人们常应用有限元法方便地处理各种非线性介质特性,如铁磁饱和特性等。基于综上所述的优点,有限元法已经成为当今最流行的算法之一,并且有相对比较成熟的商业软件如 Ansoft 软件等可以直接使用。对于各种各样的电磁计算问题只要适当地进行前端处理就能应用有限元法形成并得到一个对称正定稀疏的矩阵方程,该方程具有收敛快、求解容易、占用计算机资源少等特点。

作为一种方法,有限元法其主要缺点是对于形状和分布复杂的三维问题,由于其变量多和剖分要求细,往往会因计算机内存而受限制,特别是包含开域自由空间的电磁计算问题,其建模及求解比较困难。

7.2.2.3　时域有限差分法

时域有限差分法(FDTD)是求解电磁问题的一种数值技术,由 Yee 在 1966 年首次提出[3]。FDTD 法直接用有限差分式代替麦克斯韦时域旋度方程中的微分式,得到关于场分量的有限差分式,用具有相同电参量的空间网格去模拟研究目标,选择合适的场初始值和计算空间的边界条件,就可以得到包括时间变量的麦克斯韦方程的四维数值解,通过傅里叶变换可求得三维空间的频域结果。时域有限差分法最大特点就是可以得到整个时域的电磁波传播特性,这一点对于物理过程的理解非常有帮助。另外,对于那些宽频带电磁特性信息,采用 FDTD 法只用进行一次宽频谱脉冲激励求解就可以得到。由于 FDTD 法网格电磁特性参数的设置具有很强的独立性和自由度,因此,该方法非常适合求解各种复杂媒质结构的电磁问题。就目前的应用范畴来讲,时域有限差分法已经广泛地应用于天线辐射、电磁散射、微波电路、腔体谐振等等。不过,即使如此,FDTD 法还是有其局限性,该方法和有限元法一样是对有限空域的离散和计算,都需要对开放式电磁问题设置截断(吸收)边界条件。另外,FDTD 法是基于差分原理的,而不像有限元法是基于寻找系统能量泛函极值的,它是存在数值色散问题的。

闪电波形频率较低、频带比较宽、频谱比较丰富,如果采用频域计算则结果不直观,而且扫频面临着频点离散会造成描述不完善的缺点。这样的电磁场问题最适合用有限时域差分方法进行计算。时域有限差分方法的原理比较简单,就是直接将时域麦克斯韦方程组的两个旋度方程中关于空间变量和时间变量的偏导数用差商近似,从而转换为离散网格节点上的时域有限差分方程。加入时域脉冲激励后,在时间上迭代就可直观地模拟出脉冲在求解区域上传播、反射和散射的过程,进而采用 FFT 将时域响应变换到频域就可获得所希望的各种电参数,如无源电路的散射参数、天线的辐射方向图和输入阻抗等等。

1) Yee 格式时域有限差分方程

在填充均匀各向同性有耗媒质的无源区域中,将麦克斯韦方程组的前两个旋度方程在直角坐标系中展开,得到如下关于六个标量场分量的一阶耦合偏微分方程组

$$\begin{cases} \nabla \times \boldsymbol{H}(x, y, z, t) = \sigma\boldsymbol{E}(x, y, z, t) + \varepsilon\frac{\partial}{\partial t}\boldsymbol{E}(x, y, z, t) \\ \nabla \times \boldsymbol{E}(x, y, z, t) = -\mu\frac{\partial}{\partial t}\boldsymbol{H}(x, y, z, t) \end{cases} \tag{7-8}$$

$$\frac{\partial H_x}{\partial t} = \frac{1}{\mu}\left(\frac{\partial E_y}{\partial z} - \frac{\partial E_z}{\partial y}\right) \tag{7-9a}$$

$$\frac{\partial H_y}{\partial t} = \frac{1}{\mu}\left(\frac{\partial E_z}{\partial x} - \frac{\partial E_x}{\partial z}\right) \tag{7-9b}$$

$$\frac{\partial H_z}{\partial t} = \frac{1}{\mu}\left(\frac{\partial E_x}{\partial y} - \frac{\partial E_y}{\partial x}\right) \tag{7-9c}$$

$$\frac{\partial E_x}{\partial t} = \frac{1}{\varepsilon}\left(\frac{\partial H_z}{\partial y} - \frac{\partial H_y}{\partial z} - \sigma E_x\right) \tag{7-9d}$$

$$\frac{\partial E_y}{\partial t} = \frac{1}{\varepsilon}\left(\frac{\partial H_x}{\partial z} - \frac{\partial H_z}{\partial x} - \sigma E_y\right) \tag{7-9e}$$

$$\frac{\partial E_z}{\partial t} = \frac{1}{\varepsilon}\left(\frac{\partial H_y}{\partial x} - \frac{\partial H_x}{\partial y} - \sigma E_z\right) \tag{7-9f}$$

用一长方体将电磁问题的求解域包含在内,并沿 x、y、z 三个方向将该长方体用直网格离散,网格步长分别为 Δx、Δy、Δz,网格节点的标号分别以 i、j、k 表示。这时,第 (i, j, k) 个节点的坐标可表示为

$$(x_i, y_j, z_k) = (i\Delta x, j\Delta y, k\Delta z) \tag{7-10}$$

若将时间轴也以时间步长 Δt 进行离散,则在第 (i, j, k) 个节点上第 n 个时刻的任一场量值可以表示为

$$F^n(i, j, k) = F(i\Delta x, j\Delta y, k\Delta z, n\Delta t) \tag{7-11}$$

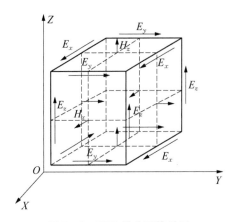

图 7 - 3　YEE 差分网格单元

式中：F 为任一场量；$i,\ j,\ k$ 和 n 为整数。为了实现关于空间坐标与时间变量的差分近似并考虑到电磁场在空间相互正交和铰链的关系，Yee 提出了差分网格单元（见图 7 - 3）。

考虑到 Yee 网格单元中六个场分量的相对位置和式(7 - 11)，将这六个场分量所满足的一阶耦合偏微分方程组(7 - 9)中关于空间和时间变量的偏导数用中心差商近似，则可得如下时域有限差分方程组

$$H_x^{n+\frac{1}{2}}\left(i,\ j+\frac{1}{2},\ k+\frac{1}{2}\right)=H_x^{n-\frac{1}{2}}\left(i,\ j+\frac{1}{2},\ k+\frac{1}{2}\right)+$$

$$\frac{\Delta t}{\mu}\cdot\left[\frac{E_y^n\left(i,\ j+\frac{1}{2},\ k+1\right)-E_y^n\left(i,\ j+\frac{1}{2},\ k\right)}{\Delta z}-\right.$$

$$\left.\frac{E_z^n\left(i,\ j+1,\ k+\frac{1}{2}\right)-E_z^n\left(i,\ j,\ k+\frac{1}{2}\right)}{\Delta y}\right]$$

$$(7-12\text{a})$$

$$H_y^{n+\frac{1}{2}}\left(i+\frac{1}{2},\ j,\ k+\frac{1}{2}\right)=H_y^{n-\frac{1}{2}}\left(i+\frac{1}{2},\ j,\ k+\frac{1}{2}\right)+$$

$$\frac{\Delta t}{\mu}\cdot\left[\frac{E_z^n\left(i+1,\ j,\ k+\frac{1}{2}\right)-E_z^n\left(i,\ j,\ k+\frac{1}{2}\right)}{\Delta x}-\right.$$

$$\left.\frac{E_x^n\left(i+\frac{1}{2},\ j,\ k+1\right)-E_x^n\left(i+\frac{1}{2},\ j,\ k\right)}{\Delta z}\right]$$

$$(7-12\text{b})$$

$$H_z^{n+\frac{1}{2}}\left(i+\frac{1}{2},\ j+\frac{1}{2},\ k\right)=H_z^{n-\frac{1}{2}}\left(i+\frac{1}{2},\ j+\frac{1}{2},\ k\right)+$$

$$\frac{\Delta t}{\mu}\cdot\left[\frac{E_x^n\left(i+\frac{1}{2},\ j+1,\ k\right)-E_x^n\left(i+\frac{1}{2},\ j,\ k\right)}{\Delta y}-\right.$$

$$\left.\frac{E_y^n\left(i+1,\ j+\frac{1}{2},\ k\right)-E_y^n\left(i,\ j+\frac{1}{2},\ k\right)}{\Delta x}\right]$$

$$(7-12\text{c})$$

$$E_x^{n+1}\left(i+\frac{1}{2},\,j,\,k\right)$$

$$=\frac{1-\dfrac{\sigma\Delta t}{2\varepsilon}}{1+\dfrac{\sigma\Delta t}{2\varepsilon}}\cdot E_x^n\left(i+\frac{1}{2},\,j,\,k\right)+$$

$$\frac{\Delta t}{\varepsilon}\cdot\frac{1}{1+\dfrac{\sigma\Delta t}{2\varepsilon}}\cdot\left[\frac{H_z^{n+\frac{1}{2}}\left(i+\frac{1}{2},\,j+\frac{1}{2},\,k\right)-H_z^{n+\frac{1}{2}}\left(i+\frac{1}{2},\,j-\frac{1}{2},\,k\right)}{\Delta y}-\right.$$

$$\left.\frac{H_y^{n+\frac{1}{2}}\left(i+\frac{1}{2},\,j,\,k+\frac{1}{2}\right)-H_y^{n+\frac{1}{2}}\left(i+\frac{1}{2},\,j,\,k-\frac{1}{2}\right)}{\Delta z}\right]$$

$$(7-12\mathrm{d})$$

$$E_y^{n+1}\left(i,\,j+\frac{1}{2},\,k\right)$$

$$=\frac{1-\dfrac{\sigma\Delta t}{2\varepsilon}}{1+\dfrac{\sigma\Delta t}{2\varepsilon}}\cdot E_y^n\left(i,\,j+\frac{1}{2},\,k\right)+$$

$$\frac{\Delta t}{\varepsilon}\cdot\frac{1}{1+\dfrac{\sigma\Delta t}{2\varepsilon}}\cdot\left[\frac{H_x^{n+\frac{1}{2}}\left(i,\,j+\frac{1}{2},\,k+\frac{1}{2}\right)-H_x^{n+\frac{1}{2}}\left(i,\,j+\frac{1}{2},\,k-\frac{1}{2}\right)}{\Delta z}-\right.$$

$$\left.\frac{H_z^{n+\frac{1}{2}}\left(i+\frac{1}{2},\,j+\frac{1}{2},\,k\right)-H_z^{n+\frac{1}{2}}\left(i-\frac{1}{2},\,j+\frac{1}{2},\,k\right)}{\Delta x}\right]$$

$$(7-12\mathrm{e})$$

$$E_z^{n+1}\left(i,\,j,\,k+\frac{1}{2}\right)$$

$$=\frac{1-\dfrac{\sigma\Delta t}{2\varepsilon}}{1+\dfrac{\sigma\Delta t}{2\varepsilon}}\cdot E_z^n\left(i,\,j,\,k+\frac{1}{2}\right)+$$

$$\frac{\Delta t}{\varepsilon}\cdot\frac{1}{1+\dfrac{\sigma\Delta t}{2\varepsilon}}\cdot\left[\frac{H_y^{n+\frac{1}{2}}\left(i+\frac{1}{2},\,j,\,k+\frac{1}{2}\right)-H_y^{n+\frac{1}{2}}\left(i-\frac{1}{2},\,j,\,k+\frac{1}{2}\right)}{\Delta x}-\right.$$

$$\left.\frac{H_x^{n+\frac{1}{2}}\left(i,\,j+\frac{1}{2},\,k+\frac{1}{2}\right)-H_x^{n+\frac{1}{2}}\left(i,\,j-\frac{1}{2},\,k+\frac{1}{2}\right)}{\Delta y}\right]$$

$$(7-12\mathrm{f})$$

由于关于空间和时间变量的偏导数都采用了中点差商近似,因此以上时域差分方程的收敛阶数为 $O(\Delta u^2, \Delta t^2)$,式中 $\Delta u = \max(\Delta x, \Delta y, \Delta z)$。从式(7－12)中可以看出,空间网格节点上某一时间步时的电场值取决于该点在上一时间步的电场值和与该电场正交平面上相邻节点处在上半时间步上的磁场值,以及媒质的电参数 σ 和 ε;空间网格节点上某一时间步时的磁场值取决于该点在上一时间步的磁场值和与该磁场正交平面上相邻节点处在上半时间步上的电场值,以及媒质的磁参数 μ。

2)边界条件

由于有限时域差分方法是计算开域的电磁场问题,因此需要将开放域截断为有限区域,从而引入了边界条件,以模拟被截去的外部空间的影响。因为这个边界是人为加上的,因此它必须对外向传播的波是透明的,即当任何一个从里向外传播的波投射到边界上时都应没有反射。这样就提出了吸收边界的问题,一个好的吸收边界条件应在截断边界非常靠近物理结构不均匀区域时仍然能获得正确的满足精度要求的解。

完全吸收边界条件可以说是时域有限差分法最佳的一个吸收边界。它是在求解区域边界附近用 3～5 层虚拟网格点来模拟虚拟材料,从而吸收来波。如果吸收层内部的材料指定恰当,那么差分迭代就可以在最外一层网格上自然结束,不需要对边界点的时间步进行特别处理。这个吸收层最早由 Berenger 等人于 1994 年提出。

3)时域有限差分方程的迭代求解过程

如上所述,用一个长方体将问题的求解域包含在内并进行三维网格离散。对位于均匀媒质区域的内部单元采用时域差分方程(7－12),在电壁或磁壁边界上引入齐次边界条件,在截断边界上引入吸收边界条件,然后再加入激励脉冲,就可以时间步长 Δt 进行迭代。在迭代过程中记录下特定抽样点上某一场分量随时间的变化过程,然后进行傅里叶变换就可得到频域中的电磁参数。

(1)稳定性条件。

由于 FDTD 算法是一个迭代过程,随着时间步的增长,数字化误差会逐步积累,因此保证算法的稳定性是一个很重要的问题。算法中时间增量 Δt 和空间增量 Δx、Δy 和 Δz 不是完全独立的,它们的取值受到一定的限制,以避免数值的不稳定性。通过考虑在 FDTD 算法中出现的数字波模,可得出算法的稳定性条件如下

$$v_{\max}\Delta t \leqslant \left(\frac{1}{\Delta x^2} + \frac{1}{\Delta y^2} + \frac{1}{\Delta z^2}\right)^{-\frac{1}{2}} \qquad (7-13)$$

式中 $v_{\max}$ 取工作模式的最大相速值,相当于按最坏条件选择时间步长 Δt。另外,当

采用不等距网格空间步长时,应按下式原则选择 Δt

$$\Delta t = \frac{\min(\Delta x_{\min},\ \Delta y_{\min},\ \Delta z_{\min})}{2v_{\max}}\qquad\qquad(7-14)$$

当然,Δt 也不能取得过小,否则不仅降低了频率的分辨率,而且需要增加问题的迭代次数。较好的方法是在保证稳定的情况下,尽量选取较大的 Δt。

(2) 数值色散。

麦克斯韦方程的有限差分数值算法,能使在计算网格空间中所模拟的波形产生色散。也就是说,在 FDTD 网格空间中存在的数值模,其相速取决于模的波长、传播方向以及网格单元的尺寸。这种数值色散能导致若干非物理性效应,如脉冲波形失真、人为的非均匀性、虚假的绕射和准折射现象等。当 Δx,Δy,Δz 和 Δt 足够小时,数值色散可以减少到所要求的程度。但是这样会大大增加计算机的存储空间和计算时间。因此可折中选取空间步长,一般取为

$$\Delta h_{\max} < \frac{1}{10}\lambda_{\min}\qquad\qquad(7-15)$$

式中:$\Delta h_{\max}$ 为 Δx,Δy 和 Δz 的最大值,$\lambda_{\min}$ 为感兴趣频率范围内的最小波长。这样能使主要频谱分量数值相速的变化总小于 1%。

(3) 边界元法。

边界元法仿照有限元法,在边界法中引入边界元素的概念,发展成为一种边界元法。所谓边界元就是把区域的边界分割成许多单元,在各单元上所考察的插值函数如同有限元的插值函数那样,可以具有各种形式。以前的积分方程近似解法是把状态量集中到区域表面的许多点上,而此法没有这个限制。

边界元法是把边界积分法与有限元法的离散方式组合起来的产物。这里积分方程的建立不像经典的边界积分法那样采用格林函数,而是用加权余量法。因此,边界元法是将描述场的微分方程通过加权余量法归结为边界上的积分方程,然后把这个积分方程进行边界分割和插值,从而求出近似解的数值解法。采用加权余量法,使得求解变得更为有效和简练,用加权余量法所形成的积分方程则是更一般的方法。

7.2.2.4　高频方法

从本章前 3 节中可以看出,应用经典数值方法分析电小尺寸结构的电磁兼容性(EMC)问题可以得到比较精确的数值结果,而且处理起来也比较方便。然而对于电大尺寸目标($L \gg \lambda$),由于受到计算机内存及计算速度的限制,使用经典数值方法进行分析非常困难。在这种情况下,通常使用高频方法来获得有关电磁特性的近似解。对于形状较为简单的电大尺寸目标,应用高频方法进行分析非常方便,并且也能获得较高的计算精度。由于高频方法只需将目标分解成一些较小的结构模型,而

有关这些结构模型的电磁传播模型是已知的,不需要像经典数值方法那样进行很细的剖分,所以高频方法可以大大地节省计算机内存、减少计算量。在许多 EMC 问题分析中,高频技术和经典数值方法具有互补的优势。经典数值方法适合分析任意形状的电小尺寸结构,并能提供辐射单元的各种可观测的电磁参数(如阻抗与电流分布);高频方法适合分析规则形状的电大尺寸目标,分析计算简单,但不能像经典数值方法那样提供全面的电磁参数。本节将介绍几种广泛使用的高频方法的基本理论,包括几何光学理论、几何绕射理论、物理光学理论、物理绕射理论。高频方法已经是相当成熟的技术,有大量的文献论述其原理与应用。本书对于算法不做过多陈述,读者感兴趣可以查阅相关文献[4]。

1) 几何光学法(GO)

几何光学法根据几何光学的一些基本原理,认为高频电磁波的能量沿着细长的射线管传播,因而运用射线追踪的方法就可以方便地求解场强,从而避免了繁杂的场积分计算。

简单的几何光学理论有一些严重的缺点。首先,散射场取决于镜面点处的曲率半径,所以对平板或单弯曲表面,由几何光学法会得到无限大的雷达散射截面(RCS)结果;其次,几何光学法要求散射体表面光滑,因此对于棱边、拐角、尖顶等因表面不连续,故不能用几何光学法处理;最后,在焦散区(所谓焦散,就是相邻的众多射线相交而形成的焦点、包络曲线或曲面)或源区,射线管截面积变为零,由几何光学法计算的场变为无限大,因此在这些区域不能应用几何光学法。

2) 物理光学法(PO)

与积分方程矩量解法一样,物理光学法的出发点也是斯特拉顿-朱兰成(Stratton-Chu)散射场积分方程,但矩量法求解表面感应电流时计入了各部分感应电流相互之间的影响,而物理光学法则根据高频场的局部性原理,完全忽略了这种相互影响,而仅根据入射场独立地近似确定表面感应电流。

物理光学法是一种很重要的高频方法,当散射场以面效应为主时,物理光学法会给出比较精确的结果,但物理光学法同几何光学法一样,不能处理棱边、拐角、尖顶等表面不连续问题。物理光学法不能估算交叉极化的回波;另外,物理光学法的精度与散射方向有关,如果散射方向离开镜面反射方向较远,则物理光学法的误差会较大。

3) 几何绕射理论(GTD)

几何绕射理论克服了几何光学法在阴影区失效的缺点,同时也改善了亮区中的几何光学解。因为几何绕射理论是一种射线光学理论,所以它在几何光学阴影边界两侧的过渡区内失效。几何绕射理论的这一缺点已被 20 世纪 70 年代发展起来的一致性几何绕射理论(UTD)和一致性渐近理论(UAT)所克服。UTD 和 UAT 在几何光学阴影边界过渡区内都有效,而在阴影边界过渡区外则自动地化为几何绕射理论算式。因此,在工程实践中一般都采用 UTD 或 UAT。

另外,正如几何光学在其射线的焦散区失效一样,几何绕射理论及其一致性形式 UTD 和 UAT 在绕射射线的焦散区都失效。焦散区的场可以采用等效电磁流法(ECM)来计算。

几何绕射理论及 UTD、UAT 计算的散射场局限于凯勒圆锥上,其他散射方向上的场不能计算。

4) 等效电磁流法(ECM)

等效电磁流法可以解决 GTD、UTD、UAT 不能计算焦散区以及凯勒圆锥外的散射场的问题。ECM 法的基本原理是:在远离焦散区之外利用 GTD 求得劈边缘上的等效电流和等效磁流,然后通过辐射积分计算出这些等效电、磁流在焦散区内的辐射场。同样,也可计算得到由等效电、磁流在凯勒圆锥外的散射方向产生的电磁场。

当几何光学阴影边界过渡区和焦散区重叠时,GTD、UTD、UAT 和 ECM 都失效。在这种区域中的场可以用物理绕射理论(PTD)及其修正形式来计算。

5) 物理绕射理论(PTD)

正如 GTD 是对几何光学法的延伸一样,PTD 是对物理光学法的延伸。在计算物理光学场时,散射体上的感应面电流采用了几何光学近似。在物理绕射理论中,几何光学电流近似是通过引入一个由典型问题导出的修正项而得到改善的。

PTD 可以计算有边缘物体的边缘绕射场,因为 PTD 不是一种射线光学理论,所以它在几何光学阴影边界过渡区和射线的焦散区都有效。

PTD 计算得到的场只是边缘绕射的贡献,因此,还必须采用像物理光学等其他方法才能求得表面贡献,两者进行相干叠加,才能得到总的散射场。由于 GTD 和 PTD 两者都依赖于二维尖劈问题的严格解,因此它们都只能用于凯勒圆锥的散射方向。如同等效电磁流法可以把 GTD 推广到任意方向,同样可采用增量长度绕射系数的方法把物理绕射理论推广到任意方向。

6) 增量长度绕射系数(ILDC)

增量长度绕射系数的理论认为,任何形状的边缘所产生的散射场都可以通过对其照射部分进行积分而求得。与等效电磁流法推广几何绕射理论一样,增量长度绕射系数法将物理绕射理论推广到了任意方向,可以计算凯勒圆锥上和锥外的绕射场,并且在阴影边界和反射边界的过渡区内有效,因此 ILDC 是一种非常符合实际需要的绕射场计算方法。

在等效电磁流法中,把 GTD 的场换成 PTD 的场用于计算等效电、磁流时,可以得到与 ILDC 类似的系数。由于 ILDC 是对 PTD 的推广,因此和 PTD 一样只能得到边缘绕射场的贡献,要得到总场,还要用物理光学法计算出表面的贡献。

7.3　电磁兼容性仿真

7.3.1　基本方程

任何电磁干扰的发生过程都遵循电磁干扰三要素原理的规律并且是方位 θ 的函数,因此其过程都可以用数学模型来描述。干扰源产生的干扰信号通常可以描述为时间 t、频率 f 及方位 θ 的函数,表示为 $G(t, f, \theta)$。传播途径对干扰信号的影响用传输函数来描述,写为 $T(t, f, \theta, r)$,其中包含着时间延迟 t、频率衰减 f、传播方向损耗 θ 及距离 r 的影响,因此电磁干扰传播到 r 处的信号函数可以表示为 $P(t, f, \theta, r) = G(t, f, \theta) \cdot T(t, f, \theta, r)$。敏感设备的特性通常用敏感度阈值 $S(t, f, \theta)$ 来描述,它也是时间 t、频率 f 和方位 θ 的函数。

当作用到敏感设备上的电磁干扰大于设备敏感度阈值时,敏感设备将发生干扰,因此这是不兼容情况,表示为

$$P(t, f, \theta, r) > S(t, f, \theta) \qquad (7-16)$$

当干扰信号作用到敏感设备上时,由于设备抗干扰能力强,敏感度阈值大于干扰作用值,不影响它的正常工作,因此这是兼容情况,表示为

$$P(t, f, \theta, r) < S(t, f, \theta) \qquad (7-17)$$

为了定性表达兼容和不兼容的程度,用下式表示上述两种情况

$$M = P(t, f, \theta, r) - S(t, f, \theta, r) \qquad (7-18)$$

式中:M 为干扰裕度,当 $M>0$ 时,表示发生干扰,干扰源和敏感设备不兼容,且 M 值大小表明干扰的严重程度;当 $M<0$ 时,表示兼容,且设 $m=-M$ 称为安全系数,m 越大,安全裕度越大。

式(7-18)称为电磁兼容性预测基本方程,它是预测技术的理论基础。它用数学方程式描述了单个干扰源作用于单个敏感器的电磁干扰过程。

然而实际工程中,经常有敏感设备收到若干干扰源的共同作用而发生干扰的情况,此时式(7-18)应表示为

$$M = \sum_{i=1}^{n} P_i(t, f, \theta, r) - S(t, f, \theta, r) \qquad (7-19)$$

预测基本方程中的干扰信号特性函数 G、干扰传输特性 P 和敏感度阈值特性函数 S 通常用功率表示,可以用电压或电流表示,还可以用电场强度或磁场强度表示。

在进行电磁兼容性预测计算中,建立干扰源数学模型、传输特性数学模型和敏感度阈值的数学模型是该项技术的关键,通常数学模型是由实际的物理模型经过简化和近似处理而得到的,因此数学模型与实际电磁过程中的近似程度决定了预测分

析的准确性和成功率。

电磁兼容性预测分析的数学方程往往是一组微分方程或积分方程,求解时必须根据边界条件来确定解答,这称为边界值问题,电磁场的边界值问题求解归纳起来有三种方法:第一种称严格解析法或解析法;第二种是近似解析法或近似法;第三种方法是数字法也称数值法。

根据电磁干扰发生的规律,任何电磁干扰的仿真计算都必须包括干扰源模型、传输特性模型和敏感器模型。

1) 干扰源模型

按照实际预测分析的需要,干扰源通常分为三类。

(1) 有意辐射干扰源模型。

它们用来描述各种发射天线发射的电磁波,一般用发射机的基本调制包络特性表示主通道模型,用它的谐波调制包络特性和非谐波辐射特性来表示干扰模型和乱真干扰模型。

(2) 无意辐射干扰源模型。

用来描述各种高频电路、数字开关、电感性瞬变电路所引起的电磁辐射干扰,工程中通常把发射源简化为电偶极子或磁偶极子的模型,把辐射的电磁波描述为正弦电磁波和指数脉冲波、指数振荡衰减波等。

辐射干扰模型通常用电场强度、磁场强度和功率密度等物理量表示其量值。

(3) 传导干扰模型。

在电路中的传导干扰与辐射干扰的性质也是不同的,传导干扰往往用电压和电流的频谱函数表示,其波形常用稳态周期函数和瞬态非周期函数以及随机噪声来描述。

不论是辐射干扰模型还是传导干扰模型,就其信号特征来说以时域表示较为直观,干扰源的时域波形可以概括为:①单频连续波;②脉冲序列波;③斜波,阶跃波;④梯形单脉冲波;⑤双指数脉冲波;⑥调制波(调幅、调频、开关键控、频移键控);⑦数字调制波;⑧随机噪声波。

2) 传输耦合模型

根据电磁干扰传输和耦合途径的分析,电磁工程中较为实用的传输耦合数学模型有 6 种:①天线对天线耦合模型;②导线对导线感应模型;③电磁场对导线的感应耦合模型;④公共阻抗传导耦合模型;⑤孔缝泄漏场模型;⑥机壳屏蔽效能模型。

以上六种传输和耦合模型可以在很宽的频率范围内预测分析系统内部的电磁兼容性问题,也可以评估单个设备或多个设备相互之间的干扰问题。

3) 敏感器模型

在实际电磁兼容性预测工程中,最为常见的敏感器有两类:一类是以接收无线电波为主要功能的接收机;另一类是由模拟数字电路组成的电子设备。这两类设备最容易受干扰,因此从实际情况出发,电磁兼容性预测的敏感器模型主要是这两类。

(1) 接收机敏感模型。

接收机敏感模型是关于各种接收天线对辐射干扰响应特性的描述。通常用接收机的频率选择性曲线来表示它的同频道响应,用中频选择性的分段线性化曲线来表示非线性效应,包括乱真响应以及交调、互调和谐波响应。对于噪声干扰的响应则用噪声功率公式作为噪声敏感模型。

(2) 模拟数字电路敏感模型。

无论是电路中的传导干扰直接作用于模拟数字电路的响应,还是辐射干扰经过导体感应进入电路的间接作用的响应,模拟数字电路的响应都用敏感度来描述,因此称为敏感度模型。

模拟电路的敏感度模型由热噪声电压 N_V 和电路的频带宽度 B 决定。通常表示为

$$S_V = \frac{K}{N_V} f(B) \tag{7-20}$$

式中: K 为环境温度。

数字电路的敏感度模型与电路的最小触发电平 N_{dL} 和频带宽度 B 有关,一般可以表示为

$$S_d = \frac{B}{N_{dL}} \tag{7-21}$$

模拟电路和数字电路敏感模型在连续频谱干扰信号的作用下,可以用电路接收到电压的峰值来仿真计算,此时电路输入端接收到的电压峰值为

$$V = \int_{f_1}^{f_2} S_V(f)V(f)\mathrm{d}f \tag{7-22}$$

式中: f_1 和 f_2 为频带宽度的起止频率; $S_V(f)$ 为电路的灵敏度,它是频率的函数; $V(f)$ 为电路输入端干扰电压的频谱密度。

在电磁干扰耦合的预测模型中,模拟电路或数字电路网络经常用一个等效阻抗来代替,例如对于场线耦合,将感应导线的两端负载等效为两个阻抗,实际上可能是两个设备或两个电路网络。分析敏感器对电磁干扰作用响应时,通常不考虑相位的影响;一般情况下只计算一阶响应,不考虑高阶效应。

随着电子电路计算机辅助分析方法的发展,预测分析的数学模型已经能够对模拟或数字电路的实际网络结构应用几何拓扑原理进行描述,可以分析计算到电路的每个元器件上的干扰电压和电流值,使敏感器电路模型延伸到设备和电路的元件级水平。

7.3.2 电磁兼容性预测的分析

7.3.2.1 系统级预测分析步骤

系统级预测又分为系统间的预测和系统内的预测两类,系统间的电磁干扰主要耦合路径是天线对天线的耦合。首先要分析各系统有几个干扰源(第 i 个用 G_i 代替)、几个敏感器(第 i 个用 R_i 代替),分析计算步骤如下:

(1) 选择一个敏感器 R_i。

(2) 选择一个干扰源 G_1。

(3) 分析确定 G_1 对 R_i 可能存在的所有耦合途径。

(4) 对所有耦合途径进行逐个分析,计算 G_1 传输到 R_i 的干扰量。

(5) 对所有的干扰源 G_2, G_3, $\cdots$, G_n 分别重复步骤(3)和步骤(4)。

(6) 对敏感器 R_i 接收到的所有电磁干扰量进行综合处理,判断敏感器在此环境中是否兼容,并确定对敏感器 R_i 干扰起决定作用的主要干扰源。

系统内的预测分析,除了需要考虑天线对天线的辐射耦合以外,还需要考虑线间耦合、天线对线缆间的耦合、公共阻抗耦合、机壳泄漏的影响等。系统内预测由于内部设备相互联系紧密、空间布局密集,既需要按层次分解,划分分系统—设备级—组件级,同时又要考虑到分系统和设备相互间的交联频繁,存在难以分解的局部情况,如线缆间的耦合,既有同一层次的横向连接,又有上下层的纵向连接,这就需要把它划分成一个专门的子系统来分析计算。因此对系统内的预测需要把划分层次和划分专门子系统相结合,同时考虑。

7.3.2.2 设备及预测分析步骤

设备级预测分析主要以两个设备之间的耦合分析作为基本内容,对于多个设备,只不过对所有设备依次循环,一一对应,重复进行而已。分析步骤如下:

(1) 分析两个设备所在空间的环境有无外来电磁辐射干扰。

(2) 分析两个设备相互联系,包括有无互相连接的电缆、有无共用电源、有无公共接地平面、是否通过壳体接地构成接地环路。

(3) 分析设备内部电路辐射源、传导干扰源和敏感电路,并以"端口"形式表示两个设备的所有干扰源和敏感器。

(4) 确定两设备之间的所有电磁干扰耦合途径,如导线对导线的耦合、公共阻抗耦合、共电源阻抗耦合、天线对天线的耦合、天线对导线的射频耦合、近场公共感应耦合等等。

(5) 逐项一对一地分析,既考虑多"端口"综合效应,又要抓住主要的严重的干扰源端口,判断兼容与否。

7.4 天线仿真

经过长期的发展,现代民用飞机天线一般都形成了统一的标准,可以从市场上购买到货架产品,因此民用飞机主制造商不会单独设计飞机天线。但是民用飞机的高频天线一般采取共形的方式,通过在机身上设置结构开口来实现,需要主制造商进行设计。

现代民用飞机上安装了大量的通信导航天线,这些天线难免受到飞机机身的遮挡导致方向图发生畸变,天线间的隔离度也是需要考虑的重要因素。因此现代民用飞机的天线仿真主要包括天线设计仿真、天线辐射方向图仿真和天线隔离度仿真三个部分的内容。

7.4.1 高频天线仿真

民用飞机的短波天线一般选用垂尾前缘缝隙天线(见图7-4),天线工作频段为2~30 MHz,高达15倍,导致对天线的特性设计异常困难,其分析计算也是非常复杂的。

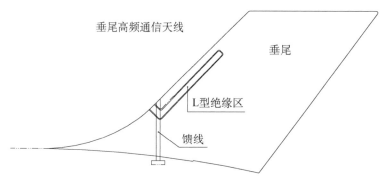

图7-4 垂尾前缘缝隙天线

天线的输入阻抗是工作频率、天线型式、天线尺寸及周围环境的函数,会随以上因素的改变而产生很大的变化,而收发机功率级的输出阻抗是相对不变的。若收发机与天线直接连接,则当收发机工作频率以及其他因素发生改变时,收发机和天线之间的阻抗就会变得不匹配。为了将射频功率有效地辐射出去,必须使收发机与天线之间的阻抗匹配。对于收发机而言,其输出阻抗、传输线特性阻抗和天线输入阻抗三者的阻抗取统一数值,即阻抗匹配是最为理想的。使用天线调谐器能使收发机与天线在一定宽度的频率范围内和不同负载阻抗上达到阻抗匹配,获得最大的射频功率传输,令天线获得最大功率。

高频天线的调谐器经历了从原来的手动调谐到模拟自动调谐,再到现在的数字自动调谐的过程。数字自动调谐和模拟自动调谐的本质区别在于匹配网络,模拟调谐是采用电动装置来控制连续可调的电容或电感,数字调谐则是采用计算机控制继电器组改变电容或电感的接入方式(串联或并联、开路或短路)。

阻抗匹配网络是实现天线调谐功能的基础,其性能的好坏直接影响整个天线调谐器的性能,即收发机能否与天线实现良好的匹配,实现信号的高效率传输。因此,阻抗匹配网络设计是天线调谐设计的关键问题。

当天线阻抗与接收机输出阻抗共轭时,能够实现功率的最大传输,如果天线阻抗与接收机输出阻抗不满足共轭匹配的条件,则需要在天线和收发机之间加一个阻抗变换器,以实现阻抗匹配。对于频率较低的短波系统,通常采用电抗型 LC 匹配网络。在计算中首先计算高频天线的阻抗函数,然后对阻抗函数进行共轭匹配,以模拟机上真实情况。图 7-5 是天线调谐器的示意图。

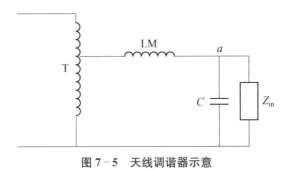

图 7-5 天线调谐器示意

设天线的输入阻抗为 $Z_{in} = R_{in} + jX_{in}$,则在 a 处的阻抗为

$$Z_a = [j\omega C + 1/Z_{in}]^{-1}$$
$$= [R_{in} + j(X_{in} - \omega C X_{in}^2 - \omega C R_{in}^2)]/[(1 - \omega C X_{in})^2 + (\omega C R_{in})^2]$$

$$(7-23)$$

如果所接的电容 C 和天线输入阻抗构成的回路接近于谐振,即

$$j\omega C - jX_{in}/(R_{in}^2 + X_{in}^2) = j\Delta \qquad (7-24)$$

则

$$Z_a = [R_{in} - j\Delta(R_{in}^2 + X_{in}^2)]/[(1 - \omega C X_{in})^2 + (\omega C R_{in})^2] \qquad (7-25)$$

式中: Δ 为趋于 0 的正数。

7.4.2 天线辐射方向图计算

对飞机主制造商而言,天线装机后的辐射方向图是检验天线布局的重要考量因素之一。天线辐射方向图直观地反映了天线装机条件下的性能。但是对飞机主制造商而言,开展天线辐射方向图计算的主要障碍在于如何建立精确度较高的天线模型,这需要深厚的理论基础和工程实践经验,因此在仿真分析中,一般采取等效天线模型进行仿真计算。

以 ARJ21-700 飞机 VHF 天线辐射方向图仿真为例,在仿真中按照其工作频率(118~136.975 MHz)和天线外形资料,建立简化的单极子天线模型放置在飞机机身上,进行仿真计算。模型如图 7-6 所示。

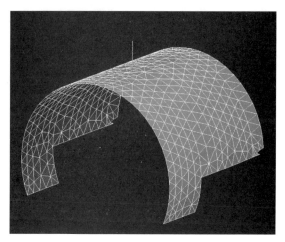

图 7 - 6　VHF 天线模型示意

7.4.3　天线隔离度计算

民用飞机主机身背部和腹部布置了多部天线,其中包括很多工作在相同频段的天线,这些天线主要包括三部以上甚高频天线和六部 L 波段天线,这些天线布置在相距较近的区域内,处于近场区内的天线之间容易发生相互耦合,由此引起的电磁干扰问题会比较明显,导致信号阻塞、互调干扰等不正常现象,因此考虑到整个系统的电磁兼容性,仿真计算一般围绕着架设距离较近的甚高频天线间和 L 波段天线间的耦合度进行仿真预测,并评估电磁兼容性安全余量,这对于系统总体设计和优化非常必要。以 ARJ21-700 飞机为例,飞机上一般计算隔离度的天线如下所示。

1) 甚高频天线间耦合度计算

(1) VHF_1 与 VHF_2 天线的外形与布置(见图 7 - 7)。

计算频率:118 MHz、128 MHz、136 MHz。

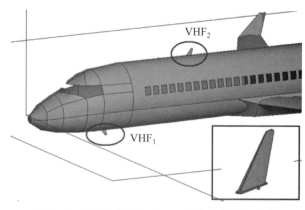

图 7 - 7　VHF_1 天线与 VHF_2 天线的外形与布置

（2）VHF$_2$ 与 VHF$_3$ 天线的外形与布置（见图 7-8）。
计算频率：118 MHz、128 MHz、136 MHz。

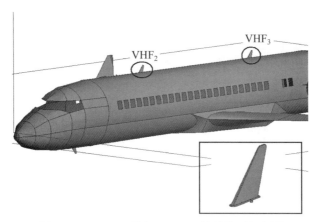

图 7-8 VHF$_2$ 天线与 VHF$_3$ 天线的外形与布置

2）L 波段天线间耦合度计算
（1）DME$_1$ 与 DME$_2$ 天线的外形与布置（见图 7-9）。
计算频率：970 MHz、1 125 MHz、1 150 MHz、1 200 MHz。

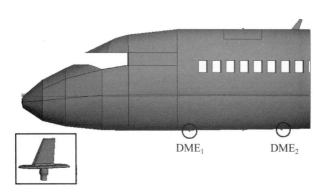

图 7-9 DME$_1$ 天线与 DME$_2$ 天线的外形与布置

（2）ATC$_1$ 天线与 ATC$_2$ 天线的外形与布置（见图 7-10）。
计算频率：1 030 MHz、1 090 MHz。
（3）ATC$_1$ 天线间（上部与下部）外形与布置（见图 7-10）。
计算频率：1 030 MHz、1 090 MHz。

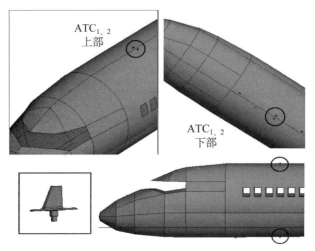

图 7 - 10　ATC₁、₂天线的外形与布置

3) 电磁兼容性安全余量计算

在预测软件中建立天线的激励源,并进行网格剖分,计算天线间的 S 参数和耦合度,根据计算的耦合度预测所计算天线的电磁兼容性安全余量,评估天线间电磁辐射干扰带来的影响。

两天线系统的等效导纳网络模型如图 7 - 11 所示。

图 7 - 11　天线系统间的等效导纳网络模型

基于该模型的耦合度计算公式为

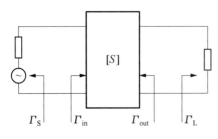

$$C = \frac{P_L}{P_{in}} = \frac{R_e(Y_L)}{R_e(Y_{in})} \left| \frac{Y_{21}}{Y_{22} + Y_L} \right|^2$$

$$(7 - 26)$$

式中: P_L 为无源端口的接收功率; P_{in} 为激励端口的输入功率, $Y_{in} = Y_{11} - (Y_{12}Y_{21})/(Y_{22} + Y_L)$,其中 $Y_{ij} = I_i/V_j$, $V_k = 0$, $k \neq j$ 。

两天线系统的等效 S 参数网络模型如图 7 - 12 所示。

图 7 - 12　天线系统间的等效 S 参数网络模型

基于 S 参数模型的耦合度计算公式为

$$C = \frac{P_{\mathrm{L}}}{P_{\mathrm{in}}} = \frac{1}{1-\mid \Gamma_{\mathrm{in}} \mid^{2}} \mid S_{21} \mid^{2} \frac{1-\mid \Gamma_{\mathrm{L}} \mid^{2}}{\mid 1-S_{22}\Gamma_{\mathrm{L}} \mid^{2}} \qquad (7-27)$$

式中：$\Gamma_{\mathrm{in}} = S_{11} + \dfrac{S_{12}S_{21}\Gamma_{\mathrm{L}}}{1-S_{22}\Gamma_{\mathrm{L}}}$，$\Gamma_{\mathrm{out}} = S_{22} + \dfrac{S_{12}S_{21}\Gamma_{\mathrm{L}}}{1-S_{11}\Gamma_{\mathrm{L}}}$。

如果源和负载端都接匹配负载,则耦合度 C 可以简化为

$$C = \frac{P_{\mathrm{L}}}{P_{\mathrm{in}}} = \frac{1}{1-\mid S_{11} \mid^{2}} \mid S_{21} \mid^{2} \qquad (7-28)$$

S 参数与导纳参数的换算关系为

$$S_{11} = \frac{(Y_{0}-Y_{11})(Y_{0}+Y_{22})+Y_{12}Y_{21}}{(Y_{0}+Y_{11})(Y_{0}+Y_{22})-Y_{12}Y_{21}} \qquad (7-29\mathrm{a})$$

$$S_{12} = \frac{-2Y_{12}Y_{0}}{(Y_{0}+Y_{11})(Y_{0}+Y_{22})-Y_{12}Y_{21}} \qquad (7-29\mathrm{b})$$

$$S_{21} = \frac{-2Y_{21}Y_{0}}{(Y_{0}+Y_{11})(Y_{0}+Y_{22})-Y_{12}Y_{21}} \qquad (7-29\mathrm{c})$$

$$S_{22} = \frac{(Y_{0}+Y_{11})(Y_{0}-Y_{22})+Y_{12}Y_{21}}{(Y_{0}+Y_{11})(Y_{0}+Y_{22})-Y_{12}Y_{21}} \qquad (7-29\mathrm{d})$$

所分析的目标天线存在于具有光滑凸曲面的飞机外表面,因此在计算天线间耦合度时,不仅要考虑导体表面的直射场,还要考虑反射场和绕射场。为保证计算的精确性和计算量,仿真计算中,甚高频天线间耦合度一般采用矩量法及其加速算法进行计算分析;而在分析 L 波段天线间耦合度时,采用矩量法和 UTD 的混合算法(矩量法分析天线,UTD 分析飞机表面的影响)。

7.5 闪电防护仿真计算

闪电防护仿真计算是民用飞机电磁防护仿真计算的重要组成部分,其中闪电造成的结构部件的损害属于闪电的热力学效应,电磁学的数值方法不适用,因此本书中的闪电防护仿真不包含这部分内容,感兴趣的读者可以参考相应的文献。在电磁学领域,闪电防护仿真包括飞机的闪电分区仿真计算和飞机闪电间接效应仿真计算[5-7]。

7.5.1 飞机闪电分区预测分析

在闪电发生期间和发生之前大气中存在着一些背景电场,这些电场在一定的条件下将导致空气的击穿形成闪电附着。因此对闪电与飞机相互作用的机理进行研究是十分必要的,而闪电分区就是整个研究的基础。自然界中,飞机遭遇闪电附着有两种情况:

（1）在强电场条件下由飞机引起的触发式闪电。

（2）飞机偶然遭遇大气中闪电先导的自然闪电。

目前研究闪电分区普遍采用三种方法，一是分析法（计算机仿真方法、滚转球体法等）；二是相似性法，即与已进行过闪电分区试验的类似飞机比对进行闪电分区；三是全尺寸或缩比模型试验法。

分析法是随着计算机技术和电磁数值算法的进步发展起来的一种方法，相比试验方法和相似性分析方法，具有不受测试模型、环境及测试次数的限制，能够建立任意比例的模型，还能通过边界条件的设置排除外界干扰，提供理想的仿真环境等优点；但也存在无法模拟空气击穿等非线性问题，同时无法模拟闪电附着的概率分布等缺点，结合缩比模型试验的附着点概率设置阈值可以克服上述缺点。

相似性分析法是根据已有的类似飞机进行对比后分区，其主要优点是方法简单，仅需通过简单的初等数学计算就可以获得整个飞机的闪电分区结果，缺点是必须有已有的类似飞机的试验或者分析结果作为依据，对于新研制的飞机该方法适用性会受到比较大的限值，而结合分析法和缩比模型试验方法可以极大地增加使用范围。

缩比模型闪电分区试验可以确定1A区，为飞机闪电区域划分提供试验依据；也可以验证已按分析方法确定的闪电区域的有效性；同时通过试验确定每次闪电高电压正、负极性初始附着点和击穿通道，为全机闪电间接效应试验提供闪电附着点的"入点"和"出点"位置。试验方法具有可信度高、结果直观等优点；同时也存在缺点，如测试结果不能精确地反映飞机机身复杂曲面结构的闪电附着效应，且测试结果为数据、图片及录像，相比现代化的CAE仿真分析手段，测试结果不能实时再现附着点分布，缺少三维飞机图像，不易观测。因此结合仿真计算可以更加精确地确定初始先导附着点的详细位置。

闪电附着区域的定位主要依赖于飞机的几何形状和功能因素。由于空气击穿现象存在统计意义上的差异，因此机上典型闪电初始附着并不总是出现在相同的地点，但可出现在具有近似极点状态的不同位置（特别是当极点没有显著的突起）或在电场被特别增强的尖端边缘处。数字仿真虽不能模拟空气被击穿时的随机环境状态，但可以分析出在伴随闪电出现的强场作用下机体上的场强倍增点，正是基于这一点来开展研究。

飞机与闪电相互作用主要有两种模式，分别为自然闪电和触发闪电，两者的产生方式和外部环境有很大差异，其仿真分析也不尽相同。

试验中闪电波形包括了空气击穿放电后的电压变化情况，由于数字仿真不能模拟空气被击穿时的随机环境状态，只能分析机上的场强倍增点，因此上述波形不能直接用于仿真计算，需要寻找既符合算法特点同时又能够满足分析机上场强倍增点需求的方法。经过对高压脉冲波形的研究发现，在空气击穿前（波形上升沿）电场强度线性增加，在单位时间内的场强可以近似为静电场，那么在数值仿真中可以考虑采用静电场作为替代高压脉冲。

仿真计算所选用的数值方法为有限时域差分方法(FDTD),该算法要求在时间零点时激励源也为零。为了克服满足该要求,采用高斯脉冲模拟自然闪电激励源,采用阶跃函数响应平面波创建一个惠更斯面模拟触发式闪电激励源,进行仿真计算。

(1)采用高斯脉冲电流密度源。

激励信号中起决定作用的参数为信号所具有的电荷量。据此确定了如下的波形参数:峰值为 200 kA,波形上升至峰值的时间为 3 μs,脉冲持续时间为 3 μs,该波形在满足上述要求的同时近似模拟了实际自然闪电放电过程,其波形如图 7-13 所示。

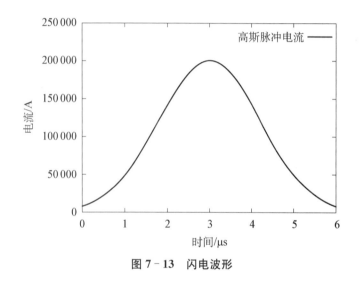

图 7-13　闪电波形

项目分别计算了飞机各种姿态下自然闪电的飞机机体表面电流密度分布。经过分析,计算结果较好地满足了工程需求。图 7-14 为自然闪电条件下飞机俯仰

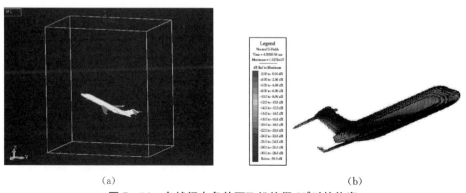

(a)　　　　　　　　　　　　　　(b)

图 7-14　自然闪电条件下飞机俯仰 30°时的仿真

(a)计算空间　(b)计算结果

30°时的仿真计算空间和计算结果。

（2）阶跃函数响应平面波创建一个惠更斯面模拟触发式闪电激励源。

结合触发式闪电的特点，对于模拟触发式闪电所需激励信号的要求如下：

a. 用一个阶跃函数响应平面波创建一个惠更斯面激励飞机。

b. 作为激励源平面波信号的上升沿必须大于 3～4 倍的传输时间（传输时间指行波以光速在机体长度方向上传播所需的时间），否则将会导致机体产生显著的谐振。

基于上述要求，构造了如下的系统：

$$\phi(s) = \frac{C(s)}{R(s)} = \frac{\omega_n^2}{s^2 + 2\zeta\omega_n s + \omega_n^2} \qquad (7-30)$$

由于闪电属于低频信号，其能量主要集中于 10 kHz～100 MHz 之间，因此设定系统的自然频率 $\omega_n = 5\,\mathrm{MHz}$，同时为了使信号尽快达到稳态设定阻尼系数 $\zeta = 0.9$，由经典控制理论可知该二阶线性系统的峰值时间 $t_p = 1.441\,5\,\mu s$。模拟激励源的曲线如图 7-15 所示。

在上述平面波的激励下，计算区域可以显著减小，通过改变来波的方向模拟分析的姿态，如图 7-16 所示为飞机在平飞状态下的计算结果。经过对比分析，得知该模拟方法较好地满足了工程需求。

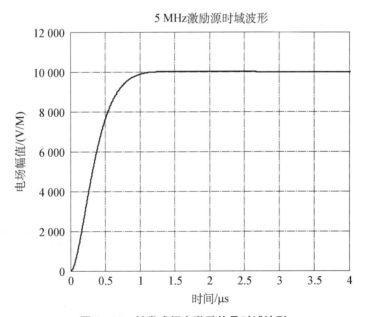

图 7-15　触发式闪电激励信号时域波形

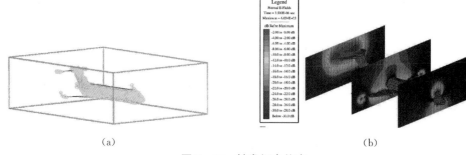

（a）　　　　　　　　　　　　　　　　　（b）

图 7‐16　触发闪电仿真

（a）计算区域　（b）计算结果

7.5.2　闪电间接效应

闪电间接效应仿真可以为飞机关键系统确定可能出现在电气/电子设备接口处的雷电感应电压和电流波形以及最大幅值提供依据。在许多情况下,感应瞬态将根据出现在电缆和设备接口处开路电压(V_{oc})和短路电流(I_{sc})来定义。由于仿真计算模拟了真实情况下飞机在遭遇雷击时电缆和设备端口出现的开路电压(V_{oc})和短路电流(I_{sc}),因此可以认为是确定了实际瞬态电平(ATL),为 TCL/EDTL 验证试验和分析提供了依据。

在仿真实践中电缆截面尺寸与飞机、闪电波长相比非常小,无法通过一次建模计算完成;同时线缆束的构成极为复杂,耦合机理更加复杂,需要专用的线缆仿真工具进行计算,因此需要多次仿真才能计算到线缆端口处。

7.5.3　仿真计算流程

根据选用的工具,飞机闪电间接效应仿真计算的流程如下。

（1）进行飞机几何建模,飞机的几何模型来自于 CATIA 数模。经过对数模的简化,减少了飞机内部的很多结构件、设备等数模,仅仅留下飞机的蒙皮和舱门等部件。

（2）通过专业的模型修改软件(如 CADFIX 或者仿真软件的前处理器)进行模型的修改和剖分,将剖分后的数据文件作为计算程序的输入文件,调用算法程序进行计算,分析计算结果,根据计算结果再回头修改模型,直到获得满意的计算结果。将电缆上各个节点的电流值导出,作为电缆计算软件的激励源。

（3）根据电缆的构型建立电缆模型,再计算电缆线芯上感应的电流,通过设置电缆端接处的负载值,确定计算输出的是开路电压(V_{oc})和短路电流(I_{sc}),从而获得该舱室电缆的实际瞬态电平(ATL),为整个系统设计和适航取证提供必要的技术支持。

7.5.4　闪电耦合到机身内部的仿真计算

进行仿真计算,首先要根据雷电间接效应的特点选择合适的仿真算法。闪电间接效应从本质上来说就是电磁耦合作用,耦合的途径主要是通过孔、缝、风挡玻璃等。飞机的几何外形复杂,表面的材料种类较多;同时闪电波形是双指数脉冲波形。如采用 MOM 和 FEM 方法虽然在精度上有优势,但是需要扫频计算,花费时间较多;在低频段由于电尺寸过小,容易造成计算结果不收敛;另外在闪电频段,闪电电流趋肤效应不明显,材料设置上 FDTD 方法具有优势,因此首选 FDTD 方法。采用 FDTD 法可以一次计算完雷电波形上的所有频率分量,并且能够考虑到飞机上所有的材料,效率很高。

典型的闪电从飞机的前端进入,从尾部尾翼翼尖上流出。由于在雷击期间飞机仍向前飞行,穿过雷电,所以雷电入点应该是机头某一个区域,根据飞机的巡航速度计算得出,雷电的入点在机头靠后 1.03 m 的区域内,那么在进行仿真时应在该区域任意处作为闪电入点。典型的出点是飞机后缘,如后机翼末梢等。

7.5.5　电缆仿真

飞机的闪电间接效应影响最终体现在设备端口处产生的短路电流和开路电压上。上述的计算方法可以计算出电缆屏蔽层上的感应电流,而飞机上对飞机持续安全飞行和着陆产生影响的信号是通过电缆的芯线传播的,为此还需要进行电缆的仿真计算。

线缆仿真计算的基础是传输线方程,下面两式是微分形式的传输线方程

$$L\frac{\partial I}{\partial t}+RI=-\frac{\partial V}{\partial x}+E_x^{\rm inc} \tag{7-31}$$

$$C\frac{\partial V}{\partial t}+GV=-\frac{\partial I}{\partial x} \tag{7-32}$$

式中:I 为导体上的电流;V 为线上电压;C 为单位长度电容;L 为单位长度电感;R 为单位长度电阻;G 为单位长度电导;E 为传输所处的外部电场。

传输线方程可以写成有限时域差分形式

$$\frac{L}{\Delta t}[I^{n+1}(i)-I^n(i)]+RI^{n+1}(i)=-\frac{1}{\Delta x}[V^n(i+1)-V^n(i)]+E^{n+1}(i)$$
$$\tag{7-33}$$

$$\frac{C}{\Delta t}[V^{n+1}(i)-V^n(i)]+GV^{n+1}(i)=-\frac{1}{\Delta x}[(I^{n+1}(i)-I^{n+1}(i-1)] \tag{7-34}$$

式中:$I^n(i)=I[x_1(i),t_0(n)]$;$V^n(i)=V[x_0(i),t_1(n)]$;$x_0(i)=(i-1)\Delta x$;$x_1(i)=(i-0.5)\Delta x$;$t_0(n)=(n-1)\Delta t$;$t_1(n)=(n-0.5)\Delta t$。

上述方程可以变换为

$$I^{n+1}(i)=\frac{\left\{\dfrac{L}{\Delta t}I^n(i)-\dfrac{1}{\Delta x}[V^n(i+1)-V^n(i)]+E^{n+1}(i)\right\}}{\dfrac{L}{\Delta t}+R} \tag{7-35}$$

$$V^{n+1}(i) = \frac{\frac{C}{\Delta t}\left\{V^n(i) - \frac{1}{\Delta x}\left[I^{n+1}(i) - I^{n+1}(i-1)\right]\right\}}{\frac{C}{\Delta t} + G} \qquad (7-36)$$

我们以单一的传输线来说明有限时域差分的计算原理,首先假设传输线的直径远远小于长度,对传输线进行分析,差分原理如图 7-17 所示。

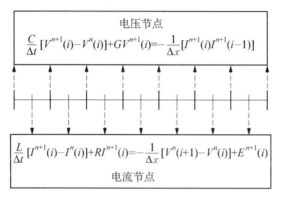

图 7-17　传输线的差分原理

从图中可以看出 $V_{(i)}$ 取决于上半个单元的电流 I^n,同理 I^n 取决于上半个单元的 $V_{(i)}$,计算原理与一维的有限时域差分一致。

对于屏蔽线,屏蔽电流计算需将屏蔽的两端通过猪尾巴线(接地线)短路。因为屏蔽电压是通过电容耦合到线上的,所以计算线的电压时,要将它恒定地设为等于跨接在屏蔽与猪尾巴线之间的电压(它是当电线端接在高阻抗时所能达到的最大电压)的总和。计算方法为

$$V_{SW} = V_{sh} + V_{PT} = i_{sh}R_{sh} + L_{PT}\frac{\mathrm{d}i_{sh}}{\mathrm{d}t} \qquad (7-37)$$

式中:V_{SW} 为屏蔽线上电压;V_{sh} 为屏蔽层上电压;V_{PT} 为猪尾巴线上电压;i_{sh} 为屏蔽层上电流;R_{sh} 为屏蔽层电阻;L_{PT} 为猪尾巴线上电感。

电流波形的处理稍微复杂一点,当导线的特征近似于无电阻导线,且其电感假设为不随时间变化时,导线每一段长度的电感都可通过电流与电压的关系近似得到。这是可靠的假设,因为主体的雷电频率是低频的,所以有

$$i(t) = \frac{1}{L_i}\int V(t)\mathrm{d}t \quad \Rightarrow \quad L_i = \frac{1}{i(t)}\int V(t)\mathrm{d}t \qquad (7-38)$$

式中:L_i 为模型中的电路的电感。

根据式(7-37)和式(7-38),每个节点上的电压和电流都能够计算出来,于是

从时间零点到零电压处时间进行积分,并利用该节点处的电流峰值,可计算出每个导线段的电感为

$$L_i = \frac{1}{i_p}\int_o^\tau V(t)\,\mathrm{d}t \qquad\qquad (7-39)$$

式中:τ 是电压零交叉时间,i_p 是端口处的节点电流。

于是,整条电线路径的电感为

$$L_T = L_1 + L_2 + \cdots + L_n \qquad\qquad (7-40)$$

短路电流波形和峰值电流为

$$i_{\mathrm{SCP}} = \frac{1}{L_T}\int_O^\tau V_T(t)\,\mathrm{d}t \qquad\qquad (7-41)$$

式中:V_T 是端口处的节点电压。

当每个模型的电压已知时,总电压就是所有电压波形之和,电流也按上述的方法计算得到,屏蔽线的电感(在屏蔽与中心导线之间)可用传输线方程近似得到。屏蔽线的电压贡献不仅相对较小,而且由于源阻抗较大(屏蔽与中心导线的电容),因此在短路电流计算中,其电压不对总电压有显著贡献,所以可以不考虑它。

7.6　HIRF 仿真分析

与自然界产生的闪电不同,高强度辐射场是由人类活动造成的电磁环境问题,其具有频带宽(10 kHz～40 GHz)、作用时间长(远大于闪电的作用时间)的特点。

由于民用飞机结构的复杂性以及计算电磁学本身的特点,在全机的 HIRF 防护仿真工作中,需要选用几种计算电磁学方法相结合的方式来完成仿真工作。仿真分析有多种数值计算方法,每种数值计算方法都有其特点和应用领域,数值仿真方法的选取没有强制性,一般选用适合工程需要的方法进行计算。一般在低频段(10 kHz～70 MHz 频段)采用传统的矩量法;在中间频段(70 MHz～1 GHz)采用多层快速多极子法;在高频段(1～3 GHz 频段)采用物理光学法;在更高的频段(3～18 GHz)目前比较流行的是 PWB(功率平衡法)方法。

7.6.1　飞机高强度辐射场(HIRF)环境分析概述

广泛使用非金属机身材料(低屏蔽效能)的趋势,以及越来越依赖电子系统来实现 A 级功能(敏感电路)的现状,导致完成飞机高强度辐射场(HIRF)设计很困难,而且需要很高的研究经费。现代航空工业要求的置信度,在不使用分析方法的情况下,不能简单地完成系统安装设计、机身设计和适航验证。

HIRF 整机试验可以验证在不同的 HIRF 环境下复杂的、影响飞行安全的电

子/电气设备。飞机级试验需要耗费较长的时间,可能需要几个星期,但只能研究较少的系统组合模式、有限的 HIRF 照射角度和频率。进行全面的评估时可以使用完整的 HIRF 危害性分析,采用分析方法能降低飞机取证的不利影响。另外,分析可以直接支持试验;通过分析,定义和选择合适的试验方法,也可以评估试验结果的完整性和有效性(例如评估试验中所得近似值的影响)。通常情况下,适航验证需要通过试验和分析结合才能完成。全面详细的分析可以识别系统安装和电气设计问题的范围,从而可以有计划地在试验过程中重点集中测试这些范围,并获得测试数据,用来进一步确认分析。如果完成分析和试验的确认,那么很多系统的组合模式和频率可以考虑只用分析的方法,这样,可以通过更多电磁危害性防护的分析来完成验证,也可以尽可能地减少试验时间。同时,详细的仿真分析可以提供所需飞机激励的试验布置设计,试验设置中不能避免的近似也可以通过使用详细分析的方法得到定量的影响评估。

HIRF 危害性分析很复杂,需要详细理解复杂的电磁相互作用。分析方法针对飞机外部射频环境防护的问题,主要包括飞机结构和导线(辐射敏感性)的电磁场耦合计算以及电路响应(传导敏感性)计算。辐射发射分析方法也可以用来预测和解决设计问题。由环境耦合产生导线上的 HIRF 感应射频电流,环境作为辐射发射源需要被控制[5,8]。

以前对导线、电路、设备壳体和不同结构部件上感应电流和电压的详细模型和分析是不可行的。但随着三维计算机软件的发展、计算机运行速度和效率的提高,使分析变得可实现。当分析局限于飞机蒙皮上的表面电流分布时,外部场耦合到飞机的模型比较简单和有效。如果需要评估射频场穿透飞机蒙皮、窗户和舱门的电磁耦合,则必须考虑与飞机材料和构型相关的复杂交互影响,这些影响包括:①蒙皮的透射;②通过缝隙的衍射;③材料内部分布的影响;④复杂线缆的影响。

由于线缆束连接器和屏蔽端接的物理尺寸相比飞机尺寸而言非常小,所以直接用三维模型对飞机线缆束耦合进行建模是很困难的。因此,用三维模型结合电路分析软件更有效。三维模型可以提供线缆束所处位置的射频场,电路分析软件可以计算线缆束上的电流。用这种方法想要得到精确结果,其中一个关键点是操作人员知道如何在软件中设置输入。为了能使软件进行处理,需要用 CAD 模型简化的电气模型和几何模型数据作为输入。在简化过程中引入错误的可能性很大,因此,只能通过飞机试验结果验证之后才能确认计算结果的有效性,特别是低电平扫掠电流(LLSC)测试、低电平扫掠场(LLSF)测试或耦合测试的原始数据。虽然在开发一个新型号早期的技术阶段,这种模型不能得到验证,但可以用来比较不同设计构型并提供相关的信息来支持设计者的选择,同时也可以支持测试工程师准备更有效的试验活动。

然而,为了保证早期设计假设的正确性,试验是必需的。另外,许多机体结构和系统的设计要素并没有考虑 HIRF 的防护要求,必须通过电磁防护危害影响的研究来确认。如果用分析方法作为符合性验证步骤，则需尽快进行安装有部分系统的飞机验证试验。仿真模型可以帮助分析和确认试验结果，分析和试验结果的一致性可以表明分析方法和试验方法的合理性。通过结合整个研制项目中的分析和试验，设计确认的数据库可以得到扩展。当获得充分的确认数据时，仿真模型可以用来扩大耦合数据库并将其用于一些新方法，评估那些不能测试的当前方案，以及在不需要重复试验的情况下评估有限的飞机设计构型变化。

多种分析方法的发展有助于预测飞机及其电子/电气系统的电磁耦合，确定对系统运行的影响。许多分析方法可以用来辅助 EMI 控制设计、HIRF 防护设计和验证、电磁脉冲耐受性、天线设计等。从飞机整体的复杂数值仿真建模到简单的特定分析模型，都用这些方法进行 HIRF 和 EMI 耦合分析。总的来说，完整的 HIRF 频率范围从 10 kHz 到 40 GHz，单一的分析方法不能有效地评估飞机 HIRF 防护，因此，需要采用多种分析方法结合试验一起使用，来完成机载系统和机身防护设计以及适航验证。

7.6.2　HIRF 环境分析的主要内容

分析和计算的主要内容是确定飞机内部 HIRF 环境。内部 HIRF 环境是外部 HIRF 环境、飞机机体和机内线束系统间的复杂电磁相互作用的结果。外部 HIRF 环境将穿透飞机，对安装内部的电子/电气系统建立内部 RF 环境。主要的内部 RF 环境是多种因素综合的结果，如飞机的结构材料、搭接、特定区域的尺寸和几何模型、接缝和开口的位置和尺寸、飞机内部结构和导线的再辐射以及飞机谐振特性等。因此，在民用飞机研制初期，采用仿真计算的方法可以预测飞机内部的 HIRF 环境。

HIRF 考察的内容主要包括两个部分，即传导敏感度和辐射敏感度。在 10 kHz～400 MHz 频段内，外部 HIRF 环境穿透飞机后影响电子/电气系统的主要表现是电缆端口处的感应电流；在 100 MHz～18 GHz 频段内，影响电子/电气系统的主要表现是设备位置处的电场。由于 HIRF 所考虑的频段范围非常宽，在 HIRF 频段范围内飞机的尺寸在 0.001λ 到 $20\,000\lambda$ 之间变化，所以采用单一的电磁计算方法无法满足仿真计算需要。因此根据各种电磁算法的特点将 HIRF 频段分成多个频段进行计算。计算内容如下。

(1) 10 kHz～400 MHz 频段内飞机舱室内电缆端口处的传输函数。

在飞机暴露于该频段 HIRF 场时，通过关键系统设备电缆端口处的感应电流对比设备所处的内部 HIRF 环境进行判断。

(2) 100～400 MHz 频段内飞机各个舱室的感应场强。

在飞机暴露于该频段 HIRF 场时，通过关键系统设备所处位置处的场强对内部 HIRF 环境进行判断。在安装电子/电气设备的各舱室设置采样点，计算得到各舱室的电场强度。

（3）400 MHz～18 GHz 频段内飞机各个舱室电场的衰减量。

在较高的电磁波频段，窗口、门缝及开孔等将成为电磁波传播的主要途径。经过对飞机上的电磁波感应路径进行分析，确定最大的感应路径。然后对该路径中的模型进行分解，建立分立的舱室模型进行电磁波辐射场仿真计算，以确定相关舱室的最小电磁场衰减量。

飞机高强度辐射场（HIRF）防护设计的验证，不仅只通过试验的方法，同时也需要使用分析的方法。全面高质量的电磁防护危害分析是现代飞机设计和研制过程中的一个重要部分。全面的分析评估能降低飞机取证的不利影响，通过分析，可以定义和选择合适的试验方法，也可以评估试验结果的完整性和有效性。有效的设计流程中应包含分析和试验，采用较低费用的分析来减少较高费用的试验，能在研发初期识别潜在的设计缺陷，从而使纠正设计错误的花费更少，为最终的适航符合性验证试验奠定基础。

7.7 静电仿真计算

任何物质都是由原子组合而成，原子的基本结构为质子、中子及电子。科学家们将质子定义为带正电，中子不带电，电子带负电。在正常状况下，一个原子的质子数与电子数相同，正负电荷平衡，所以对外表现为不带电。但是由于外界作用如摩擦或以各种能量如动能、位能、热能、化学能等形式对原子作用后会使得它的正负电荷不平衡，从而"带电"。

飞机在冰、雨、雪和灰尘的环境中飞行时，在空气中的粒子和飞机表面接触分离的过程中会发生电荷转移，从而使飞机表面产生沉积静电（属于摩擦起电）。当该电荷积累到一定程度时，会发生静电放电现象，可能会影响飞机的无线电系统的正常功能甚至飞行安全。静电放电现象可分为三种：电晕放电、流光放电和跳火。

电晕放电由于飞机与周围空气之间的电压不同而导致，通常发生在机身上曲率半径比较小的地方，如机翼、升降舵尖端。当飞机的电位达到 10^5 V 左右时，飞机尖端处的电场强度很高，足以使空气击穿，这种击穿称为电晕放电。

绝缘体或介质表面（如雷达罩、风挡玻璃）受到微粒的冲撞，飞机的介质表面积累电荷时，其相对于飞机金属结构的电位随之上升。当电场强度变得相当高时，在介质表面就会发生空气的击穿现象，这种击穿会形成流光放电。

飞机充电后，飞机上绝缘的金属部件和飞机金属结构之间产生的电位差可能会产生电弧或跳火。

电晕、流光和电弧放电引起的频谱，范围为 0.1～3 000 MHz，如图 6-1 所示。

静电放电是指具有不同静电电位的物体互相靠近或直接接触引起的电荷转移。它是一种常见的近场危害源，可形成高电压、强电场、瞬时大电流，并伴有强电磁辐射，形成静电放电电磁脉冲，可以通过机载天线耦合进系统，影响系统功能。在人体和敏感设备之间如果发生静电放电(由于静电放电是在 ns 或 μs 量级的时间内完成的,因此峰值电流可达几十安,瞬间的功率十分巨大),则所产生的静电放电电磁脉冲能量足以使电子部件中的敏感元件损坏;由于电流波形的上升时间很短,即电流的变化率($\mathrm{d}i/\mathrm{d}t$)很大,所以可以感应出几百伏乃至上千伏的高电位,从而产生出强电场将敏元件击穿。

静电放电可以分为三种:电晕放电、流光放电和火花放电。

电晕放电是发生在带电体尖端或曲率半径很小处附近的局部放电。电晕放电可能伴有轻微的嘶嘶声和微弱的淡紫色光。如果不加防护,通常会在飞机极端部位发生电晕放电,形成电磁脉冲,影响机载无线电系统功能[8]。

流光放电,即介质表面放电,绝缘体或介质的表面和空气中的微粒不断发生"接触分离",从而使得介质表面积累到一定数量的电荷。由于绝缘体或介质不能像金属一样可以传导电荷,所以这些电荷在绝缘表面不能自由逃走,当累积到一定阀值时,就会击穿空气进行放电或者和周围导体之间发生放电。飞机在飞行中,绝缘体或介质表面(如雷达罩、风挡玻璃、航向迎风面上的玻璃纤维面板)受到微粒的冲撞,在介质表面带电荷,有可能形成流光。介质表面一直充电直到达到阈值,这样,介质表面就会产生跳火放电,产生宽带的 RF 发射。本质上,这些电荷吸附到介质表面不会像在导体上那样转移。只要充电速度大于放电速度,电荷就会增强,直到介质被击穿。

火花放电是具有不同电位的带电体之间发生空气击穿的放电现象。火花放电有明亮的闪光和短促的爆裂声。在飞机内部,特别是在火区和易燃区域以及易燃物泄漏区,火花放电是引起点火的危险源之一。易燃物在飞行过程中由于流动或者飞机颠簸等因素而导致和飞机结构之间不停地摩擦,从而形成静电。一旦达到放电阈值就会产生火花放电,这可能会引起不可估量的后果。此外,静电积累以后,在人员接触时也可能会对人员产生电击的危害。

飞机的静电仿真主要有飞机静电放电器的仿真和静电场效应仿真两种。

7.7.1　飞机静电放电器计算

1) 飞机总的静电放电电流

飞机总的静电放电电流 I_t 取决于与气象条件相关的放电电流密度 I_c,飞机的前沿表面区域(飞机迎风面积)S_a 和飞机的速度 V[9]。总的静电放电电流 I_t 由下列方程式估算

$$I_t = I_c S_a V/600 \qquad\qquad (7-42)$$

式中: V 的单位为 kn;600 为公式中的常数,单位为 kn;S_a 为飞机迎风面积,单位为 m^2;I_c 为放电电流密度,单位为 $\mu A/m^2$。

下列的电流密度(I_c)是由各种云和降雪决定的:卷云,$50 \sim 100\ \mu A/m^2$;平流层-

积云,$100 \sim 200 \ \mu A/m^2$;雪,$300 \ \mu A/m^2$;典型的 I_c 值是 $200 \ \mu A/m^2$。

2)飞机静电放电器总数量 N_d 公式如下

$$N_d = I_t / I_d \qquad\qquad (7-43)$$

式中:N_d 为静电放电器总数量;I_t 为总静电放电电流,单位为 μA;I_d 为放电器额定电流,单位为 μA,典型值是 $100 \ \mu A$。

3)ARJ21-700 飞机总的静电放电电流 I_t 计算

ARJ21-700 飞机的 I_c 的典型值是 $200 \ \mu A/m^2$,飞机迎风面积 S_a 是 $27.24 \ m^2$,V 是 $264.4 \ kn(kn=n \ mile/h)$。则根据式(7-42)计算得到 ARJ21-700 飞机总的放电电流 I_t 是 $2 \ 397.12 \ \mu A$。

4)ARJ21-700 飞机静电放电器应配置的总数量 N_d 计算

$I_t = 2 \ 397.12 \ \mu A$,$I_d = 100 \ \mu A$,则根据式(7-43)计算得到 ARJ21-700 飞机静电放电器应配置的总数量 N_d 约为 24 个。

7.7.2 ESD 仿真计算

与静电放电(ESD)相关的电磁场偶极子模型于 1991 年由 Wilson 提出,该模型认为 ESD 过程中的电磁场主要由 ESD 火花产生,而 ESD 火花可简化成位于无限大导电接地平板上电性小的时变线性偶极子[10],平板上半空间的电磁场可看成是偶极子及其镜像偶极子所产生。取偶极子长度 dl 为放电间隙的距离,利用推迟势可计算出空间任意点处的电磁场。

据 ESD 发生器测试电路的结果显示,在电阻、连接线与接地线间存在分布电容和寄生电感,位于高频段时,这些分布参数的影响不能忽略。因此这里采用多段传输线模型来分析 ESD 瞬态效应。把电阻看作第一段传输线,其长度和特性阻抗分别为 L_1 和 Z_1;连接线看作第二段传输线,其长度和特性阻抗分别为 L_2 和 Z_2,充电电容 c 为 150 pF。测试电路的传输线模型按照传输线理论。

飞机在飞行中通过多种方式获得静电电荷。主要充电方式为沉积充电,包括因雨、雪、冰晶体和灰尘的充电。如果电荷积累到一定域值,则沉积充电会在飞机上形成一个网状的静电分布。以前的文章中有关于各种静电放电系统的论述,其中包括编号为 3260893 的美国专利直升机系统。随着放电系统应用越来越广泛,描述摩擦起电的过程特性已经很详细;也有已知的设备专门安装在机翼上用来泄放摩擦产生的静电,例如当飞机经过云的时候和小水滴摩擦产生的静电。这些设备用于减少可能造成无线电干扰的静电电荷,以避免像阿波罗 13 号飞船爆炸这样的事故[10]。静电放电系统故障可能会导致由油箱附近的放电电火花直接引起的事故,或由重要电子设备损坏而导致的飞机事故。同时,当有雷击时,静电放电系统故障会带来更多的损坏甚至是灾难。

众所周知,ESD 设备是用在飞机上来消除累积在其上的静电电荷的,这种静电放电元件有助于防止静电噪声干扰无线电系统。此前的 ESD 设计包括了尾部放电元件和末端放电元件,以棒条体的形式延伸到飞机机翼表面外面。然而,这些突起会增加阻力,在飞行中容易受到额外的压力而断裂,在日常维护操作过程中由于维修人员的粗心或操作不当也很容易损坏。这些元件也容易受到雷击、冰雹、振动、鸟撞的影响,在地面处理中容易受到机械损伤破坏。因此,有时会因为放电元件的失效或损坏而延误飞机起飞。关键的静电放电单元通常是舷外尾部和末端的放电刷,这些部位在静电充电状态下有最强的电场。

从电磁场理论可知,无限长的导体电流有一个以导体为轴的磁场分布和沿着导体径向的电场分布。由此看来,很明显,描述电场和磁场的方法是不同的,说明感应电场和感应磁场的电路也是不同的。

电场是一个频谱范围从 1 Hz 到大于 1 MHz 的意外和不可避免的静电释放。电场的扭曲是由空间离子的不平衡造成的,其中这种扭曲是由带电体在电场中无规则的运动引起的。电场扭曲的例子,包括高压电力线路、某些材料相互之间的摩擦,如塑料、某些气溶胶、甚至人类、动物和物体的运动,例如,人类对电场有足够的传导性。此外,由飞机和其他飞行器在空气中运动也会产生电场并引起电场的变化。

7.7.3 仿真计算模型

云层之间的相互摩擦、空气流动以及重力因素引起云层之间的上下浮动,使得云层带有不同程度的静电荷。正电荷聚集在云层的顶部,负电荷聚集在云层下方,此外,云层最下方可能存在少量的正电荷。图 7 - 18 显示的是典型积雨云中的电荷分布。

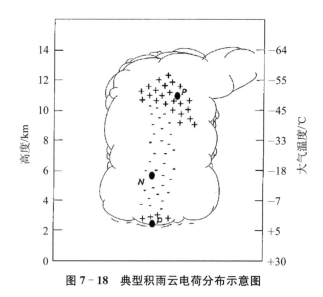

图 7 - 18 典型积雨云电荷分布示意图

雷电放电过程中,云层通过雷电电流通道泄放的电荷量有 200 C 之多,而该仿真问题中,飞机穿越带电云层过程中,并未触发雷击现象,因此带电云层中静电荷累积并未达到触发雷击现象所需的电荷量,即带电云层中累积的静电荷量远小于 200 C。

静电感应仿真中,对如图 7-19 所示的带电云层模型进行简化,采用如图 7-20 所示的金属球进行替代,静电荷均匀分布在金属球外表面上。

图 7-19 带电云层电荷分布模型

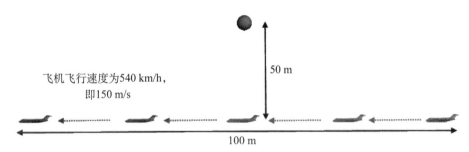

飞机飞行速度为540 km/h,
即150 m/s

50 m

100 m

图 7-20 静电感应电压准动态仿真示意

7.7.4 理论分析

任何电磁场问题均满足麦克斯韦方程组,即

$$\begin{cases} \nabla \times \boldsymbol{H} = \dfrac{\partial \boldsymbol{D}}{\partial t} + \boldsymbol{J} \\ \nabla \times \boldsymbol{E} = -\dfrac{\partial \boldsymbol{B}}{\partial t} \\ \nabla \cdot \boldsymbol{D} = \rho \\ \nabla \cdot \boldsymbol{B} = 0 \end{cases} \tag{7-44}$$

对于静电场情况,上式可以简化为

$$\begin{cases} \nabla \times \boldsymbol{E} = 0 \\ \nabla \cdot \boldsymbol{D} = \rho \end{cases} \tag{7-45}$$

由式(7-45)第一式可知,电场可用一个标量电位的梯度来表示,为

$$\boldsymbol{E} = -\nabla \phi \tag{7-46}$$

将式(7-46)代入式(7-45)中的第二式,可得静电场最终的求解方程为泊松方程

$$\nabla^2 \phi = -\frac{\rho}{\varepsilon} \tag{7-47}$$

对于不存在电荷的空间区域,上式转化为拉普拉斯方程

$$\nabla^2 \phi = 0 \tag{7-48}$$

利用式(7-47),加上边界条件,采用有限元(FEM)方法进行静电场仿真求解,即可求解出飞机内部线缆、设备上的静电感应电势;以飞机驾驶舱蒙皮电势作为参考零电势,即可获得静电感应电压。

如图7-20所示,静电感应电压准动态仿真中,带电云层距离飞机垂直距离为50 m,仿真距离为200 m。假定飞机飞行速度为540 km/h,即150 m/s,则飞机飞行时间为1.33 s。

7.7.5 仿真计算结果的应用

飞机穿越带电云层过程中(见图7-21),飞机机壳与设备端口之间会产生静电感应电压。在设备与飞机机壳未采取有效的搭接或未进行搭接等因素时,将导致静电感应电压在三者之间产生静电放电现象。

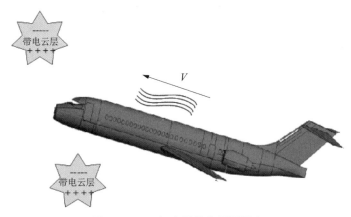

图7-21 飞机穿越带电云层示意

采用静电场仿真方法,模拟飞机穿越带电云层的过程,进行飞机穿越带电云层的准动态静电感应仿真,获取飞机不断靠近、穿越以及不断远离带电云层过程中机壳与机载设备端口静电感应电压的准动态响应曲线。

根据飞机结构和设备端口之间的空间位置,分别计算它们之间的分布电容以及接地线的直流电阻和寄生电感等参数,建立三者静电放电等效电路模型。

将静电感应电压施加在等效电路模型中的不同位置处,采用电路仿真方法进行静电放电仿真分析,获取不同位置处的瞬态放电电压分布波形,并进一步分析其影响。

首先采用静电场求解处飞机结构和设备端口之间的分布电容；其次根据两者的相对位置、分布电容以及接电线的直流电阻和寄生电感等参数，建立三者之间的等效电路模型，如图 7-22 所示，设备一般可以等效成为 LRC 电路形式；将静电感应电压施加在等效电路模型中的不同位置处，采用电路仿真方法进行静电放电仿真分析，获取不同位置处的瞬态放电电压分布波形。

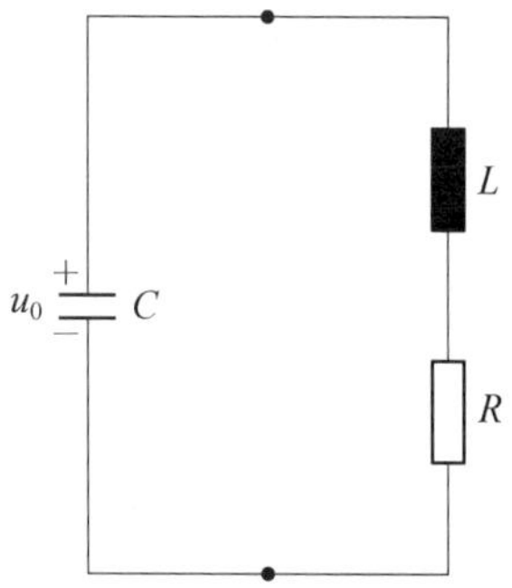

图 7-22 LRC 串联电路

7.8 小结

本节对 ARJ21-700 飞机在电磁环境效应防护设计中所采用的电磁学的数值方法进行了介绍。电磁学数值计算方法远远不止这些，还有边界元法、格林函数法等。同样的，电磁仿真在飞机电磁环境设计中的应用也不仅限于文中所列举。在飞机研制过程中，出现的大部分电磁干扰问题也可以通过仿真计算进行研究。由于仿真方法具有不使用实际飞机、成本低廉等特点，因此可以预测，在未来的飞机电磁环境效应设计中，将会获得更加广泛的应用。由于在工程实际中，仿真对象非常复杂，电磁仿真的结果取决于数字模型设计的逼真程度，不合理的数字模型可能会导致计算结果误差较大，甚至结果不能收敛，为此应该重点研究数值模型的设计。

电磁仿真计算是一项具有挑战性的工作，是进行科学问题研究的主要手段，虽然电磁仿真计算方法已经得到了大量的验证，但是在工程实践中，电磁仿真计算在飞机设计中还不能替代试验方法用于表明适航符合性。在具体问题中，应该采用不同的方法，而不应拘泥于这些方法，还可以把这些方法加以综合应用，以达到最佳效果。

参 考 文 献

[1] Harrington R F. Matrix Methods for Field Problems [J]. Proc. IEEE, 1967,55(2): 136-149.

[2] Harrington R F. Field Computation by Moment Methods [M]. New York: Macmillan. 1968.

[3] Yee K S. Numerical solution of initial boundary value problems in-volving Maxwell's equations in isotropic media [J]. IEEE Transactions on Antennas & Propagation, 1966,14(3): 302-307.

[4] 盛新庆. 计算电磁学要论 第二版[M]. 合肥：中国科学技术大学出版社,2008.

[5] Lemaire D, Garrido F, Peres G, et al. A unified approach for lightning and low frequencies HIRF Transfer Functions measurements on A380 [C].//Internation Syncposium on

Electromagnetic Compatibility-Emc Europe. IEEE，2009：1 - 4.

［6］ Apra M，D'Amore M，Gigliotti K，et al. Lightning Indirect Effects Certification of a Transport Aircraft by Numerical Simulation ［J］. IEEE Transactions on Electromagnetic Compatibility，2017,50(3)：513 - 523.

［7］ Sherman B D，He T，Nozari B，et al. MD-90 Transport Aircraft Lightning Induced Transient Level Evaluation by Time Model three Dimensional Finite Difference Modeling ［C］. 1995 International Aerospace and Ground Conference on Lightning and Static Electricity. 1995.

［8］ Georgakopoulos S V，Birtcher C R，Balanis C A. HIRF Penetration Through Apertures：FDTD Versus Measurements ［J］. IEEE Transactions on Electromagnetic Compatibility，2001,43(3)：282 - 294.

［9］ SAE ARP 5672 Aircraft Precipitation Static Certification ［S］. 2009.

［10］ Wilson P F，Ma M T. Fields radiated by electrostatic discharges ［J］. IEEE Transactions on Electromagnetic Compatibility，1991,33(1)：10 - 18.

8 电磁环境效应防护方法

8.1 概述

飞机上电磁环境种类众多,如闪电、高强度辐射场、静电及电子/电气设备间的 EMC 问题等。面对复杂的机载电磁环境,如何协调各电子/电气系统、设备之间的关系,使它们互相不干扰、各自正常有序地工作是一个不得不面对的问题。因此,SAE 发布的 SAE 1870《Aerospace Systems Electrical Bonding and Grounding for Electromagnetic Compatibility and Safety》详细阐述了机载电子/电气系统、设备推荐的电搭接设计要求和基本设计方法。国防科技技术工业委员会发布的 GJB358-87《军用飞机电搭接技术要求》指导军用飞机完成电搭接和接地设计。中国航空工业部发布的 HB5876《飞机电搭接技术要求》提出了机载电子/电气系统、设备电搭接设计要求。本章在前面几部分针对这些环境做介绍和分析。为了有效地应对飞机上各种电磁环境对飞机的影响,有必要对飞机上结构、线缆及设备采取必要的防护措施。本章节主要从电搭接、接地、屏蔽和隔离四个方面对 ARJ21-700 飞机常用的电磁环境效应防护方法做详细的阐述。

8.2 电搭接防护设计方法

8.2.1 电搭接的目的

搭接是指两金属物体之间建立一条供电流流动的低阻抗通路。在飞机任何电子系统中,无论是一台设备还是整套系统,各金属物之间都必须进行相互搭接,其目的如下:

(1) 保护设备和人身安全,防止闪电的危害。

(2) 建立故障电流的回流通路。

(3) 降低机箱和壳体上的射频电位。

(4) 建立信号电流均匀稳定的通路。

(5) 保护人身安全,防止电源故障时发生电击。

（6）防止静电电荷的积聚产生危害。

电搭接是防电击、静电防护、闪电防护以及保证天线性能最佳的必要措施。搭接的良好与否，直接影响飞机的安全和性能。

8.2.2　电搭接分类

针对不同的应用场景，应制订不同的防护设计策略[2, 3, 7]。依此，电搭接可分为天线搭接、易燃/易爆危险区搭接、防射频干扰搭接、防电击搭接、静电防护搭接、闪电防护搭接等。

8.2.3　电搭接防护策略

8.2.3.1　天线搭接

除气象雷达扫描天线外，飞机蒙皮是天线的地网或地平面，该地网或地平面应配置均匀，在电子设备工作频率范围内的阻抗应很低，并应有适当的尺寸以避免降低天线方向性能。同时应注意尽量确保发射天线附近的蒙皮阻抗主要为电阻性，非线性很小，以防止多个发射机同时发射时产生互调产物。

为了保证天线的正常工作，从天线金属座至飞机基本结构的直流搭接电阻应满足一定的阻值要求。

另外当天线的辐射方向图和效率取决于其到地网的低阻抗通路时，其安装搭接应使天线的安装表面与天线将被安装的表面之间保持均匀的电阻和电抗。导电密封垫可以用于电流返回通路。采用导电密封垫方法时，必须要确保该密封垫在经过压缩/减压几次循环后仍能保持其导电性。

安装在飞机外蒙皮上且位于闪电附着区域 1 或区域 2 内的设备（如天线、机外照明灯等）必须电搭接到蒙皮，以防止在与这些外部安装设备接口的内部导线和管路上出现由闪电引起的危险电压和电流。当外部设备所对应的内部区域被指明为燃油蒸气区域时，尽可能对所建议的安装进行闪电试验。

天线同轴电缆的外导体应搭接到天线接地平面，构成周边连续的低阻抗通路。

8.2.3.2　易燃/易爆危险区搭接

在易燃易爆的危险区，设备外壳与飞机基本结构之间搭接电阻应不大于图 8-1 所示的最大允许搭接电阻值。示出的故障电流，是指万一发生内部电源接地的故障且大电流穿过设备外壳而至结构时，电气系统可传输至故障处的最大电流。当发生内部电源故障时，由于搭接自身不能消除可能的点火源，因此设备在设计上应保证将过热点、打火花和熔融金属的飞溅减至最少[8]。

易燃区电搭接应满足如下要求。

（1）所有金属部件需要搭接，以消除静电放电。

（2）不允许有电流回路接地。

（3）液压管不准用搭接线在油箱内搭接。

（4）如果外壳不能直接接地，又没有可替代的方法，则安装在易燃区的电子/电气设备必须使用双接地搭接。

易燃泄漏区电搭接应满足如下要求。

（1）该区所有电流回路接地，用双接地终端。

（2）在易燃泄漏区的电子/电气设备的搭接都须符合图8-1中的搭接阻抗要求。

（3）设备安装在绝缘的结构上时，要使用适合的专用故障电流地线。这个地线必须能够承受故障电流一段时间，以对电路中的保护器件起作用。

易燃/易爆危险区最大电阻确定方法可参考相关 SAE 1870[5]，MIL-STD-464[1] 和 SAE AIR 5128[10]，由图8-1确定每个搭接到单独基底所需的最大搭接电阻，其中故障电流由工作电路电压除以导线（从电路断路器到负载的）电阻得出。表8-1列出了典型电子/电气设备到结构最大允许搭接电阻与故障电流关系曲线数据点。

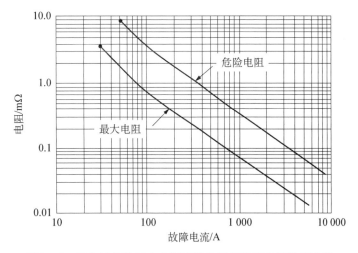

图 8-1 设备到结构最大允许搭接电阻与故障电流关系曲线

表 8-1 电子/电气设备到结构最大允许搭接电阻与故障电流关系曲线数据点

故障电流/A	危险电阻/$\mu\Omega$	最大电阻/$\mu\Omega$	故障电流/A	危险电阻/$\mu\Omega$	最大电阻/$\mu\Omega$
5 000	74	14.8	100	3 700	740
1 000	370	74	58	7 700	1 540
200	1 850	370	49	9 300	1 860
120	2 830	—	30	18 000	3 600

8.2.3.3 防射频干扰搭接

1）接地/电搭接阻值

安装所有利用或产生电磁能的电气/电子设备或部件时，均使设备外壳到基本结构有连续的低阻抗通路,承包商用试验证明,他所建议的搭接方法可以使设备外壳到基本结构的直流电阻达到一定的标准,以保证设备的正常工作。

2)天线附近导体

距无屏蔽的短波天线引线(垂尾前梁腹板处)300 mm(1 ft)以内,任一线性尺寸不小于 300 mm(1 ft)的导体,均应搭接到飞机基本结构上。该搭接最好是导体与基本结构金属本体之间的直接搭接。如果需要用搭接条,则搭接条应尽量短。

3)连接器

线束屏蔽层、尾附件、连接器、设备/结构间每个接触面应形成低阻抗通路。

4)飞机蒙皮

飞机蒙皮应设计成装配后就具有固有的防射频干扰搭接,使蒙皮成为均匀的低阻抗通路。当防射频干扰搭接要求不能满足(如用胶接的蒙皮)时,应使用足够数量的铆钉来获得低阻抗搭接。构成蒙皮的所有构件(如机翼、机身等)之间,均应实现射频搭接。作为蒙皮组成部分的口盖、舱盖、检修门等不应位于干扰源或布线附近,均应搭接到基本结构,防止它们成为射频干扰的二次辐射体。

设备和屏蔽适当的电搭接接到结构是为了降低 EMI 和满足系统所有部件之间电磁兼容性的要求。为了实现闪电和射频防护,"插销"型的舱门(如货舱门、食品服务舱门和乘客入口舱门)必须与结构电搭接。

8.2.3.4 防电击搭接

防电击搭接的主要目的是防止人接触到暴露在外的带有高于 30 V(交流或直流)电压的导电表面,在正常的工作中,可以将导电壳体搭接到结构上以防止漏电或将电子器件安装在绝缘封装中以防止人员接触。

在易受潮的区域,安全电压可适当降低,并且设备到结构需要指定的搭接。

用于安装电线、电缆的金属导线管,其两端和断开点均搭接到基本结构,形成低阻抗通路。搭接路径可以通过该导线管终端设备。

电气/电子设备裸露的金属机架或部件,均搭接到基本结构进行接地,形成低阻抗通路。如果设备的接地端或连接器的接地插针已在内部与上述裸露件相连接,则该裸露件可通过设备地线搭接到基本结构,不必再采用专门的搭接线。非金属封装上的导电面板和(或)门必须搭接到基本结构,以防止任何附带电子部件的工作电压超出上述规定值。照明面板通过照明电路搭接到基本结构。当电子器件位于电源配电中心或其他封装内部时,不需要专门的人身危害防护。

8.2.3.5 静电防护搭接

飞机外部或内部,任一线性尺寸大于 80 mm(3 in)的被绝缘的导体(天线除外),应用机械方法牢固地搭接到飞机基本结构上,形成低阻抗通路[9]。

非金属绝缘材料部件表面,应采取控制静电荷积聚并使之平稳泄放的防护措施。可以在塑料或玻璃钢等非金属表面涂覆导电涂层。清洁导电涂层时应当小心,并且以规定的间隔时间检查电阻。如果在玻璃钢雷达天线罩上涂覆导电涂层,参考 SAE ARP 1870,则特性阻抗一般为 10~15 MΩ 每方格,其他应用场合所采用的涂层,其电阻通常不超过 50 MΩ 每方格。该涂层通常通过一根或多根导体搭接到基本结构,这些导体应尽可能多地与涂层面-面接触。尽量避免点接触搭接。

所有传输燃油或其他液体、气体的金属导管、管子和软管用机械方法牢固地搭接到基本结构,搭接电阻通常不大于 1 Ω。金属导管、管子和软管的安装设计应使其在电气系统正常或故障情况下均不成为电源电流的通路。

非金属管路设计成使流体流动时导管外表面任意处产生的静电压均不大于 350 V。

在机翼、水平尾翼、垂直尾翼的翼尖及其后缘等静电荷最易积聚的部位安装足够数量的静电放电器[4, 11],以利于平稳地泄放静电。后缘型放电器尖端到底座的电阻通常在 6~200 MΩ 范围内,尖端型放电器尖端到底座的电阻通常在 6~120 MΩ 范围内。高阻放电器合成材料底座用胶粘接到蒙皮后,其底座到基本结构的搭接电阻(包括导电黏结胶)需满足一定的阻值要求,以满足静电泄放要求。

8.2.3.6 闪电防护搭接

飞机上闪电电流可能进入的所有部分,需采取闪电防护措施。闪电入口有航行灯、燃油重力加油口盖、燃油油量表传感器口盖、燃油通气口、天线、雷达天线罩、座舱盖、全静压管、未被金属或自身金属保护的电线和电缆。

为防止飞机端部之间的雷击放电电流损坏飞行控制系统,并防止其在飞机内部产生电火花或高电压,通常满足如下搭接要求。

1) 搭接件

(1) 导线规格:在可能直接遭受闪电弧之处,用于闪电防护搭接的镀锡多股铜线的有效截面应不小于 AWG-4 截面规格。在不直接遭受闪电弧之处,至少应采用两个闪电防护搭接线,每个搭接跨接件的有效截面不小于镀锡多股铜线 AWG-12 截面规格或多股铝线 AWG-10 截面规格。

(2) 焊接连接:对需要传导闪电电流的跨接件不应采用焊接方法连接,导线端子连接到跨接件的连接方法须经试验验证。

2) 结构的防护及主搭接

主搭接是为安全传输闪电电流所需的搭接,作为传输闪电电流的主导体是飞机的基本结构。飞机基本结构是由飞机的金属结构骨架以及铆接或螺接在结构骨架上、与其有低阻抗通路的金属蒙皮、梁、型材、支架、角片等构成。作为主导体的飞机基本结构应安全传输闪电电流。为此飞机固定部分的各端部之间(翼尖至翼尖、机头至各翼尖、机头至尾锥等)的飞机整体电阻应尽量小,参考其他民机制造商设计要求,飞机的整体电阻通常在 50~100 mΩ。

当基本结构作为电源返回通路时,为防止闪电电流通过而在电源系统中产生超过高电压降时,要求这部分搭接电阻较小。

3) 铰接件

位于飞机外蒙皮上的铰接的部件如升降舵、方向舵、副翼、襟翼、起落架、舱门、维护口盖等,均在每一铰接点之间进行电搭接,搭接导体的截面应满足闪电电流安全传输的需要。穿过蒙皮的部件应在机内紧靠蒙皮处搭接。升降舵、方向舵、副翼、襟翼等操纵面上的铰链或轴承有容量足够大的搭接线来分流铰链或轴承上流过的闪电电流,使通过铰链或轴承上流过的部分闪电电流不会对它们造成损坏。为保护操纵钢索或拉杆,必要时在操纵面与飞机结构之间还应使用附加的搭接线,使通过操纵钢索或拉杆的放电通路长度至少是通过搭接线长度的 10 倍。对低电阻长条式铰链可以不加搭接线,但铰链内不可用非导电的润滑剂。

4) 机外突出物的闪电防护搭接

机外突出物闪电防护搭接应满足如下要求:

(1) 所有突出飞机表面,尺寸大于 80 mm 的金属导体(如空速管、天线)均搭接到基本结构上,并有足够截面的闪电电流通道,形成低阻抗搭接通路。对于与蒙皮绝缘的天线(如刀型、拉索、尾帽天线等)应配置避雷器,以限制闪电电流和电压进入与天线相连的电子设备中。

(2) 处于雷击区的天线罩(如机头雷达罩)均用闪电分流条进行防护,并搭接到基本结构上,形成低阻抗搭接通路。闪电分流条应数量足够,分布适当。选择对雷达天线工作影响较小的闪电分流条类型、尺寸和安装位置。

(3) 对于非金属的机翼、平尾、垂尾的翼尖,均用金属分流条搭接到基本结构上,为闪电提供足够的通路。

(4) 通常情况下,雷击附着区的分流条截面,铜制的不小于 20 mm²,铝制的不小于 36 mm²;扫掠区的分流条截面,铜制的不小于 12 mm²,铝制的不小于 28 mm²。

(5) 装在金属蒙皮上的航行灯,金属底座和飞机搭接。在非金属结构上的航行灯,金属底座通过金属分流条搭接到飞机基本结构上。航行灯的透明灯罩应具有足够的耐电压强度。

(6) 在凸出机外部件(如航行灯、空速管)的加温电路和电源线上加装防闪电的瞬态抑制器,防止闪电电流感应的高电压对飞机电网系统造成危害。

(7) 操纵系统的拉杆、摇臂、驾驶杆、脚蹬都与机外的舵面相连接,均搭接到基本结构,形成低阻抗通路,以防止飞机遭雷击时飞行员受到电击。

(8) 液压系统的导管和机外相连处,穿过蒙皮时应在机内紧靠蒙皮处搭接,以形成低阻抗通路。

(9) 风挡玻璃均具有足够的耐电压强度。导体安放在远离玻璃内表面的位置,使闪电破坏风挡和窗户的可能性减小。避免安装的金属件穿过风挡玻璃,防止闪电被引入座舱内部。建议风挡的除冰、除雾装置采用热空气加热;如果采用电加热装置,则宜采用导电率低的金属薄片而避免采用金属丝加热。风挡外表面应有静电保护层使积累的静电可以被导电表面释放,为保持透光率,这些导电表面应很薄,并且导电率不应大到导通雷击电流。通用的保护层采用铟锡氧化物。

5)燃油系统的防护及搭接

飞机燃油系统包括油箱、导管、通气口、放油口、加油口盖和检修门等。燃油系统内可能存在燃油蒸气的区域或部件,避免受闪电附着或强电场感应产生电晕或流光而引起着火。必要时应采取闪电防护措施。

(1)燃油油箱防护。

油箱及油箱内可能带静电的附件均应搭接到基本结构上,形成低阻抗搭接通路。

闪电电弧在飞机的金属蒙皮上可能长时间地悬停在附着点,熔穿金属蒙皮,且热量将足以点燃燃油气体。因此,应仔细设计油箱的金属蒙皮厚度,一般情况下,高质量铝蒙皮厚度大于或等于 2 mm。油箱通常不布置在 1B 及 2B 区。

整体油箱金属蒙皮的对接应考虑闪电电流的传输,避免产生火花。还应考虑材料老化和机械应力,老化和机械应力会降低电气传导性能,在飞行载荷下,结构连续地弯曲变形,最后可能导致结构的松散,从而在闪电电流通过时产生电火花。

非金属整体油箱若使用闪电分流条加以防护,则应有足够的数量以覆盖保护油箱的每个角落,避免油箱击穿造成火灾。每根闪电分流条都要有足够的截面,且与基本结构有低阻抗的面搭接。油箱内部应尽量避免金属构件,不可避免的金属构件均应搭接到飞机基本结构上。当使用金属涂层对非金属整体油箱进行防护时,涂层要有足够的厚度,并与基本结构有足够的截面低阻抗电气连接。

(2)加油口盖和维护口盖防护。

闪电电流通过加油口盖和维护口盖时,为防止在燃油容器内部产生火花,加油口盖和维护口盖与周围的金属结构之间均应良好搭接。任何可能产生电弧或火花的零件均应置于燃油容器的外部。

(3)通气口盖防护。

通气口盖的位置尽可能选择在 3 区。在 3 区的通气口防止电晕或流光点燃通气口及附近的燃油蒸气。

位于 1 区或 2 区的通气口,应采取措施防止闪电附着并点燃燃油蒸气,以避免火焰传入燃油系统内部。保护方法有:用新鲜空气冲淡排出的燃油蒸气,使其不会点燃;用压缩空气加速燃油蒸气的排放速度,使其超过火焰蔓延速度;采用火焰抑制器。

(4)应急放油口防护。

防止闪电电流通过放油管与油箱壁接合处时,在接合处产生火花。

6)机内线缆的防雷布设

对于非金属蒙皮和低导电率蒙皮区域的线缆,采取相应的防护措施。

(1)非金属蒙皮。

在非金属蒙皮下的导线电缆,根据导线的布设方向,用铝箔或良导体金属导线管保护电缆导线。铝箔或金属导线管均与飞机基本结构搭接,以形成良好的电气通路。

(2) 低导电率蒙皮区的导线。

闪电电流通过低导电率材料的蒙皮区域会产生电磁干扰,远离这些区域布设电缆。对于不得不布设的电缆可以采用如下电气隔离方法:

a. 采用屏蔽电缆或屏蔽纽绞线,并将屏蔽层两端均搭接到基本结构上。

b. 采用瞬变抑制器,以保护电网的安全。

如果采用半导体表面或具有非线性表面电阻的表面构成闪电通路,则该通路上任一点到蒙皮的电位梯度,均应小于该点到凸出物内部任何接地物体的击穿电位强度;该电阻性的通路宽度至少为 25 mm(1 in)。

此外,天线罩上的闪电通路不应对天线功能有不利影响。可以使用分流条。

7) 搭接导体限制

在导体不直接遭受闪电电弧之处,铜线的有效截面均不小于 AWG-12 截面规格,铝线的有效截面不小于 AWG-10 截面规格;在导体可能遭受闪电电弧之处,铜线有效截面不小于 AWG-7 截面规格,铝线有效截面不小于 AWG-5 截面规格。

8) 腐蚀控制

如果采用密封技术控制腐蚀,则通过试验证明应用所建议的密封技术能够安全地处理闪电电流。

8.2.3.7　飞机及地面辅助设施接大地

1) 着陆接大地

飞机着陆时均有接大地措施(静电导电轮胎),以泄放机体上残留的静电荷。

2) 停机接大地

飞机较长时间停在停机坪上时,采取接大地措施,泄放机体上残留的静电荷并提供闪电防护,保障飞机和人员安全。利用机上接地桩接大地时,接地电缆一端接飞机接地桩,另一端接机场标准接地点。

3) 地面辅助设施接大地

飞机与地面辅助设施相互连接前分别接大地,以防人员触电、设备故障以及产生电火花。飞机在地面加油时,油车与大地、飞机与大地以及油车的油枪与飞机结构之间,均保持良好地搭接,以防产生电火花。

8.2.4　搭接方法

8.2.4.1　搭接安装

搭接安装包含永久性安装和半永久性安装。采用焊接、硬钎焊、熔焊或挤压法使金属与金属连接时即被视为永久性和固有的搭接安装。

半永久性安装的例子有:

(1) 经过机械加工的两个金属表面,用螺纹锁紧件连接在一起的,不带涂层的金属与金属的连接。

（2）用面-面搭接，均至少用三个铆钉铆接。如果搭接面间有非导电涂层，则用铆钉搭接法[①]。

（3）连接杆。

（4）处于拉紧状态下的结构金属线材。

（5）紧配合传动的销接连接。

（6）所有绝缘涂层已从接触范围除掉的被装配的正常永久性和固定夹紧零件。

典型的搭接安装方式如图8-2～图8-9所示。

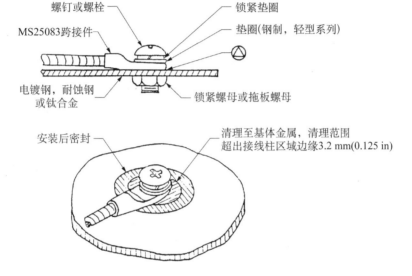

图 8-2 典型螺栓连接——钢或钛合金，温度不超过 148℃（300°F）

注1：本图说明了最高温度不超过 148℃（300°F）时，搭接跨接件与电镀钢、耐蚀钢或钛合金的典型螺栓连接方法。

注2：螺母或螺栓头的位置任意。

注3：清理和密封按型号工艺文件执行。

注4：防腐蚀应按 8.2.4.10 节的规定。

注5：电搭接符号，△+电搭接分类字母-搭接电阻符号 R<规定搭接阻值 mΩ。

注6：搭接螺钉尺寸如下表所示。

电流/A	螺钉规格或直径/mm	电流/A	螺钉规格或直径/mm	电流/A	螺钉规格或直径/mm
≤90	>10 号螺钉	90～180	≥6.35	>180	≥7.94

---

① 铆钉搭接——为了省掉面搭接的一些准备处理工作，可以用 3 个或 3 个以上的直径为 0.125 in（3.175 mm，♯4-M3）的铆钉对两部分结构进行搭接。铆钉也是搭接的一部分，因此必须对铆钉涂敷导电层。铆钉搭接不适用于闪电防护、天线安装、射频防护以及其他要求负载电流超过 70 A 或搭接电阻小于 0.5 mΩ 的电流回路和易燃/易爆危险区搭接。

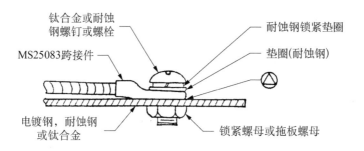

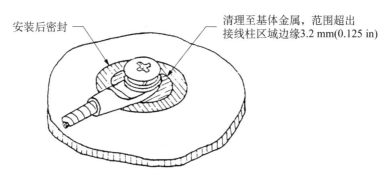

图 8 - 3　典型螺栓连接——钢或钛合金,温度超过 148℃（300°F）

注 1：本图说明了最高温度超过 148℃（300°F）时,搭接跨接件与电镀钢、耐蚀钢或钛合金的典型螺栓连接方法。

注 2：螺母或螺栓头的位置任意。

注 3：清理和密封按型号工艺文件执行。

注 4：防腐蚀应按 8.2.4.10 节的规定。

注 5：电搭接符号,△+电搭接分类字母－搭接电阻符号 R＜规定搭接阻值 mΩ；

注 6：搭接螺钉尺寸。

注 7：最高温度超过 315℃（600°F）时,不要求密封。

电流/A	螺钉规格或直径/mm
≤90	＞10 号螺母
90～180	≥6.35
＞180	≥7.94

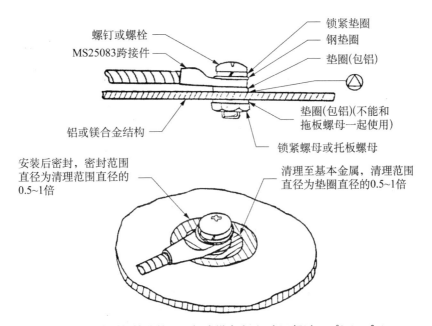

图 8-4 典型螺栓连接——铝或镁合金,温度不超过 148℃ (300°F)

注1:禁止用搭接到镁合金结构的电搭接作为电流回路。

注2:螺母或螺栓头位置任意。

注3:清理配合表面和密封按型号工艺文件执行。

注4:防腐蚀应按 8.2.4.10 节规定。

注5:搭接螺钉尺寸。

注6:本图说明了最高温度不超过 148℃(300°F)时,搭接跨接件与铝或镁合金的典型螺栓连接方法。

注7:电搭接符号,△+电搭接分类字母-搭接电阻符号 $R<$规定搭接阻值 mΩ。

电流/A	螺钉规格或直径/mm
≤90	>10 号螺钉
90~180	≥6.35
>180	≥7.94

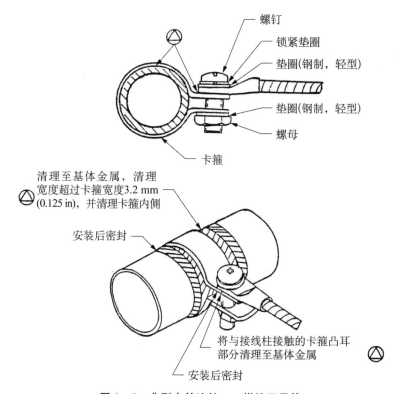

图 8-5　典型卡箍连接——搭接至导管

注 1：温度不超过 148℃（300°F）时，采用镀镉螺钉或具有相同作用镀层的螺钉；温度在 148℃（300°F）以上时采用耐蚀钢螺钉。

注 2：对于电镀钢、铝或镁合金结构采用包铝卡箍；对于非电镀钢结构，采用镀镉钢卡箍或具有相同作用镀层的卡箍；对于耐蚀钢管用耐蚀钢卡箍。

注 3：清理和密封按型号工艺文件执行。

注 4：防腐蚀应按 8.2.4.10 节规定。

注 5：电搭接符号，△＋电搭接分类字母－搭接电阻符号 R＜规定搭接阻值 mΩ。

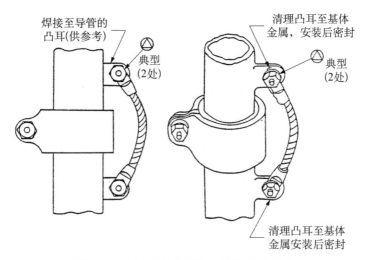

图 8-6　跨越卡箍的搭接导管的典型方法

注1：清理配合表面和密封按型号工艺文件执行。

注2：防腐蚀应按 8.2.4.10 节规定。

注3：电搭接符号，△＋电搭接分类字母－搭接电阻符号 $R<$ 规定搭接阻值 mΩ。

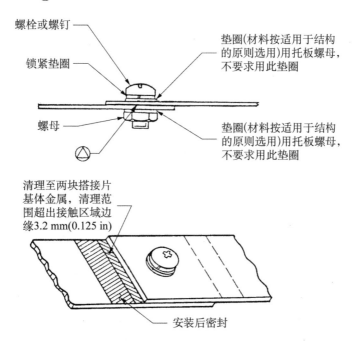

图 8-7　在螺栓连接的结构连接中搭接连接的典型制备方法

注1：不去掉螺栓头下方或螺母上方结构的表面处理。

注2：清理和密封应按型号工艺文件执行。

注3：防腐蚀应按 8.2.4.10 节中的规定。

注4：电搭接符号，△＋电搭接分类字母－搭接电阻符号 $R<$ 规定搭接阻值 mΩ。

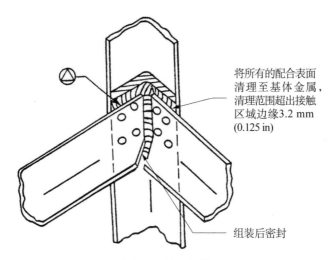

图 8-8 组装件中结构零件搭接的典型方法

注1：清理配合表面和密封按型号工艺文件执行。

注2：防腐蚀应按 8.2.4.10 节中规定。

注3：电搭接符号，△＋电搭接分类字母－搭接电阻符号 $R<$ 规定搭接阻值 mΩ。

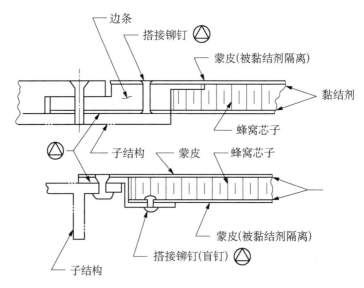

图 8-9 被黏结剂隔离的零件的典型电搭接方法

注1：采用铆钉或钢制螺栓将被非导电连接条隔离的组件搭接至子结构。

注2：在燃油油箱区域，采用 FranlclinC. wolfe 公司制造的铆钉（RIV-O-SEAL NO. 860-615-1/8）或同等产品。

注3：所有的铆钉应在黏结剂固化后钻孔并安装。

注4：上图说明了用铆钉电搭接被黏结剂隔离的金属结构件的典型搭接方法。

注5：防腐蚀应按 8.2.4.10 节中规定。

注6：电搭接符号，△＋电搭接分类字母－搭接电阻符号 $R<$ 规定搭接阻值 mΩ。

8.2.4.2 搭接连接

搭接连接安装方法：在振动、膨胀、收缩或正常工作时易产生的相对运动情况下，不至于使连接破坏或使连接在运动过程中松动到使接触电阻发生变化的程度。尽量使搭接连接实际上位于保护区域内，尽量使搭接连接靠近工作孔、检查口或其他易于接近的位置，以便能够进行快速检查或更换。

下列情况也适用：

（1）零件应与基本结构直接搭接，而不是通过其他已搭接的零件进行搭接。

（2）屏蔽电缆屏蔽套的接地线直接连接到基本结构或设备外壳，形成有效的低阻抗搭接路径。

（3）搭接线的安装方式使得活动构件在工作中不受搭接线的妨碍。

（4）搭接连接不通过非金属材料加压固紧。

（5）由于热膨胀系数不同，因此管路系统上的搭接不依靠安装的卡箍，而采用卡箍和搭接线组件，对搭接而言不应采用弹性卡箍。

8.2.4.3 不能用搭接线实行搭接的零件

只要符合性能要求，就可以使用导电的环氧树脂或类似材料。当用搭接线搭接会引起阻塞或机械故障时，选用符合良好工程惯例的其他方法进行搭接。

8.2.4.4 圆形导体搭接方法

本身未有固有搭接的圆柱形或管状导电构件，用一个带搭接线的普通卡箍搭接。当需要金属软管和在软管上安装搭接卡箍时，保证不使软管挤皱或损坏。

8.2.4.5 不同类金属搭接方法

当不可避免地要连接不同类金属时，选择引起腐蚀的可能性最小的搭接线和紧固件等。如果发生腐蚀，则应更换诸如搭接线、螺栓、螺母、垫圈或隔片之类的金属零件，而不影响基本结构。垫圈不应有以任何方法处理过和涂过的会削弱导电性的表面，无保护层或非不锈钢的材料不应用作垫圈。图 8-2～图 8-9 中所示的搭接，所使用的材料并不一定是金属的最佳组合。

8.2.4.6 搭接表面要求

电搭接表面均进行去除阳极化膜、油脂、涂料的处理，以保证相邻金属构件之间的射频阻抗最小。

油漆或其他高阻抗面层的准备工作见型号工艺文件。采用不能嵌入金属体内而造成腐蚀的打磨磨料。当使用打磨磨料或刮削器来去掉任何一种表面保护层时，应用磨料或刮削器刮出清洁光滑的表面，而不过多地去掉保护层下的金属材料。化学清理和表面准备均按照标准操作规范执行。

有必要去掉金属表面上的任何保护涂层时，检验后 24 小时内，用金属表面的原有涂层或其他相应的保护涂层重新涂覆。去掉涂层后重新涂覆均不允许延迟超过 7 天。如果考虑到以后易于检验,则应使用符合 MIL-L-6806 的透明漆。可能时,重新涂覆前应进行检验。

8.2.4.7　断续的电接触搭接方法

应防止导电面之间断续的电接触,这种接触有可能成为地平面或电流通路的一部分。可采用搭接的方法防止这种断续电接触,如果不需要搭接,则可用绝缘方法来防止断续电接触。

8.2.4.8　不可采用的搭接方法

由于减摩轴承、金属网防振座或润滑衬套等部件的接触面是运动的,因此不可用作搭接通路。如果在长条式铰链连接中使用了润滑油、干润滑剂或其他非导电物,则长条式铰链不可用作搭接通路。

8.2.4.9　搭接电阻检查

对于在 ARJ21-700 飞机设计上注有电搭接符号及限定阻值的部位,当该部位装配完成后,均应进行阻值测试,以验证电搭接的合格性。在所有 ARJ21-700 飞机上进行目击检测,以确定其在方法和材料方面没有任何可能影响其符合本规范要求的变化。

8.2.4.10　重新表面整修

在搭接试验过程中表面保护层被损坏的任何零件均应适当地进行重新表面整修。

设计和建立搭接和接地判据时,必须考虑设备干扰发射和敏感频谱。此外,还必须考虑搭接的物理特性,例如尺寸、强度、保持表面在一起的力、耐疲劳性、耐腐蚀性、电阻率和温度系数等。设计的搭接和接地在设备规范规定的环境条件下性能不应降低。下面为电搭接检查清单:

(1) 应采取合适的电搭接措施保证原设计的电磁兼容性。

(2) 为使腐蚀最小,应尽可能选择可兼容的材料。

(3) 不同类金属的搭接可通过选择可兼容的导电表面处理来完成。

(4) 在振动和热膨胀情况下,搭接电阻必须保持在规定的允许值范围内。

(5) 如果不同类金属的搭接不能避免,则接合面在搭接后应用保护性密封剂(聚硫化物、室温硫化硅酮或等效物)涂覆。

(6) 搭接前或在添加搭接材料到配合表面前应清理配合表面的油、脏物、氧化物或其他污染物。

(7) 对于任何需要长期射频搭接和接地的场合,不应采用外部或内部齿型锁紧垫片。

(8) 采用导电密封垫或导电胶的搭接和涉及不同类金属接触的搭接,均应在搭接后用保护密封剂密封(如果 ARP1481[13] 要求)。

（9）环境和电磁组合密封，例如在合成橡胶内的金属丝网或其他金属形式，优于仅环境密封。为了防止腐蚀，密封件的环境部分必须排除导电部分的潮气。

（10）如果剥去涂层得到清洁表面供以后搭接，则涂层和表面的兼容性应在使用前建立。

（11）必须确定某个表面区域是否需要进行导电表面处理，以便提供可接受的搭接电连续性。

（12）必须确定搭接件的配合金属是否有足够的截面积来传输额定电流和故障电流，如图 8-1 所示。

（13）接地和搭接连接应尽量位于受保护区，并应位于可接近区域，便于检查和更换。

（14）接地和搭接连接不应严重妨碍航线可更换装置的拆卸和重新安装。

（15）应考虑在不导电的飞机蒙皮上涂覆低电阻率涂层，有助于防止沉积静电通过不良导电通路时产生流光电流。MIL-C-7439[12] 建议电阻为 $0.5 \sim 15$ MΩ/方格。

（16）设计和定位搭接件时要考虑这些部件的运动情况，以防止它们和其他部件之间的机械干扰和间歇接触。

电搭接直流电阻参考极限值如表 8-2 所示。

表 8-2　电搭接直流电阻参考极限值

组　件	到基本结构允许最大电阻/$\mu\Omega$
支架和电气/电子柜	2 500
检修口盖	10 000
操纵面（电搭接的）	2 500
燃油、滑油、液压油和空气、氧气等管路及其接头（金属的）	10 000
燃油、滑油、液压油和空气、氧气等管路及其接头（非金属的）	这些管路需特殊处理，见 8.2.3.5
轴承（滚柱和滚珠）	10 000
电源线导管	100 000
导线管（包含信号线或小电流导线）	2 500
滤波器（射频干扰）	2 500
电动机、起动机、发电机和衰减器	见图 8-1
含非可燃材料的油箱	10 000
电门、电路断路器和电位计（电压超过 50 伏的电路）	100 000
金属仪表板	
（1）非电	10 000
（2）无旋转或振动的电气设备	10 000

（续表）

组　　件	到基本结构允许最大电阻/$\mu\Omega$
（3）带旋转或振动的电气设备	2 500
辐射器和热交换器	2 500
金属管道（非电：刚性和软性）	1 000 000
发动机支架	尽可能小
天线（接地型）	2 500
同轴电缆（高频）	2 500
结构接合点和断点	2 500

8.3　接地设计

8.3.1　接地的作用

接地的作用是将设备内部的电路板以及设备内壳体连接到飞机的接地桩或接地模块上，实现设备内部电路板和内壳体与飞机主结构的等电位，是电磁防护设计的一种重要方法。

将电子/电气系统、设备接地有如下目的：

（1）故障保护作用。

（2）泄放由静电感应在电子/电气系统、设备上积聚的电荷，避免由电荷积聚形成的高压导致设备内部放电造成的干扰。

（3）提高电子/电气系统、设备工作的稳定性。电子/电气系统、设备如果不连接到同一参考地上，则这些参考地之间会有一定的电位差，该电位差在外界干扰场的作用下产生变化，从而导致电路系统工作不稳定。如果设备接到同一参考地，则可以有效地抑制噪声。

8.3.2　接地方式

基于电磁兼容原理及应用[19]，接地按照接地点位置可分为：单点接地、多点接地、混合接地。

8.3.2.1　单点接地

单点接地是以结构上的某一点作为参考地，可以串联，也可以并联，如图 8-10～图 8-13 所示。串联的单点接地由于共用同一个噪声点，容易引起串联干扰，因此接地效果不好，但是串联单点接地走线简单。

串联接地连接不能使用在功率级别相差较大的电路上，因为高功率级的系统/设备会干扰低功率级的系统/设备。当使用该方法时，距离接地点最近的系统/设备最容易受干扰。并联接地是最好的单点接地法，每个电路的地电位是自己的地电流

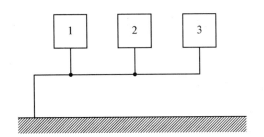

图 8－10　串联连接

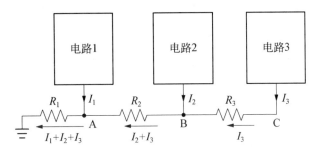

图 8－11　共有接地连接

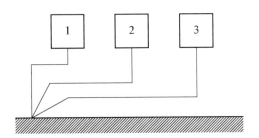

图 8－12　并联连接

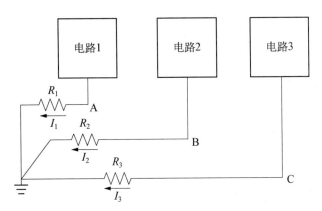

图 8－13　并联接地

和阻抗的函数,所以它们之间不容易产生干扰,但缺点是走线量较大。

　　单点接地常用于电尺寸小于 0.03 的电路。电尺寸指的是电路的物理尺寸和波长的比值。高频时,地导体的感应将会增加地阻抗;在更高频率,接地线近似于一个短路传输线,在奇数倍的 1/4 波长时有非常高的地阻抗。

8.3.2.2　多点接地

　　多点接地使用在高频和数字电路中的情况如图 8-14 所示,将电路连接到最近的可用低电阻地平面上,经常是机架或者飞机结构。地平面的感应较小,从而地平面电阻较低。电路和地平面间的连接应尽量短,以使它们间的电阻最小。多点接地常用于电尺寸大于 0.15 的电路。

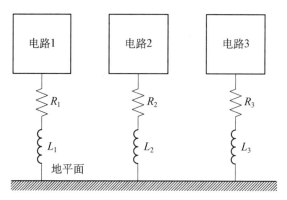

图 8-14　多点接地

8.3.2.3　混合接地

　　对于电尺寸在 0.03 到 0.15 之间的电路,接地方法的选择基于电路敏感性和电磁环境。在某些情况下,可采用混合接地的方法,如图 8-15 所示。混合接地方法是单点接地的扩展,将电容加在电路和地平面间。该方法在低频时可当作单点接地,在高频时可当作多点接地。电容的选择应该避免与负载或线路电感产生谐振。

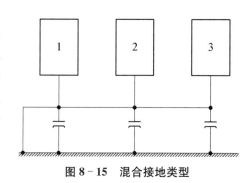

图 8-15　混合接地类型

8.3.3　接地类型

8.3.3.1　信号地

　　避免使用飞机结构做信号返回通路。使用单独的数字和模拟信号回路线,控制有效的回路面积,可以使得公共阻抗耦合(接受或发射)最小。以下是信号地的设计原则。

（1）对于单点接地，接口设计的首选方法是使用平衡线，所有的输入输出信号使用平衡信号地。当使用不平衡的信号时，信号回路必须单端接地，一般在信号源处进行接地。如果信号源是浮地，例如旋转可变微分转换器（RVDT）、温度传感器等，则此时在负载端返回路径将与机架相连。

（2）对于高频信号，例如传输带宽在兆赫兹和更高的数字或脉冲信号的同轴电缆，一般要求同轴电缆外导体使用多点接地。使用平衡/差分接口、地隔离和电缆屏蔽技术时，要尽量减少噪声耦合，因为多点接地中的公共阻抗耦合和地环路容易引起噪声耦合。

（3）每一个设备信号都应该有一个独立的信号回路，尤其是低电平的模拟信号和数字信号。对于信号电平和速率相似的多路数字接口，可以考虑共用返回路径，此时，应证明其设计的充分性。这些返回路径应均匀地分布在线缆和连接器上，以保证所有信号和回路间有效面积最小。

（4）避免让模拟信号和其他信号（例如数字和高频信号）使用公共回路。

8.3.3.2　电源地

当两个或多个负载共用同一个电源时，良好的接地可以降低由于需求变动而引起的干扰。将噪声电路和敏感电路分别使用单点接地和单独的回路，可以消除共地阻抗。以下是电源接地设计的原则。

（1）避免直接使用飞机的结构作为电源回路，对于截面不小于 AWG-4 截面规格的电源回路接地搭接线，应通过回线板（包括负线板）间接地搭接到主结构上。

（2）交流电源使用单点接地。在每一个负载端，交流电源返接地应与机架地分开（见图 8 - 16 和图 8 - 17）。这样在飞机结构上的交流电源电流谐波电平就可以减至最小。

（3）直流电源使用单点接地。在每一个负载端将电源回路与机架地分开（见图 8 - 16 和图 8 - 17）。

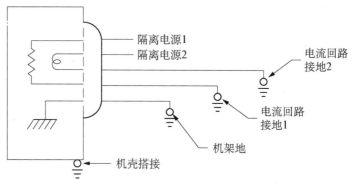

图 8 - 16　首选的设备接地

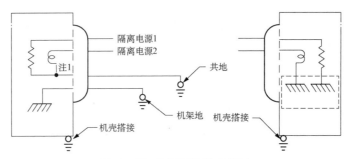

图 8‒17 不可用的设备接地

注1：两个电源地地线连接在一起接地。

（4）来自设备中交流和直流主电源的二级电源与主电源地分离。

（5）独立的电源（AC/DC，GEN1/GEN2等）不能共用一个接地附件。

（6）互为备用的设备不能共用一个接地附件。

（7）每一个独立设备的电源应是独立的电流返回路径，直流和交流电源返回保持独立。

（8）将主交流和直流电源的返回路径与信号返回路径分离。

（9）如果需要，则直流电源和控制电路可以考虑多点式的结构公共返回，包含开关、继电器、灯、报警器和螺线管。

8.3.3.3 机架地

所有的金属和复合材料的部件、结构、电子/电气设备和电缆屏蔽都应该电气连接在一起。

当电源的连接器要求安全地时，地线长度应尽可能短。该地线是噪声进入或者流出设备的入口点或出口点，应该直接与机架连接在设备外壳入口点上。在包含EMI滤波器的设备上，地线和机架应在滤波器入口处连接，使得该地线上的噪声不会进入或流出设备。

8.3.3.4 电缆屏蔽层接地

屏蔽线的接地方式分为单点接地和多点接地两种。这两种接地方式的选择取决于干扰信号的频率、屏蔽线缆的长度、被保护电路对不同类型电磁场的敏感度等。

1）屏蔽线单点接地

单点接地是指屏蔽线的屏蔽层一端接地，另一端悬空。单点接地方式只对具有较短长度的线缆起作用，当屏蔽线缆的长度大于 0.15λ[①] 时，这种接地方式无论是对于磁场耦合还是电场耦合的干扰抵抗都是效率很低的。

2）屏蔽线多点接地

多点接地是指在屏蔽线的两段以及中间各处接地，接地点个数大于等于两个。

---

① λ：λ 是指所考虑的最高频率对应的波长。

多点接地至少需要在导线两端都接地。如果屏蔽线缆的电长度大于 0.15（对应所考虑的最高频率的电长度），则必须使用多点接地，而且接地点的电长度间距需要小于等于 0.15，若无法达到这个间距要求，则至少需要在屏蔽线缆的两端接地。由于地电流问题，因此在音频电路中，屏蔽电缆的单点接地会提供更有效的 EMI 防护措施。

3）电缆双层屏蔽的接地方式

双层屏蔽的线缆分两种情况，分别推荐如下接地方式：

最高工作频率低于 1 MHz 时，双层屏蔽层分别在两端单点接地，如图 8-18 所示。

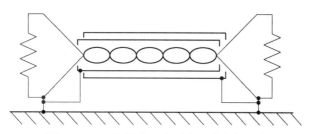

图 8-18 双层屏蔽层分别在两端单点接地

最高工作频率高于 1 MHz 时，双层屏蔽层一层单点接地，另一层多点接地（至少双端），如图 8-19 所示。两屏蔽层间需要绝缘处理。

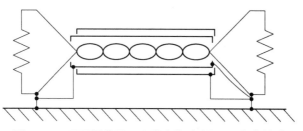

图 8-19 双层屏蔽层一层单点接地/另一层多点接地

8.3.3.5 屏蔽线的端接方式

屏蔽线的端接方式会极大地影响线间串扰。评估终端接地与否对于两条屏蔽线串扰严重程度的影响如图 8-20 所示。图中两条 17 ft(5.2 m)的屏蔽线缆，始端均屏蔽接地，考察这两条线终端接地或浮地，共计四种组合方式：①发射线和接收线屏蔽层均终端浮地；②发射线和接收线屏蔽层均终端接地；③发射线终端接地，接收线终端浮地；④发射线终端浮地，接收线终端接地。

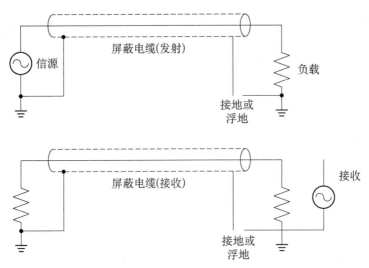

图 8‑20　发射和接收屏蔽线缆

　　根据不同的频率和电路形式可以选择不同的终端接地方式。最好的串扰隔离配置方式是发射电缆屏蔽层采用单点接地,接收电缆屏蔽层采用多点接地。

　　在工作频率高于 1 MHz 或者脉冲上升时间低于 0.15 ms 的系统中,应尽量采用 360°屏蔽接地的连接方法,避免使用"猪尾巴"的屏蔽接地方式,如若使用,则屏蔽层的引出线应尽可能短。图 8‑21 列举对比了带外屏蔽编织层的电缆终端屏蔽层

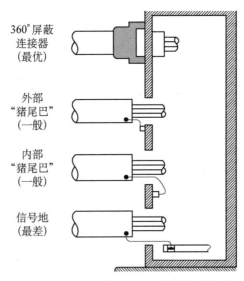

图 8‑21　带外屏蔽编织层的电缆接地方式

处理方式,最理想的是第一种360°连接方式。

电缆屏蔽层接地应符合如下要求。

(1)同轴电缆敷设采用多点接地,至少两端要进行接地,屏蔽层在端接处应360°屏蔽。

(2)无论是单导体还是多导体的屏蔽导线,均有绝缘外层护套。该屏蔽层应接地到结构、设备外壳或电连接器后壳。屏蔽接地线尽可能的短。

8.3.3.6　高频、低频系统接地

高频系统一般是指系统的电尺寸大于0.15,低频系统一般是指系统的电尺寸小于0.03。高频系统一般采用多点接地,低频系统一般采用单点接地。数字系统一般认为是高频系统。模拟系统中,音视频系统一般认为是低频系统,通信系统一般认为是高频系统。

8.3.4　接地方法

8.3.4.1　零件的适用和选择

典型的接地标准件如图8-22~8-29所示。

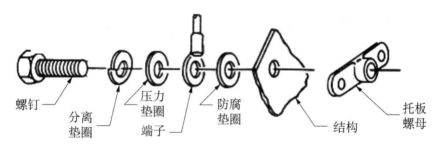

图8-22　典型接地标准件1——直接接地

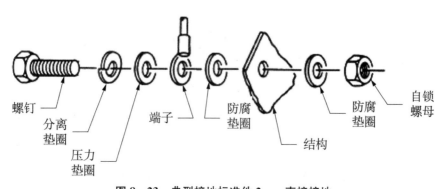

图8-23　典型接地标准件2——直接接地

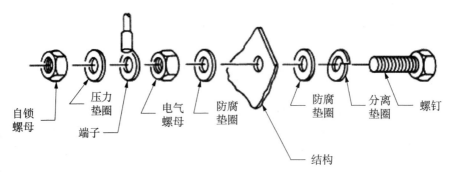

图 8‑24　典型接地标准件 3——预安装接地桩

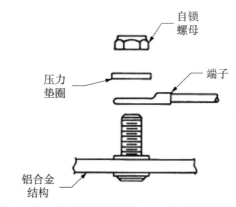

图 8‑25　典型接地标准件 4——螺杆膨胀接地桩

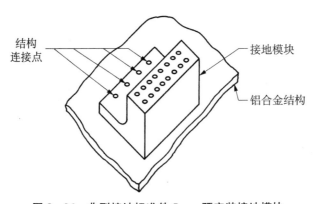

图 8‑26　典型接地标准件 5——预安装接地模块

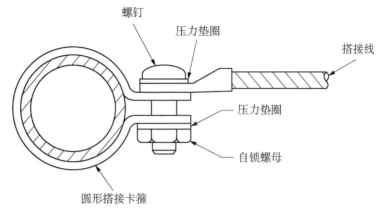

图 8－27 典型接地标准件 6——导管接地

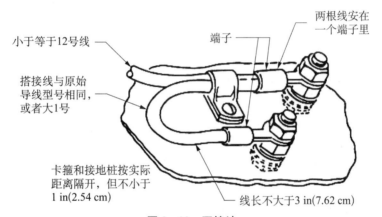

图 8－28 双接地

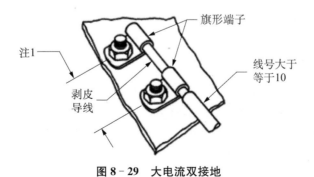

图 8－29 大电流双接地

注 1：两螺孔中心最小间隔为螺桩直径的 4 倍

8.3.4.2 材料选用

1）接地材料的性能

传统飞机机身和控制中心的主结构有很好的导电性能,可以为电源和信号电路提供良好的回路。这种结构同样可以提供完美的EMC和闪电防护功能。许多新材料例如钛和复合材料都没有良好的导电性能。当这些新材料运用于结构和/或电气设备和电路时,就需要进行特殊处理来获得良好的搭接效果,使设备正常工作。对这些材料的处理会对飞机成本和重量产生明显的影响。

2）材料的电气特性

搭接/设计的第一步工作是要辨别结构材料和系统构成。前期的充分考虑可以减少后期的金属镀层工作。

（1）钛具有高阻抗,不能用于电流回路接地。为了防止搭接效果劣化,搭接后面需要用高温密封剂进行密封。

（2）镁具有很好的导电性能,如果保护措施得当,则也可以用于铝结构的搭接。采用5052铝合金垫圈可以防止镁元件的腐蚀。所有与镁的接触面都需要进行密封处理。镁构件不能用于电流回路,以免发生火灾。

3）复合材料结构

新型飞机采用了更多的复合材料,例如石墨/环氧材料、凯夫拉/环氧材料。全金属飞机可以提供一个极度完美的地回路,并且能够对闪电等恶劣环境进行屏蔽。然而,由于复合材料具有高阻抗和低导热的特性,因此在使用复合材料时就需要采用新的设计理念和技术。

4）不适当的接地

（1）铝-铝质搭接线不能用于故障电流回路。因为铝容易腐蚀,所以飞机的接地（接大地）线不能采用铝质的接地线。

（2）镁-镁或者镁合金不能用于电流回路通路。

（3）钛-钛不能用于电流回路搭接。

（4）复合材料-复合材料（包含石墨/环氧树脂基材料）传导性差,不能用于电流回路。经过改良的复合材料可以用来提供闪电、EMI和静电防护。

8.3.5 接地设计要点

以下内容为在接地设计中应考虑和注意的要点。

（1）在设计阶段尽早地指定接地网络。

（2）使用高导电性的金属结构作为地平面,不可以使用复合材料的涂覆铝、铜网等结构作为地平面（静电接地除外）。

（3）为每个机载电子/电气设备指定接地点或者回路网络。

（4）尽量隔离信号地、屏蔽地、电源地,机架地等。

（5）对于电尺寸小于 0.03 的电路使用单点接地系统；对于电尺寸大于 0.15 的电路使用多点接地方式；对于电尺寸在 0.03 和 0.15 之间的电路，选择接地方式时需要考虑电路的敏感性和其电磁环境，这种情况下混合的接地方式可能会比较有用。

（6）若设备具有低于 1 MHz 的工作频率，则使用单点接地且高绞度的双绞线能够有效降低设备的电磁敏感度。

（7）将低电平敏感电路与电源、噪声信号和屏蔽地隔离。

（8）如果发生了地环路干扰，则将接地方式改为单点接地以切断环路，或使用隔离设备（隔离变压器、光耦合器或者滤波器）。

（9）音频电路需要屏蔽并在信号源处接地；射频信号电缆需要屏蔽并至少双端接地。

（10）传输低电平的敏感信号线路需要使用多层屏蔽，且多层屏蔽间绝缘并分别单点接地。

（11）若单根传输线需要同轴线的形式，则屏蔽外层作为信号回路，并且在靠近信源的地方进行单点接地，可以在低频段提供较好的屏蔽效果。

（12）具有大的突变电流的设备，其接地系统必须与其他系统隔离。

（13）每个接地桩上安装的接地端子不能超过 4 个，每个接地端子最多只能安装 2 根导线。

（14）设备接地线应尽可能地短。高频线和易受高频干扰的敏感线屏蔽应 360° 接地，如果非要使用"猪尾巴"则其长度不得大于 0.15λ。

（15）多余度系统接地不共用一个接地桩，负载接地回线与屏蔽接地线不共用一个螺栓。不同电能源（主、次、变换器、应急）的接地线应隔离接地点。

（16）继电器、开关等安装在绝缘面板上的电气设备的接地线，与串联后由一根线接到接地桩相比，应优选单独引线接地。

（17）低功率信号电路属敏感电路，在连接处应与其他电路保持间隔。敏感信号线路可通过独立连接器，也可以在公用接线板上与其他电路间隔至少一个接地螺栓达到隔离要求。

（18）详细了解设备供应商对于其设备的接地要求，在系统设计中尽量符合供应商提供的设计规范。

8.3.6 接地测试

8.3.6.1 测试要求

1）测试目的

为了验证接地设计的正确性和有效性，并对接地工艺进行合理的管控，在完成接地设计后，应制订相应接地测试要求。

2）非指定接地

非指定的接地在鉴定试验中进行测试。

3）指定接地

（1）铝结构上允许的危险接地电阻最大值参考相关技术要求文件。

（2）指定的接地必须在每个接地安装完成后进行测试。

8.3.6.2 测试方法

如果测试环境有易燃/易爆气体，或者待测设备包含电爆装置，则测试仪器和测试方法需要得到工业卫生、安全、防火和相关电子组织的批准。

8.3.6.3 钛测试

钛表面的高电阻率使得准确地测试搭接电阻变得困难。在钛表面不同点测试，所得的结果有较大的差异。

8.4 屏蔽防护设计

屏蔽是提高电子/电气系统、设备电磁兼容性的重要措施之一，它能有效地抑制通过空间传播的各种电磁干扰。屏蔽按机理可分为电屏蔽、磁屏蔽和电磁屏蔽。

屏蔽是利用屏蔽体阻止或减少电磁能量传输的一种措施。屏蔽体的性能以屏蔽效能来度量。参考《电磁兼容性工程设计手册》[17]，屏蔽效能的定义是对给定外来源进行屏蔽时，在某一点上屏蔽体安放前后的电场强度或者磁场强度之比值，即

$$SE = \frac{E_0}{E_1} \tag{8-1}$$

$$SE = \frac{H_0}{H_1} \tag{8-2}$$

式中：SE 为屏蔽效能（倍数）；E_0、H_0 为无屏蔽体时某一点的电场或磁场强度；E_1，H_1 为有屏蔽体时某一点的电场或磁场强度。

由于屏蔽效能数值范围比较宽，因此通常屏蔽效能用分贝值（dB）来表示，其计算关系如下

$$SE_{dB} = 20\lg \frac{E_0}{E_1} \tag{8-3}$$

$$SE_{dB} = 20\lg \frac{H_0}{H_1} \tag{8-4}$$

屏蔽体的屏蔽效能与很多因素相关，它与屏蔽体材料的电导率、磁导率、屏蔽体

的结构、被屏蔽电磁场的频率有关;在近场范围内还与屏蔽体离场源的距离以及场源的性质相关。

民用飞机电磁屏蔽防护设计通常分为结构屏蔽防护设计、线束屏蔽设计、导线屏蔽设计。

8.4.1 结构屏蔽防护设计

8.4.1.1 机身主、次结构屏蔽

电磁屏蔽意味着将电磁能量限制在某个区域内或区域外。从系统角度看,将电磁噪声(HIRF/Lightning)屏蔽在机体外,比屏蔽机内电磁敏感设备更加容易和经济。机体屏蔽设计应考虑材料的屏蔽效能和由于材料上的开口、缝隙等导电不连续所带来的电磁屏蔽效能下降。屏蔽效能的单位是分贝(dB),大小等于有无结构材料存在下,该处电磁场强(或感应电压、感应电流)的对数比值。结构屏蔽设计应首先考虑材料的屏蔽特性,其次考虑由于屏蔽材料上的孔洞以及导电不连续带来的屏蔽效能下降。

机身结构屏蔽设计分为两个层次:

(1) 机身主结构的屏蔽。

(2) 机身次结构的屏蔽,如屏蔽的设备舱、设备架和地板等。

机身主结构可作为飞机的第一级屏蔽防护,对于频率小于 1 MHz 的电磁场能够提供非常好的屏蔽特性;但对于频率大于 1 MHz 的电磁场,由于机身上存在各种缝隙、孔径等电磁开口,因此电磁屏蔽特性会显著减低。

机上主要电磁开口包括:

(1) 驾驶舱风挡、客舱窗户、复材结构和通风口。

(2) 各种舱门和维修口盖与机身形成的缝隙和结构不连续。

(3) 由电磁暴露区进入电磁保护区的液压管路、燃油管路、防冰管路。

(4) 由电磁开放区进入电磁屏蔽区的导线和电缆,如外部安装设备、雷达罩内设备、机翼和起落架内设备的电缆。

为了减少导体穿越不同电磁环境区域(液压、燃油、防冰管路从电磁暴露区进入机内压力区和电磁保护区)带来的电磁干扰,压力隔板和金属接口处应 360°良好搭接到机身结构上。

为了减少机身的电磁泄漏,机身结构采用的设计如下:

(1) 在复材结构和面板上增加导电层。

(2) 对于机身结构上没有导电金属层和涂覆,或导电金属层和涂覆不能良好地搭接到金属结构的区域,使用次级结构提供电磁防护,如金属的设备架、导电的地板、设备的金属屏蔽机壳。

(3) 在电磁保护区域,对于主、次结构上的空气进出口使用金属网或蜂窝结构

来减少电磁泄漏。

　　提高机身结构的屏蔽可以相应地降低设备的屏蔽要求。对于最恶劣的情况,如机身主、次结构提供的电磁屏蔽能力为零,则对于执行 A、B 级功能的电子/电气设备(FAA AC 20-158[14])所需要的电磁衰减能力至少要达到 80 dB。

8.4.1.2　屏蔽材料

　　材料的屏蔽效能随着干扰的频率、材料的特性、结构设计、待衰减的电磁场特性、电磁波的入射方向和极化特性不同而变化。本节为了简化分析,屏蔽效能定义不考虑结构设计造成的影响,因此材料屏蔽效能是波阻抗、频率、材料的导电性和厚度的函数。

　　由图 8-30 可见,导电材料所能提供的屏蔽来自于两部分:吸收和反射。对于电场,在低频时电场的波阻抗大于金属材料的固有阻抗,因此屏蔽主要来自于不同材料界面处的反射。对于磁场,波阻抗小于金属材料的固有阻抗,导电材料对磁场的吸收和反射都很小,因此对低频磁场的防护是十分困难的。在 100 kHz 以下,钢具有更好的磁屏蔽特性;但在更高频率时,铝具有更好的磁屏蔽特性。

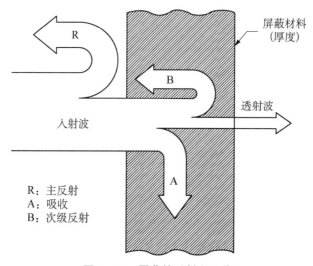

图 8-30　屏蔽的反射和吸收

　　HIRF 属于电场和平面波,对于 HIRF 场的屏蔽不要求铝蒙皮的厚度超过几个毫米。闪电间接效应虽主要属于磁场感应,但典型的铝蒙皮厚度仍能够提供充分的屏蔽。

　　蜂窝结构的屏蔽来自于每个蜂窝孔的波导截止特性。蜂窝孔直径应不大于最大干扰频率波长的 1/20。蜂窝长度应至少是蜂窝孔直径的 3 倍。为了确保蜂窝结构屏蔽的有效性,蜂窝之间应具有良好的搭接。

对于金属网和穿孔金属板的屏蔽效能计算公式见 MIL-HDBK-419 第一卷 8.4.3节。金属网的屏蔽特性主要来自于对电磁场的反射,当金属网上的开口面积小于50%,且单位波长内有60目以上时,它所具有的反射特性几乎等价于相同材料的金属板。

对于窗户,要求具有较高的透光性,因此应使用透明的导电涂层或金属网。透明层厚度一般在微米数量级,屏蔽特性主要来自反射,因此仅对电场和平面波的屏蔽有效。对于表面阻抗密度为 $10\ \Omega/m^2$ 的涂层,屏蔽效能大约是 25 dB。屏蔽效能随涂层的厚度增加而提高,但透光性随厚度增加而降低,因此在设计中必须权衡两者。对于金属网,为了获得较好的屏蔽特性,要求金属网的线与线之间、金属网与结构之间具有良好的电搭接连续性。

对于功能塑料和复合材料,可以通过在表面增加或涂覆一层导电材料来获得较好的电磁屏蔽特性。为了获得较好的屏蔽特性,导电层的表面阻抗密度应不大于几欧每平方米的数量级。

表面金属化的技术如下所示。

(1) 导电漆:80%的金属,20%的有机黏结剂混合物。

(2) 真空镀铝:金属铝在真空环境下气化,沉积在塑料或复材表面构成一个具有良好导电特性的金属层。

(3) 火焰喷涂:铝或锌溶化后被喷涂和沉积在塑料或复材表面,构成一个具有良好导电特性的致密、均匀金属层。

(4) 导电复材(如碳纤维、镀镍碳纤维复材):对于导电复材,缝隙和结构连接处的电搭接设计是电磁防护设计的主要难点。

(5) 金属内衬:金属箔、金属网被层压在塑料或复材内,这是目前飞机上在复材主结构和次结构上最常使用的方法。60%区域为开口,孔径小于 1.78 mm(1/16 in),厚度为 0.18 mm(0.007 in)的铝箔,对于 10 GHz 以下频率的电场和平面波具有至少 20 dB 的衰减特性。

8.4.1.3　屏蔽不连续

屏蔽结构不连续将导致电磁能量泄漏,屏蔽性能下降。屏蔽不连续对屏蔽效能影响的大小主要依赖下述几个因素:①电磁干扰的频率;②电磁干扰的波阻抗;③结构上开口的最大线性尺寸。

结构上的电磁开口类似于缝隙天线,当开口的最大尺寸大于电磁干扰波长的1/100时,开口的影响就必须考虑;当最大尺寸达到 1/2 波长时,电磁泄漏达到最大。缝隙的阻抗等价于并联的电容和电阻,其大小与材料的连接方式、接触压力和交叠面积有关。

减小屏蔽不连续造成屏蔽效能下降的方法如下:

（1）交叠区域的面积应尽可能地大，对于金属与金属间的接缝，交叠面的尺寸应不小于 5 倍的缝隙宽度。

（2）接缝两侧的材料应导电，并防腐蚀。

（3）减小缝的尺寸以及螺钉的间距，使其不超过干扰最大频率对应波长的 1/20。

（4）如果需要防护的干扰频率高于 1 GHz，则应考虑使用 EMI 密封圈。

接缝的屏蔽性能可通过测量接口的转移阻抗衡量。

8.4.1.4　屏蔽接地

屏蔽均接地，以防止噪声产生的电势耦合到屏蔽结构内部的电路。

8.4.2　电缆、线束屏蔽产品选取要求

电缆是辐射干扰的一个主要来源，也是电磁耦合的感受器。电缆屏蔽效能在低频段具有局限性，工程上通常用光学覆盖率、转移阻抗来表征电缆的屏蔽性能。转移阻抗为在屏蔽电缆上注入射频电流时，中心导体上的电压与该电流值的比值[20]。此外，在 RF 以下频段，转移阻抗 Z_t 近似为常数。基于此特性，本文以 500 kHz 及以上频率时的 Z_t 指标作为屏蔽要求。在 500 kHz 时，线束屏蔽、多根导线屏蔽、单根导线的屏蔽应满足一定的阻抗要求，以减少干扰和噪声。

电缆转移阻抗 Z_t 的测试方法，可参考国际通用标准 IEC 62153-4-3[15] 和 BS EN 3475-807：2002[16]。

通常情况下不使用卷绕作线束屏蔽。如果需使用，则应对每一个应用作为特例单独评估。

依据是绕包的屏蔽提供的屏蔽性能比传统管状的线束屏蔽差。因此只有在不需要最优的线束屏蔽性能情况下才可使用，且必须对每一个使用进行评估和批准。

8.4.3　线束屏蔽端接要求

线束屏蔽的屏蔽效能只有在线束两端（包括中间的分离面，如线束的分段处）采用低阻抗端接方式时才可以保证。

暴露区的线束屏蔽应一直延伸到保护区边界的金属机身主结构，穿舱进入保护区域；线束屏蔽的两端及其中间分离面应采用 360° 的端接方式端接到 EMI 连接器的尾线夹；不允许采用"猪尾巴"方式的线束屏蔽端接。

屏蔽的表面材料与端接连接器尾线夹的表面材料在电化序阳极序列中最大的电势差应不大于 0.3 V。

两种金属在阳极电化序中的电势差越大，腐蚀的速率就越快。典型的电搭接材料的阳极电化序见附录 C。金属（阴极）的负极电势越大，被腐蚀的影响就越严重。当异种金属搭接在一起时，应考虑合理设计阳极材料和阴极材料的相对尺寸。阴极尺寸越大，意味着有越多的电子流（更多的电化学反应源），因此阳极会有更严重的

腐蚀。减小阴极的尺寸,可以减少电子流,从而减少腐蚀。配合面间的水汽可以带入电解质而加速腐蚀。电镀可以用于减少电搭接表面间的电势差。镀层也可以起到对基体材料的水汽进行密封的作用。

8.4.3.1　EICD中单根导线的屏蔽要求

1) TSO设备

电子/电气设备供应商提供的设备如果以前已通过了合格鉴定试验,且在民机项目中不再进行任何额外的电磁合格鉴定试验,则此类设备使用的线型和屏蔽构型应与最初合格鉴定时的状态一致。

原理解释:E3 设备合格鉴定试验的结果,特别是 RF 试验和闪电试验的结果,与 EWIS 构型相关。EWIS 构型的改变可能导致合格鉴定试验结果无效。对于现有的已取证设备,EWIS 的构型包含在供应商的安装手册和图纸中。

2) 新研设备

对于需要做电磁合格鉴定试验的新研设备,应遵循表 8-3 中定义的导线构型。

表 8-3　典型单根导线屏蔽要求

导线功能	暴露区域	保护区	备　　注
离散信号线	屏蔽线	非屏蔽线	对于暴露区,屏蔽在进入保护区前的入点位置端接
主电源馈线	非屏蔽线	非屏蔽线	在暴露区,如果有线槽,则导线应敷设在专用的线槽通道内
配电线	屏蔽双扭绞线	非屏蔽线	在暴露区,应和电源回线扭绞
电源回线地	屏蔽双扭绞线（与相关的电源馈线扭绞）	非屏蔽的单线	在暴露区,电源回线应和电源馈线扭绞敷设直到到达保护区,并在保护区内接地
机架地	非屏蔽的单线	非屏蔽的单线	根据故障电流要求确定导线尺寸
ARINC 429	屏蔽双扭绞线	屏蔽双扭绞线	导线特征阻抗为 70 Ω,屏蔽应在两端和所有的分离面处接地
ARINC 664（AFDX）	22♯线规的屏蔽双扭绞线-5类线	22♯线规的屏蔽双扭绞线-5类线	导线特征阻抗为 100 Ω 用于 10 和 100 Base-T LAN 的局域网络应用,标称电容为 43 pF/m
	2 对 24♯线规的屏蔽双扭绞线-5类线	2 对 24♯线规的屏蔽双扭绞线-5类线	导线特征阻抗为 100 Ω 用于 10 和 100 Base-T LAN 的局域网络应用,由两对屏蔽双扭绞线组成,外加一个总的屏蔽,标称电容为 43 pF/m
照明面板线	无屏蔽单线	无屏蔽单线	

导线功能	暴露区域	保护区	备　注
模拟音频线	屏蔽双扭绞线	屏蔽双扭绞线	平衡音频线
射频线（天线馈线）	RG-223/U 同轴电缆	同轴电缆	导线特征阻抗为 50 Ω。根据系统工作频率确定同轴电缆类型、允许的路径损耗以及传输功率
高频系统 RF 馈线	RG-400/U	RG-400/U	满足高功率、低损耗需要
Can 总线	屏蔽双扭绞线	屏蔽双扭绞线	导线特征阻抗为 120 Ω 屏蔽应在两端和所有的分离面处接地，导体间的标称电容为 38.4 pF/m（SAE 规范中：0—40—75 pF/m，分别对应最小—标称—最大）

8.4.3.2　屏蔽端接方法

为了获得有效的电磁屏蔽性能，无论是单根导线的屏蔽还是线束屏蔽，都应通过低阻抗的端接方式进行端接。端接阻抗中影响最大的一个因素是自感系数，因此必须将其降到最小。

（1）线束应采用合适的方式进行屏蔽端接，以满足电磁屏蔽效能要求。

（2）模拟音频线、温度传感器、旋转可变微分转换器（RVDT）屏蔽层应在源端单端接地。

（3）除模拟音频线、温度传感器、RVDT 屏蔽层外，其他屏蔽层应双端接地。

（4）在电缆束中间的所有分离面处，电缆屏蔽都应端接接地。

（5）非同轴电缆的屏蔽都不应通过连接器连接到插针。

（6）同轴电缆的屏蔽应通过同轴电缆的连接器或同轴电缆连接器中的插针端接。

（7）包含屏蔽导线的连接器应配有 EMI 尾线夹用于屏蔽接地，避免使用"猪尾巴"类型的端接方式。

（8）单根导线的屏蔽需通过使用 Tag Ring、金属网绕包、接地环、Hexashield 或等效的零长度"猪尾巴"的方式端接接地到连接器的 EMI 尾线夹。

（9）屏蔽端接在每一个连接接口处的直流阻抗应满足一定的阻值要求，保证屏蔽层到基本结构之间形成一个低阻抗的通路。此处所述的连接接口是指屏蔽编织物到尾线夹、尾线夹到可活动的连接器、可活动的连接器到与之配合安装的连接器。

典型的单根导线屏蔽的端接方法如图 8-31～图 8-34 所示，360°线束屏蔽端接方法如图 8-35 所示。

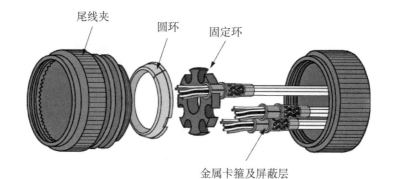

图 8‑31 Hexashield 端接方式

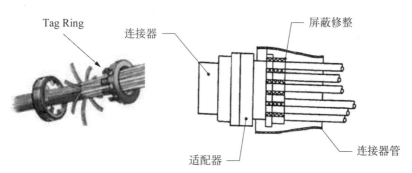

图 8‑32 Tag Ring 端接方式

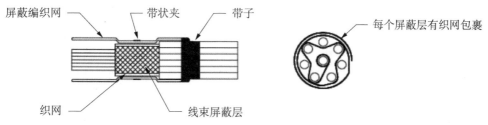

图 8‑33 金属网绕包形式的屏蔽端接

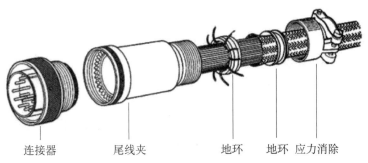

连接器　　　尾线夹　　　　　　地环　　地环　应力消除

图 8‐34　多根导线的接地环方式的屏蔽端接

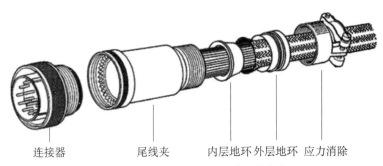

连接器　　　　尾线夹　　　　内层地环外层地环 应力消除

图 8‐35　线束屏蔽的 360°端接方式

8.5　滤波

　　滤波技术是根据信号的频率实现对信号进行选择性传输的一种技术。通过此技术的应用可实现对电路中某些信号进行传输，对其他信号进行过滤的功能。实现这种功能的电路称为滤波器。滤波器的应用非常广泛，小到家用电器的收音机、电视和手机，大到高科技的机器人、潜艇、航天飞机、民用飞机，都离不开滤波技术的使用。

　　一般的电子电路中存在的干扰有如下几个方面：控制电路的干扰、信号传输线路周围的电磁场的干扰、开关功率接触器件产生的电磁信号干扰、高频信号产生的辐射干扰及静电引起的干扰，除了通常的抗干扰措施（搭接、接地、屏蔽）外，普遍采用的另一种抗干扰措施是滤波，采用不同频带的类别滤波器分别滤除电源线和通信信号线的传导干扰[18]。

　　滤波技术是保证信号正常传输的一项重要技术，一方面，可以抑制电磁干扰，使信号能及时、准确地传输到相应系统中，提高信号传输的质量和效率；另一方面，可以降低系统对电磁空间的传导发射和辐射发射干扰，提高系统的电磁兼容性能。

滤波器的作用原理如图 8－36 所示。根据不同的电路和所需滤除的电气噪声特性,可以选择低通、带通或高通滤波器。为确保有效的滤波特性,民用飞机滤波器的安装需遵循一定的要求。

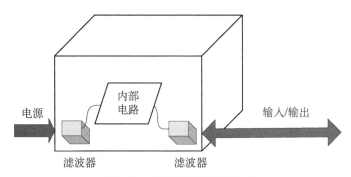

图 8－36　滤波器作用原理示意

当使用滤波接口,如滤波连接器时,所有的插针都需进行滤波;并且,滤波器需按 R 类接地类型要求进行接地。对于既有滤波又有非滤波线路的线束,滤波和非滤波线缆需隔离敷设在滤波和非滤波线束中。此外,使用滤波维持电磁保护区域的良好电磁环境时,滤波器需安装在保护和非保护区域的分界面上。

8.6　隔离

8.6.1　电路隔离

位于闪电敏感区的设备或远端传感器可通过将设备电源地、信号地与附近结构隔离的方式提供额外的电磁防护。在此情况下,设备内部电源地、信号地必须与机壳地隔离,而设备机壳可与周边结构就近接地,原理如图 8－37 所示。出于闪电防护的需要,设备接口针脚与机壳的绝缘强度必须大于针脚与附近结构地之间的电压差。对于闪电敏感区的电气隔离设备,如果与其针脚相连的导线为屏蔽线,则针脚

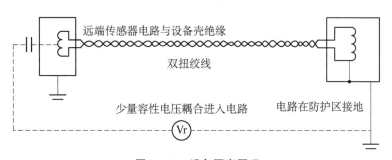

图 8－37　设备隔离原理

与机壳间的绝缘强度应不小于 600 V。

对于闪电敏感区的电气隔离设备，为了减少磁场回路耦合，还应遵循的其他设计要求包括：

（1）电源线应与其回线扭绞敷设，如需接地则应返回到压力舱内电磁保护区进行接地。

（2）信号地、信号回线应与信号线扭绞敷设，并返回到位于电磁保护区的负载设备内部或电磁保护区的机体结构接地。

（3）如果其电源线、信号线与设备壳体电气隔离，则需对机壳进行接地，反之则需对壳体进行隔离设计。

8.6.2 线束隔离

8.6.2.1 EMC 隔离代码

导线可根据其电磁特性定义为不同类型的电磁兼容性（EMC）隔离代码。合理分配不同类型 EMC 隔离代码之间的距离，可实现电磁兼容隔离，满足 CCAR-25.1353（a）条款要求[6]。不同类型的 EMC 隔离代码总结如表 8-4 所示。

表 8-4 EMC 隔离代码

EMC 隔离代码	描述	示 例
PA	主交流发电	交流电源馈线：主发电机、APU 发电机、RAT（冲压空气涡轮）、蓄电池和 RPDU（远程配电装置）
PD	主直流发电	直流电源馈线：TRU（变压整流器）、蓄电池
DA	交流配电	由 SPDU（二次配电装置）发出的交流系统配电线和电路断路器至设备
DD	直流配电	由 SPDU 发出的直流系统配电线和电路断路器至设备
E	发射	ISDN（综合业务数字网）、高速数据线（>1 MHz）
G	一般	ARINC664 总线、ARINC429 总线、离散信号线、照明设备电缆、平衡信号线
S	敏感	低电平模拟信号线、时钟信号线、视频、非平衡信号线、模拟音频线、内话
R	射频	可以发射或接收的同轴电缆天线馈线（高频通信和 GPS 天线馈线需要特别限制）
F	燃油区域	任何穿过燃油箱或燃油蒸气区域的线缆，这些线缆包括但不限于 FQIS（燃油量指示系统）、燃油阀或泵的连接电缆

8.6.2.2 线缆束隔离准则

ARJ21-700 飞机线缆束隔离遵循如下准则：

（1）主交流电源线应与其他类型的导线隔离，单独敷设。

（2）主直流电源线应与其他类型的导线隔离，单独敷设。

（3）二次配电交流电源线应与其他类型的导线隔离，单独敷设。

（4）二次配电直流电源线应与其他类型的导线隔离，单独敷设。

（5）发射线应隔离单独敷设。

（6）一般类型的线是指既不发射、也不敏感的线，应隔离单独敷设。

（7）敏感线应隔离单独敷设。

（8）射频线应隔离单独敷设。

（9）燃油系统线，与进入易燃区域的线相连，应与其他类型的线隔离，采用固有安全(IS)线、单独敷设。

8.6.2.3 线缆束隔离特殊要求

线缆束隔离的特殊要求有：

（1）与灭火器的启动电路连接的线，如果初始设计的 NFT(无火阈值)是 1 A、1 W/5 min，信号线和回路线敷设在一起组成平衡扭绞线，并与双极性启动开关相连，则应该归为 G 类。

（2）对于 R 类线缆，与发射设备相连的同轴线缆、与接收设备相连的同轴电缆应分开，在不同的通道中敷设。

（3）VHF 收发机和其天线之间的同轴电缆，与 GPS 设备相应同轴电缆之间的距离不能小于 100 mm。

（4）HF 天线射频馈线及其射频地回线，与其他所有线缆间距应至少为 300 mm。

（5）不同 EMC 类别线束之间的最小隔离距离是 25 mm。

（6）如果最小隔离距离不能满足，则可通过增加屏蔽来缓解，如增加线缆屏蔽层或使用导线槽。实际设计时应具体情况具体分析来确定恰当的方法。

8.6.2.4 连接器插针布局

电缆连接器的插针分布应尽量减少干扰。在不兼容 EMC 分类线缆之间，应至少留一排空针，供电缆内部屏蔽的接地，如图 8-38 所示。

8.7 小结

随着飞机朝着智能化、信息化的方向发展，机载电子/电气设备的应用越来越广泛，机载电磁环境越来越恶劣。本章结合各相关协会发布的电搭接防护设计方法、工程设计经验以及飞机实际状态，提出了一套符合民用飞机特点的电磁防护设计要求和方法。从电搭接设计要求和方法、接地设计要求和方法、电磁屏蔽、滤波、隔离设计等方面对电磁防护设计进行了详细的

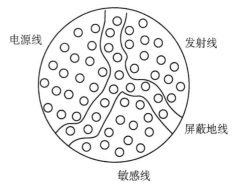

图 8-38 连接器插针布局

阐述。所述的方法可广泛地应用于民用飞机电磁防护设计工作中,指导型号研制工作有序向前推进。

参 考 文 献

［ 1 ］ MIL-STD-464 Electromagnetic Environmental Effects Requirements for Systems ［S］. 2010.

［ 2 ］ GJB358-87 军用飞机电搭接技术要求［S］. 1987.

［ 3 ］ HB5876 飞机电搭接技术要求［S］. 1985.

［ 4 ］ MIL-STD-9129F Dischargers,Electrostatic General Specification For ［S］. 2008.

［ 5 ］ SAE ARP 1870 Aerospace Systems Electrical Bonding and Grounding for Electromagnetic Compatibility and Safety ［S］. 2012.

［ 6 ］ CCAR-25-R4 运输类飞机适航标准［S］. 2011.

［ 7 ］ NASA STD-P023 Electrical Bonding for NASA Launch Vehicles,Spacecraft,Payloads,and Flight Equipment ［S］. 2001.

［ 8 ］ SAE AIR 1662 Minimization of Electrostatic Hazards in Aircraft Fuel Systems ［S］. 2013.

［ 9 ］ AC-25.899-1 Electrical Bonding and Protection Against Static Electricity ［S］. 2007.

［10］ SAE AIR 5128 Electrical Bonding of Aircraft Fuel Systems ［S］. 2012.

［11］ SAE ARP 5672 Aircraft Precipitation Static Certification ［S］. 2009.

［12］ MIL-C-7439 Coating System,Elastomeric,Rain Erosion Resistance & Rain Erosion Resistant With Anti Static Treatment,For Exterior AIRCRAFT & Missile Plastic Parts-Revision D Notice 1 Cancellation ［S］. 1983.

［13］ SAE ARP 1481 Corrosion control and electrical conductivity in enclosure design ［S］. 1998.

［14］ FAA. AC-20-158 The certification of aircraft electrical and electronic systems for operation in the high-intensity radiated fields(HIRF) environment ［S］. 2007

［15］ IEC 62153 - 4 - 3 Metallic communication cable test methods-Part 4 - 3:Electromagnetic compatibility (EMC)-Surface transfer impedance-Triaxial method ［S］. 2013.

［16］ BS EN 3475 - 807:2002 Aerospace series cables,electrical,aircraft use;test methods-Part406:cold bend test;German version EN3475-406 ［S］. 2002

［17］ 陈穷. 电磁兼容性工程设计手册［M］. 北京:国防工业出版社,1993.

［18］ 尚开明. 电磁兼容(EMC)设计与测试［M］. 北京:电子工业出版社,2013.

［19］ 林福昌,李化. 电磁兼容原理及应用［M］. 北京:机械工业出版社,2015.

［20］ 郑军奇. EMC电磁兼容设计与测试案例分析［M］. 北京:电子工业出版社,2010.

9　总结和展望

9.1　总结

自 20 世纪 80 年代我国自主研制的第一架大型民用运输机"运十"半路夭折以来的近 20 年中,国内有数十种都停留在顶层设计阶段的商用飞机方案,没有飞起来的飞机数量甚至可以编成机队飞行。这些因为各种原因被抛弃的飞机方案设计正是中国民机工业向产业化道路发展的艰难积累。直到 2002 年中央政府做出了 ARJ21-700 民用喷气式客机的立项决定。ARJ21-700 飞机被称为"21 世纪新一代支线飞机",它是中国近 40 年来第一个自主研发的民用飞机项目成果。

2014 年 12 月 30 日下午 3 点,中国民用航空局(CAAC)在北京向中国商飞公司颁发 ARJ21-700 飞机型号合格证。这标志着我国首款按照国际标准自主研制的喷气支线客机通过中国民航局适航审定,符合《中国民用航空规章》第 25 部《运输类飞机适航标准》(CCAR-25-R3)要求,具备可接受的安全水平,可以参与民用航空运输活动。同时,也向世界宣告我国拥有了第一款可以进入航线运营的喷气客机,并具备了喷气式民用运输类飞机的研制能力和适航审定能力。

ARJ21-700 飞机是严格按照和国际适航标准等同的《中国民用航空规章》第 25 部《运输类飞机适航标准》(CCAR-25-R3)设计、制造的我国首款喷气支线客机。到 2014 年 12 月,ARJ21-700 飞机完成取证前全部 300 项试验任务,全部 528 个验证试飞科目,累计安全试飞 2 942 架次,5 258 飞行小时。在全部适航验证工作、3 418 份符合性报告得到审批、398 条适航条款关闭后,中国民航局批准向申请人中国商飞公司颁发 ARJ21-700 飞机型号合格证。

ARJ21-700 飞机取得型号合格证,是我国航空工业的又一重大里程碑。通过 ARJ21-700 飞机的研制,我国第一次走完了喷气支线客机设计、制造、试验、试飞的全过程。通过项目的研制,使我国现代飞机的电磁环境防护设计已经形成了较为完整的设计流程和方法,建立了一系列的标准规范。

ARJ21-700 飞机的电磁环境效应是国内首次针对复杂飞机系统电磁兼容性设

计与验证的设计与实现,已形成了一整套系统性的飞机电磁兼容性设计和验证方法。在国际上民用飞机电磁环境效应防护设计和验证也是一个比较新的课题,如FAA 于 2007 年才颁布了高强度辐射场的适航验证条款,CAAC 于 2011 年年底颁布相应的条款。此前一直采用专用条件作为民用飞机适航要求。而中国商飞的研究始于 2002 年,在 ARJ21-700 飞机立项之初即开始研究,与国际最新研究同步。

9.2　展望

中国经济的持续稳定快速发展,带动了航空运输业的长期稳定增长,据预测到 2032 年,中国市场的机队规模将增加到 6 494 架,极大地刺激了民用航空产品的需求。根据民航组织和我国民航总局的规定,民用飞机必须按照国际通用的适航规章和适航标准,通过适航认证,才能投入到国内民用航空市场运营。纵观国际的适航要求,同样处于快速发展中,以机载设备的基础标准 RCTA/DO-160 为例,从 1975 年颁布以来,历经 8 次修订,不但试验项目增多,而且其试验方法日趋完善,这基本上是一个民用飞机电磁环境效应发展的缩影。从适航规章来看,在电磁环境效应领域,R4 版本较 R3 版本增加了静电防护的要求,HIRF 环境要求也成了正式的适航条款。

可见随着科学技术的进步和电子设备在飞机上的大范围使用,旧的标准规范不断修订、增补或淘汰,而且不断提出新的标准规范。民用飞机有关电磁环境效应防护的适航规章、试验标准将更加完善,同时其涉及的专业领域将不断扩展。特别是复合材料、多电技术在民用飞机上的大量采用,对电磁环境效应防护设计带来了新的挑战。

复合材料在军机和小飞机上面的应用已经有 30～40 年的历史,然后逐渐扩展到民用飞机领域。在过去的 10 年时间中,复合材料在民用飞机上的应用已经非常广泛,复合材料的应用已经成为衡量飞机先进性的关键指标之一。目前国外先进飞机结构基本采用第三代以上韧性树脂复合材料,先进民机或运输机主承力结构全部采用第四代韧性树脂复合材料。由于复合材料电磁防护性能较传统材料铝合金较低,因此为了满足飞机的电磁防护要求,需要开展复合材料闪电/HIRF 防护技术、闪电接地/电流回路网络技术等研究,同时还需研究由此带来的适航规章的变化。以便于更好地开展民用飞机电磁环境效应防护设计工作。

附录　非相似金属阳极化序列

金属类别	阳极电位/V	电动势/V
金和金镀层,金铂合金,精铂	0.00	+0.15
镀银后镀铑的铜	0.10	+0.05
银和银镀层,高银合金	0.15	0
镍和镍镀层,蒙乃尔合金,钛	0.30	−0.15
铜固体和镀层,低黄铜或青铜,银焊料,德银合金,高铜镍合金,镍铜合金,镍镉合金,奥氏体耐腐蚀钢	0.35	−0.2
商业黄铜和青铜	0.40	−0.25
高黄铜和青铜	0.45	−0.3
18%镉型不锈钢	0.50	−0.35
镀铬,镀锡,12%镉型不锈钢	0.60	−0.45
锡板,镀铅锡钢板	0.65	−0.5
铅和铅镀层,高铅合金	0.70	−0.55
铝,锻造的硬铝合金	0.75	−0.6
锻铁,灰口铁,可锻铸铁,普通碳钢和低合金钢,磁性铁	0.85	−0.7
非硬铝型锻造铝合金,硅型铸造铝合金	0.90	−0.75
非硅型铸造铝合金,铬酸盐处理的镀镉	0.95	−0.8
热浸锌板,镀锌钢	1.20	−1.05
精锌,锌基压铸合金,锌镀层	1.25	−1.1
铸造和锻造的镁和镁基合金	1.75	−1.6

缩　略　语

AC	advisory circular	咨询通告
ACP	audio control panel	音频控制板
ADF	automatic direction finder	自动定向仪
AIM	adaptive integral method	自适应积分法
AJP	audio jack panel	音频插孔板
AMC	acceptable means of compliance	可接受的符合性方法
APU	auxiliary power unit	辅助动力装置
ARINC	Aeronautical Radio，Incorporated	航空无线电公司
ATC	air traffic control	空中交通管制
ATL	actual transient level	实际瞬态量等级
AWG	American wire gauge	美国线规
CAAC	Civil Aviation Administration of China	中国民用航空局
CCAR	China Civil Aviation Regulation	中国民用航空规章
CDU	control display unit	控制显示器
CFC	carbon fiber composite	碳纤维复合材料
CS	certification standard	验证标准
DC	direct current	直流电
DME	distance measuring equipment	测距仪
E3	electromagnetic environment effects	电磁环境效应
EASA	European Aviation Safety Agency	欧洲航空安全机构
ECM	equivalent current method	等效电磁流法
EFIS	electronic flight instrument system	电子飞行仪表系统
EICD	electrical interface control document	电气接口控制文件
EMC	electromagnetic compatibility	电磁兼容性

EMI	electromagnetic interference	电磁影响
EMS	electromagnetic susceptibility	电磁敏感性
ESD	electro static discharge	静电放电
ETDL	equipment transient design level	设备瞬态设计等级
EUT	equipment under test	被试设备
EWIS	electrical wiring interconnection system	电气电路互联系统
FAA	Federal Aviation Authority	美国联邦航空管理局
FADEC	full authority digital engine controller	全权数字式发动机控制器
FAR	Federal Aviation Regulation	联邦航空规章
FCC	flight control cabinet	飞行控制盒
FDTD	finite difference time domain	时域有限差分法
FEM	finite element method	有限元法
FFT	fast Fourier transforms	快速傅里叶变换
FM	frequency modulation	调频
FMEA	failure modes and effects analysis	故障模式及影响分析
FMM	fast multipole method	快速多极子算法
FQIS	fuel quantity indication system	燃油量指示系统
FSECU	flap/slat electrical control unit	襟/缝翼电子控制装置
GO	geometrical optics	几何光学法
GPS	global positioning system	全球定位系统
GS	glide slope	下滑信标
GTD	geometrical theory of diffraction	几何绕射理论
HF	high frequency	高频
HIRF	high intensity radiated field	高强度辐射场
HS-ACE	horizontal stabilizer actuator control electronics	水平安定面作动器电子控制装置
HSTA	horizontal stabilizer trim actuator	水平安定面配平作动器
IAP	intrasystem analysis program	系统内分析计算
IC	integrated circuit	集成电路
IEL	indirect effects of lightning	闪电间接效应
IEMCAP	intrasystem electromagnetic compatibility computer analysis program	系统内电磁兼容性计算分析
ILDC	incremental length diffraction coefficients	增量长度绕射系数

IPO	iterative physical optics	物理光学迭代法
IRU	intentional radiated emissions direct coupling to equipment unit	有意发射耦合设备
IRC	intentional radiated emissions coupling to equipment input and cables	有意发射耦合线缆
ISDN	integrated services digital network	综合业务数字网
JAA	Joint Aviation Authorities	联合航空局
LLDD	low-level direct drive	低电平直接驱动
LLSC	low-level swept-current	低电平扫掠电流
LLSF	low-level swept-field	低电平扫掠场
LRU	line replaceable unit	航线可更换单元
LOC	localizer	航向信标台
LVDT	linear variable displacement transducer	线性可变位移传感器
MB	marker beacon	指点信标
MC	means of compliance	符合性方法
MFS	multi-function spoiler	多功能扰流板
MLFMM	multi level fast multipole method	多层快速多极子算法
MOM	method of moment	矩量法
MOPS	minimum operational performance standards	最低工作性能标准
MPS	minimum performance standards	最低性能标准
NFT	no fire threshold	无火阈值
NPA	notice of proposed amendment	制定修正案公告
NPRM	notice of proposed rulemaking	制定提案公告
OCV(V_{oc})	open circuit voltage	开路电压
OEM	original equipment manufacturer	原始设备制造商
PCU	power control unit	电源控制装置
PDU	power drive unit	动力传动装置
PO	physical optics	物理光学
P-STATIC	precipitation static	沉积静电
PTD	physical theory of diffraction	物理绕射理论
PTT	push to talk	按下送话
PWB	power balance	功率平衡
RAT	ram air turbine	冲压空气涡轮
RF	radio frequency	射频
RPDU	remote power distribution unit	远程配电装置

RS	radiated susceptibility	辐射敏感性
RTCA	Radio Technical Commission of Aeronautics	航空无线电技术委员会
RVDT	rotary variable differential transformer	旋转式可变差动传感器
SAE	Society of Automotive Engineers	国际自动机工程师学会
SBR	shooting and bouncing ray	射线弹跳法
SC	special condition	专用条件
SCC(I_{sc})	short circuit current	短路电流
SPDU	second power distribution unit	二次配电装置
TC	type certificate	型号合格证
TCL	transient control level	瞬态控制等级
TRU	transformer rectifier unit	变压整流器
TSO	technical standard order	技术标准规程
UAT	uniform asymptotic theory	一致性渐近理论
UHF	ultra high frequency	超高频
UTD	uniform theory of diffraction	一致性绕射理论
VHF	very high frequency	甚高频
VOR	very high frequency omnidirectional range	甚高频全向信标

索　引

C

插针注入　81
沉积静电　2
初始先导附着　131
传输耦合　30
磁效应　15

D

单点接地　128
低电平耦合　151
低电平扫掠场　152
低电平扫掠电流　152
低电平直接驱动　171
电磁干扰　1
电磁环境防护设计　2
电磁环境效应　1
电磁环境效应测试　3
电磁环境效应预测　4
电磁兼容性　1
电磁敏感性　2
电磁特性　24
电搭接　3
电化序　271
电缆束试验　109
电瞬变　26
电压尖峰　12

多点接地　104

F

仿真计算　4
符合性验证　11
复合材料　7

G

干扰路径损耗　57
干扰源　1
感应信号敏感性　12
高强度辐射场　2
故障电流　98

J

接地　3
静电放电　2
静电放电器　32

P

屏蔽效能　31

S

扫掠通道附着　131
闪电分区　72
闪电间接效应　7
闪电直接效应　7

设备鉴定　5

射频干扰　32

射频敏感性　12

射频能量发射　12

数值计算　157

T

天线布局　31

天线隔离度　55

X

相似性分析　15

Z

转移阻抗　115

大飞机出版工程
书　　目

一期书目（已出版）

《超声速飞机空气动力学和飞行力学》（译著）

《大型客机计算流体力学应用与发展》

《民用飞机总体设计》

《飞机飞行手册》（译著）

《运输类飞机的空气动力设计》（译著）

《雅克-42M和雅克-242飞机草图设计》（译著）

《飞机气动弹性力学和载荷导论》（译著）

《飞机推进》（译著）

《飞机燃油系统》（译著）

《全球航空业》（译著）

《航空发展的历程与真相》（译著）

二期书目（已出版）

《大型客机设计制造与使用经济性研究》

《飞机电气和电子系统——原理、维护和使用》（译著）

《民用飞机航空电子系统》

《非线性有限元及其在飞机结构设计中的应用》

《民用飞机复合材料结构设计与验证》

《飞机复合材料结构设计与分析》（译著）

《飞机复合材料结构强度分析》

《复合材料飞机结构强度设计与验证概论》

《复合材料连接》

《飞机结构设计与强度计算》

三期书目（已出版）

《适航理念与原则》

《适航性：航空器合格审定导论》(译著)

《民用飞机系统安全性设计与评估技术概论》

《民用航空器噪声合格审定概论》

《机载软件研制流程最佳实践》

《民用飞机金属结构耐久性与损伤容限设计》

《机载软件适航标准 DO-178B/C 研究》

《运输类飞机合格审定飞行试验指南》(编译)

《民用飞机复合材料结构适航验证概论》

《民用运输类飞机驾驶舱人为因素设计原则》

四期书目(已出版)

《航空燃气涡轮发动机工作原理及性能》

《航空发动机结构强度设计问题》

《航空燃气轮机涡轮气体动力学：流动机理及气动设计》

《先进燃气轮机燃烧室设计研发》

《航空燃气涡轮发动机控制》

《航空涡轮风扇发动机试验技术与方法》

《航空压气机气动热力学理论与应用》

《燃气涡轮发动机性能》(译著)

《航空发动机进排气系统气动热力学》

《燃气涡轮推进系统》(译著)

《燃气涡轮发动机的传热和空气系统》

五期书目(已出版)

《民机飞行控制系统设计的理论与方法》

《民机导航系统》

《民机液压系统》(英文版)

《民机供电系统》

《民机传感器系统》

《飞行仿真技术》

《民机飞控系统适航性设计与验证》

《大型运输机飞行控制系统试验技术》

《飞行控制系统设计和实现中的问题》(译著)

《现代飞机飞行控制系统工程》

六期书目（已出版）

《民用飞机构件先进成形技术》

《民用飞机热表特种工艺技术》

《航空发动机高温合金大型铸件精密成型技术》

《飞机材料与结构检测技术》

《民用飞机构件数控加工技术》

《民用飞机复合材料结构制造技术》

《民用飞机自动化装配系统与装备》

《复合材料连接技术》

《先进复合材料的制造工艺》（译著）

七期书目（已出版）

《支线飞机设计流程与关键技术管理》

《支线飞机验证试飞技术》

《支线飞机电传飞行控制系统研发及验证》

《支线飞机适航符合性设计与验证》

《支线飞机市场研究技术与方法》

《支线飞机设计技术实践与创新》

《支线飞机项目管理》

《支线飞机自动飞行与飞行管理设计与验证》

《支线飞机电磁环境效应设计与验证》

《支线飞机动力装置系统设计与验证》

《支线飞机强度设计与验证》

《支线飞机结构设计与验证》

《支线飞机环控系统研发与验证》

《支线飞机运行支持技术》

《ARJ21-700新支线飞机项目发展历程、探索与创新》

《飞机运行安全与事故调查技术》

《基于可靠性的飞机维修优化》

《民用飞机实时监控与健康管理》

《民用飞机工业设计的理论与实践》